中高职衔接一体化规划教材

单片机技术基础与应用

刘 宸 蒋 辉 主编
何 军 黄 飞 主审

電子工業出版社.
Publishing House of Electronics Industry
北京·BEIJING

内 容 简 介

本书是根据教育部《关于推进中等和高等职业教育协调发展的指导意见》（教职成［2011］9 号）文件精神，为探索实践系统培养、中高职衔接，贯通人才培养通道，结合中职学生的认知规律，对接国家职业标准，按照中高职衔接应用电子技术专业人才培养目标，经过系统化设计，在明确中高职课程各自教学重点后编写的中职专业教材。

本书以应用模块方式组织编写内容，共设 10 个项目，按难度阶梯分为 24 个学习任务，遵循小步快跑的原则。每个任务都按照系统设计开发过程："任务提出""任务分析""相关知识"和"任务实施"4 个步骤来完成。本书主要内容包括：MCS-51 系列单片机的引脚功能和单片机最小系统；制作和熟悉单片机实验电路板和相关的连接线、下载线；然后，从最简单的点亮彩灯开始，介绍软件开发平台、仿真软件和下载软件的使用，单片机的端口应用、中断系统、定时器、串行口，以及单片机系统设计中必不可少的键盘、显示器，单片机与外部电路 A/D 和 D/A 转换技术的应用；最后介绍了移动字幕显示系统的设计。通过完成项目，掌握单片机技术基础知识和技能。

本书可作为中职和中高职衔接应用电子技术、电子信息工程技术、电气自动化技术、机电一体化技术等专业的教材或技能培训教材，也适合作为自学用书。

图书在版编目（CIP）数据

单片机技术基础与应用 / 刘宸，蒋辉主编. —北京：电子工业出版社，2017.5

ISBN 978-7-121-31529-9

Ⅰ. ①单… Ⅱ. ①刘… ②蒋… Ⅲ. ①单片微型计算机－高等职业教育－教材 Ⅳ. ①TP368.1

中国版本图书馆 CIP 数据核字（2017）第 108513 号

策划编辑：王昭松
责任编辑：王凌燕
印　　刷：北京盛通数码印刷有限公司
装　　订：北京盛通数码印刷有限公司
出版发行：电子工业出版社
　　　　　北京市海淀区万寿路 173 信箱　邮编：100036
开　　本：787×1092　1/16　印张：15　字数：384 千字
版　　次：2017 年 5 月第 1 版
印　　次：2024 年 8 月第 4 次印刷
定　　价：45.00 元

凡所购买电子工业出版社图书有缺损问题，请向购买书店调换。若书店售缺，请与本社发行部联系，联系及邮购电话：（010）88254888，88258888。

质量投诉请发邮件至 zlts@phei.com.cn，盗版侵权举报请发邮件至 dbqq@phei.com.cn。

本书咨询联系方式：wangzs@phei.com.cn。

序

　　自 2010 年国家在《中长期教育改革和发展规划纲要（2010—2020）》中明确将中等和高等职业教育协调发展作为建设现代职业教育体系的重要任务之后，党和国家一直高度重视现代职教体系的建立工作。党的"十八大"吹响了"加快发展现代职业教育"的进军号角，国务院做出了《关于加快发展现代职业教育的决定》，明确提出了"到 2020 年，形成适应发展需求、产教深度融合、中职高职衔接、职业教育与普通教育相互沟通，体现终身教育理念，具有中国特色、世界水平的现代职业教育体系"的目标任务。教育部为此先后制发了《关于推进中等和高等职业教育协调发展的指导意见》、《高等职业教育创新行动计划》等一系列重要文件，为中高职衔接、现代职教体系建设制定了任务书、时间表和路线图，做出了明确的部署要求。因此，走中高职衔接一体化办学之路，构建现代职业教育体系，既是党和国家的大政方针政策，又是时代社会发展的必然要求，更是广大人民群众的热切期盼和职业教育发展的必然趋势。

　　为了满足上述要求，四川职业技术学院于 2011 年申报获准了"构建终身教育体系与人才培养立交桥，全面提升职业院校社会服务能力"的四川省教育体制改革试点项目，以消除各自为政、重复交叉培养培训、打混仗、搞抵耗、目标方向不明、质量不高、效益不好、恶性循环竞争等诸多弊端，构建终身学习教育体系和职业教育立交桥，构建职业院校社会服务体系，提升社会服务能力为目的，先后在应用电子技术、数控技术两个重点建设专业和遂宁市三县两区的五所国家或省级示范、重点职高中开展从人才培养方案到课程、教材、队伍、基地建设，实训实习、教育教学环节过程管理、考试考核、质量监控测评、招生就业等十余个环节，从中职到高职专科、本科的立体化全方位衔接，中高职院校一起来整体打造、分段实施，在取得区域试点经验的基础上逐步拓展扩大，积极稳妥地推进试点工作。由于地方教育行政主管部门的高度重视，合作院校的默契配合与共同努力，整个项目成效显著、顺利推进，于 2014 年的省级评审中得到专家和领导们的充分肯定与一致好评，成为了 8 个顺利转段的项目之一，并于 2014 年 10 月开始了"基于终身教育背景下的现代职业教育体系建设"的新一阶段改革试点工作，继续以一体化办学为模式，以构建现代职教体系为目标，以开办中高职衔接一体化试点班为载体，将试点范围扩大到了社会需求旺盛的 8 个专业和包括广巴甘凉等老少边穷地区在内的十余个市州的近 30 所学校，共 3000 多名学生，呈现出蓬勃向上的良好发展势头，进一步巩固扩大了试点成果和效应，正向着更高的目标奋力推进。

　　探索的实践使我们深切感受认识到，中高职衔接不是做样子、喊口号、走过场，也不是相互借光搞生源，更不是一时兴趣、追名逐利的功利之举，而是一种改革创新、一种教育体制机制改革、一种全新教育体系的建立，更是一场教育教学思想理念、人才培养模式、办学思路手法的大变革、大更新，必须首先更新意识观念，在教育行政主管部门、中高职院校领导和师生员工及家长中凝聚共识，统一思想和行动，必须从办学思想理念、人才培养方案、人才培养目标规格、思路做法、内容方式等涉及人才培养质量的现实的重大基本问题的研究解决做起，必须俯下身子，脚踏实地干，来不得半点虚妄和草率，教材建设就是这众多重点建设工作之一。

教材之所以重要，是因为教材是教人之材，是人才培养的基本依据和指南。教材编写的指导思想、思路做法、内容体例、难易程度，直接体现着教育教学改革的思想理念和相应成效，直接决定着教材与人才培养的质量，决定着教育教学改革的成败，决定着教材自身和教育教学改革的生命力。因此，教材编写殊非易事。教材编写很难，编写新教材更难，编写改革创新性的教材，特别是中职、高职专科、应用型本科三大层面的老师们会聚一起，要打破各自为政、不相往来的传统格局，以全新的理念思路和目标要求来编写中高职一体化整体打造、分段实施、适应特定需求的好教材更是难上加难。没有强烈的事业心、高度的责任感、巨大的勇气和改革创新精神，没有非凡的视野与胆识，没有高超的艺术与水平，没有高尚的情操和吃苦耐劳的品质，是很难胜任这一繁难、开创性的工作的。更何况中职、高职专科、本科院校强强联合组建编写团队的事情本身就是中高职衔接和现代职教体系建设的最佳体现。然而，我们的编者们，在主编的率领、大家的共同努力、相关方面的支持下，历时数载，召开了无数次研讨会，数易其稿，历尽艰辛地做到了，而且是高标准、严要求地做得很好，为中高职衔接、为现代职教体系的建立、为高素质高技能应用型人才的培养付出了艰辛的劳动，做出了巨大的贡献。值得欢呼、值得庆幸、值得赞赏！

这是一套开创性的系列教材，先期包括了应用电子技术、数控技术专业，是为最早试点的专业编写的，是破冰之举。一花迎来万花开，紧随其后将逐步加入试点行列的其他专业的课程教材。纵观已经编出的 9 册蓝本，发现除去专业、行业特色难以尽述之外，尚有以下三个突出的特点：

一是满足岗位需求，贯通知识与技能。针对岗位需求，教材编写者调研、分析了中职、高职乃至应用型本科各段对应的典型工作任务、岗位能力需求，构建了应用电子技术、数控技术专业衔接一体化课程体系，以岗位能力需求为指引，按分段培养、能力递增、贯通衔接课程各段知识与技能的原则编撰而成，具有很强的针对性。

二是满足质量升学，贯通标准与测评。在厘清典型岗位工作任务的基础上，编者们分别制定了中高职衔接课程标准和专业能力标准，并将知识点、技能点、测试点融入相应衔接教材中，全程贯通按课程标准一体化培养、按能力标准一体化测试，确保人才培养质量，实现质量升学要求，具有很强的科学性。

三是满足职业要求，贯通能力与素养。本套教材编入了大量实用的工作经验和常见的工作案例，引用了很多典型工作任务的解决方法和示例，以期实现在提高专业能力的同时，提升专业素养，适应从业要求，满足职业要求的目的，具有很强的实用性。

当然，这毕竟是一种开创性、探索性很强的工作，尽管价值意义和成效不可低估，却仍然存在还未涵盖所有课程，还需要进一步升华提炼，也与众多新事物一样，尚需接受实践的检验，有待进一步优化和完善等问题。但瑕不掩瑜，作为中高职衔接的奠基之作，不失为一套值得肯定、赞赏、推广、借鉴的好教材。

是为序。

四川职业技术学院党委书记
四川省教改试点项目组组长 王金星
2016 年初夏

应用电子技术专业中高职衔接教材
编写委员会

为了深入贯彻《国家中长期教育改革和发展规划纲要》、教育部《关于全面提高高等职业教育教学质量的若干意见》（教高〔2006〕16 号）、《高等职业教育"十二五"改革和发展规划》和《教育部、财政部关于进一步推进"国家示范性高等职业院校建设计划"实施工作的通知》（教高〔2010〕8 号）文件精神，深入开展中高职立交桥的试点探索工作，按照《构建终身教育体系与人才培养立交桥，全面提升职业院校社会服务能力》省级项目的建设方案，决定成立遂宁市应用电子技术专业中高职衔接教材编写委员会，负责组织和落实应用电子技术专业中高职教材编写工作。

一、编写原则

按示范建设的总体要求，教材编写必须把握以下原则：

1. 针对性

全面分析遂宁及成渝经济区电子企业的岗位能力要求，引入相应的技能标准，教材内容一定要满足遂宁及成渝经济区电子企业的知识要求，技能训练一定要针对遂宁及成渝经济区电子企业典型工作岗位技能要求。

2. 职业性

要体现电子行业的职业需求，体现电子行业的职业特点和特性。教材编写时，要设计教与学的过程中能融入专业素质、职业素质和能力素质的培养，将素质教育贯穿到教学的始终。

3. 科学性

教材的内容要反映事物的本质和规律，要求概念准确，观点正确，事实可信，数据可靠。对基本知识、基本技能的阐述求真尚实。要理论联系实际，注重理论在实践中的应用；要突出区域内电子企业的适用技术和技能；要满足学生从业要求。

4. 贯通性

中高职教材在知识体系上要有机衔接，分段提高；在技能目标上要夯实基本，分层提升；在职业素养、职业能力上要持续培养，和谐统一。原则上中职教材以中职教师为主，高职参与；高职教材以高职教师为主，中职参与；由中高职联合进行教材主审。

5. 可读性

用词准确，修辞得当，逻辑严密；文字精练，通俗易懂，图文并茂，案例丰富，可读性强。

二、应用电子技术专业教材编写委员会

顾　问：

王金星　四川职业技术学院党委书记　教授

张永福　遂宁市教育局局长

编委会主任：

何展荣　四川职业技术学院副院长　　教授

副主任：

何　军　四川职业技术学院电子电气工程系主任　教授（执行副主任）

祝宗山　遂宁市教育局副局长

曹　武　遂宁市教育局办公室主任

林世友　遂宁市教育局职成科科长

刘　进　四川职业技术学院中高职衔接试点办主任　副教授

企业委员：

黄　飞　四川南充三环电子有限公司总经理　　　高级工程师

刘文彬　四川柏狮光电科技有限公司人事总监　高级工程师

王会轩　四川深北电路科技有限公司技术部长　工程师

艾克华　四川英创力电子有限公司总经理　　　工程师

邓　波　四川立泰电子科技有限公司副总经理　工程师

中职学校委员：

姚先知　遂宁市中等职业技术学校　高级讲师

董国军　射洪县中等职业技术学校　高级讲师

兰　虎　广元市中等职业技术学校　高级讲师

彭宇福　大英县中等职业技术学校　高级讲师

雷玉和　蓬溪县中等职业技术学校　高级讲师

程　静　遂宁市安居高级职业中学　讲师

蔡天强　船山区职教中心　　　　　讲师

高职学院委员：

吴　强　泸州职业技术学院电子工程系主任　　　　　　教授

肖　甘　成都纺织高等专科学校电气信息工程学院院长　教授

张小琴　重庆工业职业技术学院　　　　　　　　　　　教授

黄应祥　宜宾职业技术学院电子信息与控制工程系　　　副教授

杨立林　四川职业技术学院电子电气系总支书记　　　　副教授

唐　林　四川职业技术学院副主任　　　　　　　　　　副教授

王长江　四川职业技术学院　　　　　　　　　　　　　副教授

王志军　四川职业技术学院　　　　　　　　　　　　　副教授

蒋从元　四川职业技术学院　　　　　　　　　　　　　副教授

三、规划编写教材

1．中职规划教材

电工技术基础与技能训练　　　　　　　主　编：王长江　何　军
电子技术基础与技能训练　　　　　　　主　编：黄世瑜　李　茂
单片机技术基础与应用　　　　　　　　主　编：刘　宸　蒋　辉
电子产品装配与调试　　　　　　　　　主　编：邓春林　唐　林
电热电动器具原理与维修　　　　　　　主　编：马云丰
电气控制与 PLC 实用技术教程　　　　　主　编：何　军　谢大川

2．高职规划教材

电路分析与实践　　　　　　　　　　　主　编：王长江　程　静
电子电路分析与实践　　　　　　　　　主　编：黄世瑜　李　茂
PLC 技术应用　　　　　　　　　　　　主　编：郑　辉　蔡天强

四、支持企业

四川立泰电子科技有限公司
四川柏狮光电有限公司
四川南充三环电子有限公司
四川大雁电子科技有限公司
四川深北电路科技有限公司
四川雪莱特电子科技有限公司

前　言

国家《关于加快发展现代职业教育的决定》明确指出"到 2020 年，形成适应发展需求、产教深度融合、中职高职衔接、职业教育与普通教育相互沟通，体现终身教育理念，具有中国特色、世界水平的现代职业教育体系"。教育部为此先后制发了《关于推进中等和高等职业教育协调发展的指导意见》《高等职业教育创新行动计划》等一系列重要文件，为中高职衔接、现代职教体系建设制定了任务书、时间表和路线图，做出了明确的部署要求。

本书是在四川省教育体制改革试点项目"构建终身教育体系与人才培养立交桥，全面提升职业院校社会服务能力"的引领下，依托"政行企校"深度合作，积极开展应用电子技术专业中高职衔接研究与探索，在试点的基础上组织中职、高职以及企业合作编写的。本书采用知识递进的方式设置项目和任务，用任务驱动教学模式确立知识点和技能点。本书具有如下特点：

（1）各模块由多个任务组成，将单片机的知识与程序设计分解到各个任务之中，由浅入深，循序渐进；

（2）本书采用 C 语言进行程序设计，并按照任务的需求将 C 语言知识有机融入各个任务中，由简到繁，可满足未学 C 语言的学生顺利学习本教材；

（3）本书采用 Proteus 对所有设计内容进行了仿真测试，同时也介绍电路板实验与程序下载方法；

（4）课程教学内容注重基础性、实用性结合，确保中高职教学衔接，按照国家职业标准，培养职业技能和素质。

全书共有 10 个项目，项目一、项目二和项目十由四川职业技术学院刘宸编写，项目三、项目四和附录由蓬溪县中等职业技术学校蒋辉编写，项目五和项目六由四川职业技术学院黄世瑜编写，项目七由遂宁市中等职业技术学校龚晓娟编写，项目八由会理现代职业技术学校何进编写，项目九由遂宁市安居高级职业中学范双梅编写。

本书由刘宸、蒋辉担任主编，刘宸负责全书的总体规划和定稿统稿工作；由四川职业技术学院何军教授、南充三环电子公司高级工程师黄飞担任主审。

本书在编写过程中，得到了遂宁市教育局、遂宁市职业技术学校、四川省射洪县职业中专学校、四川省蓬溪县中等职业技术学校、四川省遂宁市安居职业高级中学、四川省大英县中等职业技术学校，以及四川立泰电子科技有限公司、四川柏狮光电有限公司、四川南充三环电子有限公司等教育主管部门、中职学校、电子企业的大力支持，提出了宝贵意见和建议，在此表示诚挚的谢意。同时查阅了大量的文献资料，谨向文献作者表示由衷的感谢。

由于编者水平有限，书中难免有错漏与不足之处，恳请读者批评指正。

编　者

2017 年 4 月

目　录

XI

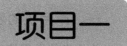

认识单片机

单片机就是在一块芯片上集成了 CPU（Central Processing Unit）、存储器（RAM、ROM、EEPROM、Flash Memory）和 I/O（Input/Output）接口等而构成的微型计算机，因其集成在一块芯片上，所以称为单片机。因其主要应用于工业测控领域，又称为微控制器（MCU）或嵌入式控制器。

单片机广泛应用于仪器仪表、工业控制、家用电器、医用设备、汽车电子设备、计算机网络、机器人技术、航空航天、专用设备的智能化管理及过程控制等领域。因此，单片机技术是学习现代电子控制技术的一门重要的专业技术基础课程。

任务一　单片机芯片认识

任务提出

由于单片机性能不断提高、运算速度更快、控制功能更强、功耗和成本越来越低，使得单片机应用也越来越广泛。由于单片机的生产厂家和单片机的类型很多，因此，这里从单片机的发展历程了解单片机的类型，从认识单片机芯片入手熟悉典型单片机的外部结构和引脚功能。

现代单片机一块单片机芯片就组成了一个微型的计算机系统，简略地从内部结构方面认识单片机的内部基本组成及相关功能。

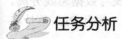

任务分析

从第一代单片机开始发展至今，单片机有多个系列上千种类型，由于单片机类型和种类比较多，必须从中选择一种在功能、应用、学习研究的成本上都较适合的单片机。在各种类型的单片机中，8051 系列及衍生品种单片机占有很高的应用比例，具有良好的代表性，本教材也选用 8051 系列为学习研究和应用开发的单片机。由于各种类型的单片机有各自的特点，本教材在介绍单片机类型的基础上，以 AT89S51 单片机为例，着重介绍单片机及其开发应用。

本任务主要是认识单片机芯片类型、典型芯片的外部结构及引脚功能，从单片机的发展历史和应用上了解单片机，从单片机的基本功能上认识单片机，从 8051 单片机外部结构和内部功能上熟悉单片机的基本功能。

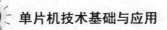
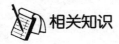 相关知识

一、单片机的发展与常用类型

单片机的发展速度很快，从 1974 年至今，经历了从 4 位、8 位、16 位到 32 位处理芯片的发展过程，集成度和存储量从小到大，中断源、并行 I/O 口、定时器/计数器的数目也不断增加，集成了双工串行通信接口，部分单片机还集成了 A/D 转换电路等。在编程软件方面，从采用汇编语言到允许用户采用面向工业控制的专用语言，如 C 语言等。

20 世纪 90 年代后，单片机已发展到在一块含有 CPU 的芯片上，除嵌入 RAM、ROM 存储器和 I/O 接口外，还集成了模/数转换电路、脉冲宽度调制电路、异步发送接收电路、显示驱动、键盘控制、函数发生器、比较器等，构成一个完整的功能强大的计算机应用系统，增加多种控制功能，把原属外围芯片的功能集成到本芯片内，单片机技术得到了巨大的提高。

虽然出现了 32 位单片机，传统的 8 位单片机的性能也得到了飞速提高，处理能力比起 20 世纪 80 年代提高了数百倍，在应用方面仍然是 8 位和 16 位单片机占主导地位。

在单片机各种类型和系列中，根据控制单元设计方式和采用技术不同，单片机可分为两大类型：复杂指令集（Complex Instruction Set Computer，CISC）和精简指令集（Reduced Instruction Set，Computer，RISC）。采用 CISC 结构的单片机指令丰富、功能较强，但由于数据线和指令线为分时复用方式，取指令和取数据不能同时进行，速度受限、价格也较高。采用 RISC 结构的单片机数据线和指令线分离，使得取指令和取数据可同时进行，执行效率更高，速度也更快。两种类型的单片机有各自的特点，根据设计需求选用不同结构类型的单片机。

属于 CISC 结构的单片机如 Intel 公司的 MCS-51/96 系列、Motorola 公司的 M68HC 系列、Atmel 公司的 AT89 系列、NXP 公司的 PCF80C51 系列等。

属于 RISC 结构的单片机如 Microchip 公司的 PIC16C5X/6X/7X/8X 系列、Zilog 公司的 Z86 系列、Atmel 公司的 AT90S 系列、TI 公司的 MSP430 系列等。

Atmel 公司生产的 AT90 系列单片机，也叫 AVR 单片机。这种类型的单片机采用 RISC 指令集，运行效率高，也是在线可编程 Flash 的单片机，功耗小，比 51 系列能处理更多的任务，广泛应用于小家电和医疗设备等领域。

另一种常见的单片机叫 PIC 单片机，它是由美国 Microchip（微芯）公司生产的 8 位单片机，也属于 RISC 结构系列。PIC 单片机的指令集只有 35 条指令，指令总线与数据总线分离，允许指令总线（14 位）宽于数据总线（8 位），使得指令少，执行速度快。并且 PIC 单片机具有功耗低，驱动能力强，一些型号具有 I^{2}C 和 SPI 串行总线端口等特点。

还有美国德州仪器（TI）公司的 MSP430 系列，它是 1996 年开始推向市场的一种 16 位超低功耗的混合信号处理器（Mixed Signal Processor），将许多模拟电路、数字电路和微处理器集成在一个芯片上，以提供"单片"解决方案。

二、AT89S51 单片机

1. MCS-51 单片机

尽管各类单片机很多，但无论是从世界范围还是从国内范围来看，使用最为广泛的应属

MCS-51 单片机。世界上许多单片机生产厂商都生产与 8051 兼容的单片机，如 Atmel、NXP（原 Philips）、Dallas、Siemens、TI、STC(宏晶科技) 公司等。各个国家和地区各公司生产的与 8051 兼容的单片机统称为 MCS-51 系列单片机。Intel 公司和其他公司的部分 MCS-51 系列单片机如表 1-1-1 所示。

表 1-1-1　常见 MCS-51 系列单片机的部分参数

公司	型　号	ROM	RAM	I/O	串行接口	定时器	ISP/IAP	其他功能
Intel	8031	—	128	32	UART	2	–/–	
	8051	4K ROM	128	32	UART	2	–/–	
	8751	4K EPROM	128	32	UART	2	–/–	
	8032	–	256	32	UART	3	–/–	
	8052	8K ROM	256	32	UART	3	–/–	
	8752	8K EPROM	256	32	UART	3	–/–	
Atmel	AT89C51	4K Flash	128	32	UART	2	–/–	
	AT89C52	8K Flash	256	32	UART	3	–/–	
	AT89C2051	2K Flash	128	15	UART	2	–/–	1 比较器
	AT89S51	4K Flash	128	32	UART	2	Y/–	WDT
	AT89S52	8K Flash	256	32	UART	3	Y/–	WDT
NXP	P87C51x2	4K OTP	128	32	UART	3	–/–	
	P87C52x2	8K OTP	256	32	UART	3	–/–	
	P89V51RB2	16K Flash	1K	32	UART,SPI	4	Y/Y	PWM、WDT
	P89V51RC2	32K Flash	1K	32	UART,SPI	4	Y/Y	PWM、WDT
	P89LPC9401	8K Flash	256	23	UART,I²C,SPI	2	Y/Y	2 比较器,RTC, 32×4 LCD 驱动
STC	STC89C51RC	4K Flash	512	36	UART	3	Y/–	WDT, 4K EEPROM
	STC89C52RC	8K Flash	512	36	UART	3	Y/–	WDT, 4K EEPROM
SST	SST89E516	64K+8K Flash	1K	32	UART	3	Y/Y	WDT, 支持在线仿真

　　MCS-51 系列又分为 51 基本型和 52 增强型两个子系列，并以芯片型号的最末位数字作为标志。52 功能增强型包括：8KB 片内 ROM、256Byte 片内 RAM、3 个定时器/计数器、6 个中断源。

　　MCS-51 单片机片内程序存储器有几种配置形式，即无、ROM、PROM（OTP, One Time Programmable）、EPROM、EEPROM 和 Flash Memory。不同 ROM 配置的单片机芯片，它们各有特点，也各有其适用场合，在使用时应根据需要进行选择。一般情况下，片内带掩膜型 ROM 适应于定型大批量应用产品的生产；OTP 的方式适用于小批量生产；片内带 EEPROM 和 Flash Memory 适合于学习与研制产品样机。无 ROM 和 EPROM 配置的芯片基本停产。

　　生产兼容 MCS-51 单片机的厂商，根据各自的市场定位，对基本的 8051 内核进行扩展和精简。如 Atmel 公司使用 Flash Memory 作为程序存储器，增加 WDT，支持 ISP 下载等；NXP 实现两振荡周期的指令周期，增加 I²C 接口、AD、DA 等；STC 单片机实现单周期的指令周期，将 PSEN 等引脚作为 P4 端口，双 UART 等；SST 公司的部分芯片可以直接使用串口进行 IAP 和在线仿真等。

MSC-51 系列单片机拥有量大，功能也在不断完善，价格低廉，是单片机初学者的首选机型。本教材以 MSC-51 系列单片机为例，介绍单片机的开发应用。在具体设计电路时，尽可能根据系统所需要的各种资源，选择片上集成相应功能的单片机型号。

2．AT89S51 单片机引脚功能

AT89S51 是一个高性能 CMOS 电路组成的 8 位单片机，芯片内集成了通用 8 位中央处理器，片内含 4KB 的可反复擦写 1000 次的 Flash 只读程序存储器（ROM），支持 ISP（In-System Programmable）功能，还有 128Bytes 的随机存取数据存储器（RAM），5 个中断源和两层中断优先级，两个 16 位可编程定时计数器，两个全双工串行通信口，看门狗（WDT）电路，片内时钟振荡器，兼容标准 MCS-51 指令系统及 80C51 引脚结构等特点。因此，以 AT89S51 为例，说明本系列单片机的内部组成及外部引脚功能。

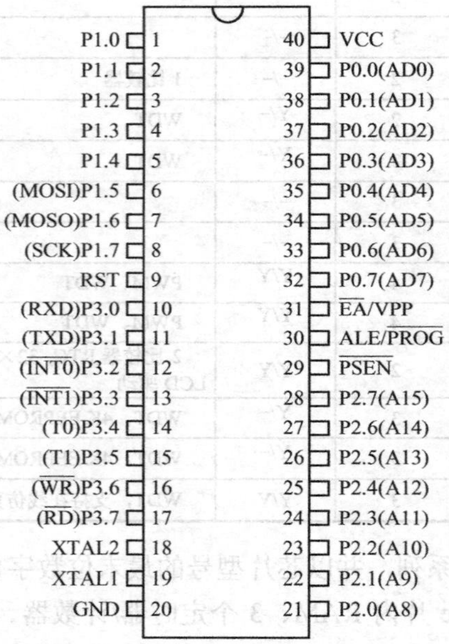

从外观上看，单片机就是一块集成电路。在模拟电路和数字电路中学习过的集成电路的引脚功能基本上是固定的，而单片机的一些引脚功能是可以通过编程进行控制的，一些引脚既可作输入又可作输出。以 PDIP40 封装为例，AT89S51 单片机引脚排列如图 1-1-1 所示。

（1）AT89S51 单片机的 4 个端口

AT89S51 共有 4 个端口，分别命名为 P0、P1、P2 和 P3，每个端口都有 8 条引脚。

PORT0（P0.0～P0.7）：端口 0 由 32～39 引脚组成，共 8 个位，分别用 P0.0～P0.7 表示。P0 在作为 I/O 使用时，需要外接上拉电阻，可以驱动 8 个 TTL 门。

```
P1.0  □ 1        40 □ VCC
P1.1  □ 2        39 □ P0.0(AD0)
P1.2  □ 3        38 □ P0.1(AD1)
P1.3  □ 4        37 □ P0.2(AD2)
P1.4  □ 5        36 □ P0.3(AD3)
(MOSI)P1.5 □ 6   35 □ P0.4(AD4)
(MOSO)P1.6 □ 7   34 □ P0.5(AD5)
(SCK)P1.7 □ 8    33 □ P0.6(AD6)
RST   □ 9        32 □ P0.7(AD7)
(RXD)P3.0 □ 10   31 □ EA/VPP
(TXD)P3.1 □ 11   30 □ ALE/PROG
(INT0)P3.2 □ 12  29 □ PSEN
(INT1)P3.3 □ 13  28 □ P2.7(A15)
(T0)P3.4 □ 14    27 □ P2.6(A14)
(T1)P3.5 □ 15    26 □ P2.5(A13)
(WR)P3.6 □ 16    25 □ P2.4(A12)
(RD)P3.7 □ 17    24 □ P2.3(A11)
XTAL2 □ 18       23 □ P2.2(A10)
XTAL1 □ 19       22 □ P2.1(A9)
GND   □ 20       21 □ P2.0(A8)
```

图 1-1-1　AT89S51 引脚图

P0 口既可作 I/O 数据总线，也可作地址输出即地址总线（A0～A7）。P0 端口送出的低位地址锁存作为 A0～A7，再配合端口 P2 所送出的 A8～A15 合成完整的 16 位地址总线，从而实现寻址 64KB 的外部存储器空间。

PORT1（P1.0～P1.7）：端口 P1 由 1～8 引脚组成，内部输出具有上拉电阻的双向 I/O 端口，其输出缓冲器可以驱动 4 个 TTL 门电路。除作输入/输出外，还具有特定的第二功能。

P1.5：MOSI（用于 ISP 编程，主机输出从机输入数据端）。

P1.6：MISO（用于 ISP 编程，主机输入从机输出数据端）。

P1.7：SCK（用于 ISP 编程，串行时钟输入端）。

8052 或 8032 的 P1 口的第二功能是 P1.0 作定时器 2 的外部脉冲输入端，而 P1.1 是 T2EX 功能，作外部中断信号的发输入端。

PORT2（P2.0～P2.7）：端口 P2 由 21～28 引脚组成，内部输出具有上拉电阻的双向 I/O 端口，每一个引脚可以驱动 4 个 TTL 门电路。P2 除了作一般 I/O 端口使用外，在扩充外接程

序存储器或数据存储器时，还可作地址总线口输出地址高 8 位（A8～A15）。

PORT3（P3.0～P3.7）：端口 3 由 10～17 引脚组成，也是具有上拉电阻的双向 I/O 端口，可驱动 4 个 TTL 门电路。P3 口是一个多用途端口，既可作普通 I/O 端口，同时每个引脚都还有另外的特殊控制功能（第二功能）。P3 口线引脚的第二功能如表 1-1-2 所示。

表 1-1-2 P3 口线引脚的第二功能

引　　脚	第 二 功 能	功 能 说 明
P3.0	RXD	串行数据输入
P3.1	TXD	串行数据输出
P3.2	$\overline{INT0}$	外部中断 0 输入
P3.3	$\overline{INT1}$	外部中断 1 输入
P3.4	T0	定时器/计数器 0 的外部输入
P3.5	T1	定时器/计数器 1 的外部输入
P3.6	$\overline{WR}$	外部数据存储器的写选通信号，$\overline{WR}$ =0 选通
P3.7	$\overline{RD}$	外部数据存储器的读取选通信号，$\overline{RD}$ =0 选通

P3 口在实际使用中，先按需要用于第二功能使用，然后才用于作为数据位的输入/输出使用。因此，P3 口主要用于功能控制。

使用中需要特别注意的是：P0～P3 口各引脚作输入端时，必须先对该引脚置 1，然后再执行外部数据读入操作。

（2）其他控制引脚

① $\overline{PSEN}$ （29 脚）：外部程序存储器的读选通信号输出端。低电平有效。

② ALE/$\overline{PROG}$ （30 脚）：地址锁存允许/编程脉冲输入端。访问外部存储器时，ALE（地址锁存允许）的输出脉冲用于锁存地址的低位字节。即使不访问外部存储器，ALE 端仍以不变的频率输出脉冲信号（此频率是振荡器频率的 1/6）。对 Flash 存储器编程时，这个引脚用于输入编程脉冲$\overline{PROG}$。

③ $\overline{EA}$ /Vpp（31 脚）：内部和外存储器选择控制/存储器编程电源端。当 $\overline{EA}$ =0 时，CPU 访问外部程序存储器（地址为 0000H～FFFFH）；当 $\overline{EA}$ =1 时，CPU 访问内部程序存储器（地址为 0000H～0FFFH）和外部程序存储器（地址为 1000H～FFFFH）。在对 Flash 存储器编程时，该脚允许接入 12V 编程电压 Vpp。现在的单片机都采用内部程序存储器的方式，故 $\overline{EA}$ 引脚在实际的电路中往往直接接电源。

④ RST（9 脚）：复位输入端。振荡器工作时，RST 引脚出现两个机器周期以上的高电平将使单片机复位，即单片机内部复位为初始状态。

⑤ XTAL2（18 脚）、XTAL1（19 脚）：使用内部振荡器时，用来外接石英晶体和电容。使用外部时钟时，XTAL1 用来输入外部时钟脉冲，XTAL2 脚悬空。

⑥ VCC（40 脚）：电源正极。

⑦ GND（20 脚）：接地端。

3．AT89S51 单片机内部组成

AT89S51 单片机内部各部分组成框图如图 1-1-2 所示。

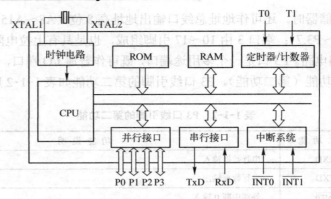

图 1-1-2　AT89S51 单片机结构框图

（1）中央处理器（CPU）

中央处理器是单片机的核心，完成运算和控制功能。AT89S51 的 CPU 能处理 8 位二进制数或代码。

（2）内部数据存储器（内部 RAM）

51 系列单片机的内存储器在物理上设计成程序存储器和数据存储器两个独立的存储空间。基本型片内程序存储器（ROM）容量为 4KB，增强型（52）片内程序存储器容量为 8KB。基本型片内存储器片内数据存储器（RAM）为 128B，地址范围为 00H～7FH。增强型片内存储器片内数据存储器（RAM）为 256B，地址范围为 00H～FFH。数据存储器用于存放运算的中间结果、暂存数据和数据缓冲。

AT89S51 的内部 RAM 共有 256 个单元，这 256 个单元按其功能划分为低 128 单元（单元地址为 00H～7FH）和高 128 单元（单元地址为 80H～FFH）两部分。高 128 单元供给专用寄存器使用，用户使用的只有低 128 单元，用于存放可读写的数据。因此，通常所说的内部数据存储器就是指前 128 单元，简称内部 RAM。

内部 RAM 的高 128 单元的功能已作专门定义，故称为专用寄存器，也称为特殊功能寄存器（SFR）。如图 1-1-3 所示为 AT89S51 的 256 个片内 RAM 单元的分配图。

SFR	FFH
	80H
用户RAM区	7Fh
	30H
位寻址区	2FH
	20H
工作寄存器区	1FH
	00H

图 1-1-3　片内 RAM 分配图

（3）内部程序存储器（内部 ROM）

AT89S51 内部有 4KB 在系统可编程的 Flash 程序存储器，用于存放程序、原始数据或表格，因此称为程序存储器，简称内部 ROM。

（4）定时器/计数器

AT89S51 内部共有两个 16 位的定时器/计数器，可以通过对应的 SRF 的设置，控制其计数长度及实现定时或计数功能。当定时器产生溢出时将修改对应的定时中断标志，在允许中断时将使单片机进入中断处理。当然，也可以通过查询的方式得到定时或计数的结果。

另外，AT89S51 内部还有一个 14 位的 WDT（Watchdog Timer，看门狗定时器）。WDT 启动后，在 16383 机器内必须再次复位，否则将在复位引脚上输出高电平使单片机复位。控制 WDT 的 SFR 地址为 0A6H，启动（复位）操作是向该单元连续写入 01EH 和 0E1H。

（5）并行 I/O 口

AT89S51 共有 4 个 8 位的 I/O 口（P0、P1、P2、P3），以实现数据的并行输入/输出。

（6）串行口

AT89S51 单片机有一个全双工的串行口，以实现单片机和其他设备之间的串行数据传送。从前面端口线脚介绍已知，在 AT89S51 中，这个串行数据传输端是 P3 口的 P3.0 和 P3.1。该串行口功能较强，既可作为全双工异步通信收发器使用，也可作为同步移位器使用。

（7）中断控制系统

AT89S51 单片机的中断功能较强，以满足控制应用的需要。AT89S51 共有 5 个中断源，即外中断两个，定时/计数中断两个，串行中断一个。中断分为高级和低级两个优先级别。

（8）时钟电路

AT89S51 芯片的内部有时钟电路，但石英晶体和微调电容需外接。时钟电路为单机产生时钟脉冲序列。AT89S51 芯片的晶振频率一般为 6MHz、11.0592MHz 和 12MHz 等。

4．AT89S51 单片机内部特殊功能寄存器

AT89S51 与标准 8051 兼容，具有 21 个与 RAM 统一编址的特殊功能寄存器（SFR），它们被离散地分布在内部 RAM 的 80H～FFH 地址单元中（不包括 PC），共占据了 128 个存储单元，构成了 SFR 存储块。其中字节地址能被 8 整除的（即十六进制的地址码尾数是 0 和 8 的）单元是具有"位寻址"功能的寄存器，即这些字节的每一位都有独立的位地址。标准 8051 的 SFR 的符号和地址如表 1-1-3 所示。

各类兼容 MCS-51 的单片机芯片中，把 8051 没有定义的 80H～FFH 地址段中的其他单元作为扩展功能的控制寄存器，实现一些特殊的功能扩展，如看门狗定时器、AD、DA、PWM 等功能模块。AT89S51 扩展使用了 5 个单元（AUXR、AUXR1、WDTRST、DP1L、DP1H），这几个单元的功能请参看 AT89S51 的数据手册。

表 1-1-3 标准 8051 的特殊功能寄存器

SFR	位地址/位符号								字节地址
P0	87H	86H	85H	84H	83H	82H	81H	80H	80H
	P0.7	P0.6	P0.5	P0.4	P0.3	P0.2	P0.1	P0.0	
SP	堆栈指针								81H
DPL	数据指针（DPTR）16 位，分低 8 位 DPL 和高 8 位 DPH								82H
DPH	数据指针高 8 位 DPH								83H
PCON	SMOD			GF1	GF0	PD	IDL		87H
TCON	8FH	8EH	8DH	8CH	8BH	8AH	89H	88H	88H
	TF1	TR1	TF0	TR0	IE1	IT1	IE0	IT0	
TMOD	GATE	C/T	M1	M0	GATE	C/T	M1	M0	89H
TL0	定时器 0 低 8 位								8AH
TL1	定时器 1 低 8 位								8BH
TH0	定时器 0 高 8 位								8CH
TH1	定时器 1 高 8 位								8DH
P1	97H	96H	95H	94H	93H	92H	91H	90H	90H
	P1.7	P1.6	P1.5	P1.4	P1.3	P1.2	P1.1	P1.0	

SFR	位地址/位符号								字节地址
SCON	9FH	9EH	9DH	9CH	9BH	9AH	99H	98H	98H
	SM0	SM1	SM2	REN	TB8	RB8	TI	RI	
SBUF	串行接口数据缓冲器								99H
P2	A7H	A6H	A5H	A4H	A3H	A2H	A1H	A0H	A0H
	P2.7	P2.6	P2.5	P2.4	P2.3	P2.2	P2.1	P2.0	
IE	AFH	AEH	ADH	ACH	ABH	AAH	A9H	A8H	A8H
	EA			ES	ET1	EX1	ET0	EX0	
P3	B7H	B6H	B5H	B4H	B3H	B2H	B1H	B0H	B0H
	P3.7	P3.6	P3.5	P3.4	P3.3	P3.2	P3.1	P3.0	
IP				BCH	BBH	BAH	B9H	B8H	B8H
				PS	PT1	PX1	PT0	PX0	
PSW	D7H	D6H	D5H	D4H	D3H	D2H	D1H	D0H	D0H
	CY	AC	F0	RS1	RS0	OV	F1	P	
ACC	E7H	E6H	E5H	E4H	E3H	E2H	E1H	E0H	E0H
	ACC.7	ACC.6	ACC.5	ACC.4	ACC.3	ACC.2	ACC.1	ACC.0	
B	F7H	F6H	F5H	F4H	F37H	F2H	F1H	F0H	F0H
	B.7	B.6	B.5	B.4	B.3	B.2	B.1	B.0	

表中各寄存器的功能：

① 累加器 ACC，8 位，用于向 AUL（算术逻辑单元）提供操作数，许多运算结果也放在累加器中。

② 寄存器 B，8 位，主要用于乘、除运算。

③ 程序状态寄存器 PSW（Program Status Word），8 位，用于存放程序运行的状态信息，PSW 中各位状态通常是在指令执行的过程中自动形成的，但也可以由用户根据需要采用传送指令加以改变。各位作用如下：

PSW.7	PSW.6	PSW.5	PSW.4	PSW.3	PSW.2	PSW.1	PSW.0
CY	AC	F0	RS1	RS0	OV	F1	P

CY：进位、借位标志。有进、借位时，CY=1；无进、借位时，CY=0。

AC：辅助进位、借位标志（高半字节与低半字节间的进位或借位）。

F0、F1：用户标志位。由用户自己定义。

RS1、RS0：当前工作寄存器选择位，用于选择 CPU 当前工作的通用寄存器组。通用寄存器共有 4 组，其对应关系为：

RS1 RS0	寄存器组	片内 RAM 地址
0　0	第 0 组	00H～07H
0　1	第 1 组	08H～0FH
1　0	第 2 组	10H～17H
1　1	第 3 组	18H～1FH

这两个选择位的状态是由软件设置的，被选中的寄存器组即为当前通用寄存器组。但当

单片机上电或复位后，RS1 RS0=00。

OV：溢出标志位。有溢出时，OV=1；无溢出时，OV=0。

P：奇偶标志位。存于 ACC 中的运算结果有奇数个 1 时 P=1，否则 P=0。

④ 堆栈指针 SP（Stack Pointer），8 位。它总是指向栈顶。所谓堆栈就是一种数据结构，是内部 RAM 的一段区域，当计算机中断时，保护正在运行的有关信息，将这些信息存在堆栈内。80C51 的堆栈常设在 30H～7FH 这一段 RAM 中。

⑤ 串行接口数据缓冲器 SUBF，8 位。串行数据缓冲器 SBUF 用于存放需要发送和接收的数据，它由两个独立的寄存器组成（发送缓冲器和接收缓冲器）。

⑥ 串行接口控制寄存器 SCON。

⑦ 电源管理控制寄存器 PCON，不可位寻址。其中最高位 SMOD 是串行通信波特率倍增寄存器。

⑧ 数据指针 DPTR（Data Pointer），数据指针 DPTR 是 16 位的专用寄存器，即可作为 16 位寄存器使用，也可作为两个独立的 8 位寄存器 DPH（高 8 位）、DPL（低 8 位）使用。

⑨ I/O 口专用寄存器（P0、P1、P2、P3），就是 8051 的 4 个 8 位并行 I/O 端口，也是片内 4 个特殊寄存器 P0、P1、P2 和 P3，有特定的地址，可实现位寻址。

⑩ 定时器/计数器（TL0、TH0,TL1、TH1）。51 系列单片机中有两个 16 位的定时器/计数器 T0 和 T1，可以单独对这 4 个寄存器进行寻址和定时/计数时设置初始值，但不能把 T0 和 T1 当作 16 位寄存器来存放数据。

⑪ 其他控制寄存器。IP（中断优先级控制寄存器）、IE（中断允许控制寄存器）、TCON（串行接口控制器）、TMOD（定时器/计数器工作方式寄存器）在后续项目中介绍。

单片机都有一个程序计数器 PC（Program Counter）。8051 的 PC 是一个 16 位的计数器，专门用于存放 CPU 将要执行的指令地址，即在程序的执行过程中，根据程序指令执行情况，PC 指向地址自动增加，给出下一条指令的地址。由于 PC 是 16 位寄存器，所以它的寻址范围为 64KB。用户对 PC 不可寻址，用户也无法对它进行读写，但可通过执行指令改变其内容，以控制程序执行的顺序。程序计数器不属于 SFR 存储器块。

上述介绍的 AT89S51 单片机的内部寄存器，为了能正确应用于程序设计，必须较为熟悉。关于特殊寄存器的详细内容请参阅相关器件的数据手册及厂商的使用示例。

 任务实施

学习单片机的第一个任务就是观察单片机实物。除了书中的实物图片之外，应当从现实中找到各种单片机芯片实物，并进行仔细观察。

在实践中，应该从单片机芯片上辨识出：封装类型、引脚顺序、厂商标志、芯片型号、芯片参数和生产日期等。例如，图 1-1-4 中 DIP 封装实物芯片为：40 脚双列直插式封装，有三角标志为 1 脚并在字面向上时逆时针方向依次为 2～40 脚，厂商为 ATMEL，芯片型为 AT89S51，最高工作频率为 24MHz，商用级别（0℃～70℃），该芯片 2003 年第 43 周生产。需要指出的是，各个厂商的标志方式不完全相同，具体应参看各厂商给出的数据手册或封装说明等资料。

单片机在封装上有 DIP（Dual In-line Package）封装、QFP（Plastic Quad Flat Package）封装、LCC（Leadless Chip Carrier）封装和 SOP（Small Out-Line Package）等外形封装。

一、AT89S5x 单片机芯片

AT89S5x 单片机 DIP、LCC 和 QFP 封装,实物示例如图 1-1-4 所示。

DIP封装(AT89S51)　　　　LCC封装(AT89S52)　　　QFP封装(AT89S51)

图 1-1-4　AT89S5x 的实物图

二、其他系列单片机芯片

其他类型的单片机实物示例如图 1-1-5 所示。图 1-1-5 中是 ATMEL 公司、NXP(恩智浦半导体)公司生产的 AVR 类型单片机和 Microchip 公司的 8 位 PIC 类型单片机。

图 1-1-5　其他类型单片机实物图

任务二　单片机最小系统的认识

 任务提出

单片机就是在一块硅片上集成了中央处理器、存储器和输入、输出接口等电路的一块集成电路。如何让单片机工作起来,单片机外围应用电路如何连接,这是首先需要了解的问题。本任务在介绍单片机最小系统的基础上,介绍能完成基本实验的外围电路。

 任务分析

为了让单片机工作起来,首先要为电路提供合适的稳定的直流电源,并让单片机的系统振荡电路工作。系统振荡电路是单片机工作的心脏,外接简单的控制电路,就构成了单片机的最小系统。为了让单片机完成一定工作任务,在单片机最小系统的基础上外接相关的工作电路,并为单片机编写相应的控制程序即可。单片机的端口与外围电路之间进行连接,实现信号的输入、输出控制,电路结构如图 1-2-1 所示。下面通过实际的最小系统及基本外围电路的安装实践,来认识以单片机

图 1-2-1　单片机控制系统结构图

为核心组成的硬件电路结构。

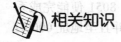 **相关知识**

一、AT89S51 单片机的最小系统

单片机的最小系统就是能让单片机工作起来的一个最简单的硬件系统，它由单片机芯片（如AT89S51）、复位电路和振荡电路及合适的直流电源组成。为了降低成本、封装引脚及电磁性能，部分单片机芯片可以使用外接 RC 构成振荡电路，也有部分单片机可以采用内部 RC 振荡作为系统时钟，也有单片机芯片把复位引脚通过配置作为普通 I/O 引脚。下面的内容是针对 AT89S51 单片机而言的，对其他单片机芯片，其最小系统电路和程序下载接口可能有所不同。

1. 振荡电路——让单片机活起来的心脏

AT89S51 内部具有振荡电路，只需在 18 脚和 19 脚之间接上石英晶体，给单片机加上工作所需直流电源，振荡器就开始振荡，单片机也开始工作。AT89S51 常外接 6MHz、12MHz的石英晶体，图中接入的是 11.0592MHz 的石英晶体，最高可接 33MHz 的石英晶体。18 脚和 19 脚分别对地接了一个 20pF 的电容，目的是防止单片机自激。

如果从 18 脚输入外部时钟脉冲，则 19 脚接地。

MCS-51 单片机的时钟产生方式分为内部振荡方式和外部时钟方式两种方式。

如图 1-2-2（a）所示为内部振荡方式，利用单片机内部的反向放大器构成振荡电路，在XTAL1（振荡器输入端）、XTAL2（振荡器输出端）的引脚上外接定时元件，内部振荡器产生自激振荡。

如图 1-2-2（b）所示为外部时钟方式，是把外部已有的时钟信号引入到单片机内。此方式常用于多片 MCS-51 单片机同时工作，以便于各单片机的同步。一般要求外部信号高电平的持续时间大于 20ns，且为频率低于 12MHz 的方波。应注意的是，外部时钟要从 XTAL2 引脚引入，由于此引脚的电平与 TTL 不兼容，应接一个 5.1kΩ的上拉电阻。在这种方式下，XTAL1引脚应接地，使单片机内部振荡电路不工作。另外，也可以采用 XTAL1 作为外部脉冲的输入引脚，XTAL2 悬空，使单片机内部振荡电路作为外部脉冲的整形放大电路。

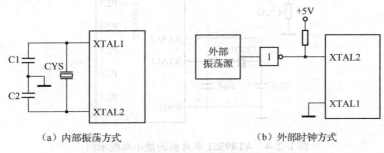

（a）内部振荡方式   （b）外部时钟方式

图 1-2-2 MCS-51 单片机时钟产生方式

2. 复位电路——恢复初始状态值

复位电路就是在 RST 端（9 脚）外接一个电路，目的是当单片机上电开始工作时，内部

电路从初始状态开始工作，或者在工作中人为让单片机重新从初始状态开始工作。在时钟工作的情况下，要求 8051 的复位引脚高电平保持两个机器周期以上的时间，8051 便能完成系统重置的各项动作，使得内部特殊功能寄存器的内容均被设成已知状态，并且至地址 0000H 处开始读入程序代码而执行程序。

单片机复位电路如图 1-2-3（a）所示，图中由电容 C 和电阻 R 构成上电自动复位电路，按键 K 实现手动开关复位。为了防止单片机在程序跑飞或死机的情况下自动重新工作，可以采用"看门狗"专用集成电路实现复位。图 1-2-3（b）采用 Maxim（美信）公司的 MAX813L 作为复位控制的应用电路，MAX813L 的 WDI 在 1.6s 没有收到单片机的输出信号时，将自动在其 RST 引脚输出高电平使 8051 单片机复位。MAX813L 的其他功能详见其数据手册。当然，其他集成电路厂商也有不同型号的看门狗集成电路。

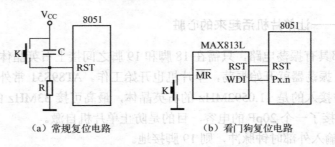

（a）常规复位电路　　　　　　（b）看门狗复位电路

图 1-2-3　MCS-51 单片机复位电路

3. 最小系统电路示例

单片机的最小系统电路由单片机芯片、复位电路和振荡电路及合适的直流电源组成，图 1-2-4 是 AT89S51 单片机的最小系统示例。

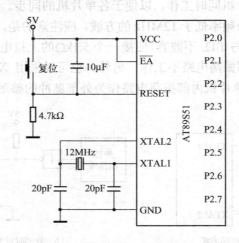

图 1-2-4　AT89S51 单片机的最小系统示例

二、基本外围扩展应用电路

对于单片机应用电路，根据系统需要，在最小系统的基础上增加相应的外围电路。各外围电路由连接线与单片机的各端口相连，构成完整的工作电路，配合软件完成相应的设计功能。常见的外围电路有电源电路、发光二极管显示电路、数码显示电路、键盘电路等。这些常用电路，在后面各模块中有部分典型电路介绍，本模块中仅介绍其中的电源电路和发光二极管显示电路。在本书中没有涉及或没有明确讲解的电路模块，其工作原理请查阅《模拟电路》等相关书籍。

1. 电源电路

电源电路如图 1-2-5 所示。当电源插座接入大于 6～9V 的直流电压，经 C8 滤波后供 7805 稳压，给整个电路提供 5V 直流电压。VD9 起到防止电源接反，同时也可以实现在交流电源接入电源插座时，对输入的交流电源进行半波整流，保证向 7805 提供直流电压。

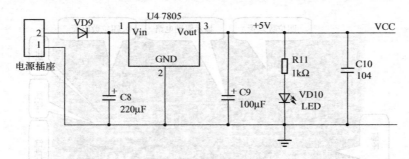

图 1-2-5 电源电路

R11 和 VD10 为电源指示电路，5V 电压工作正常时，VD10 将点亮。为了有效消除干扰，在 7805 的输出端与地线之间接入 100μF 电解电容和 0.01μF 的瓷介电容器。当然，在具体的外围电路中也要就近接滤波电容。

2. 显示工作效果的发光二极管显示电路

8 路发光二极管显示电路如图 1-2-6 所示，8 只发光二极管经排阻 R12 与电源 VCC 相接，通过插接口 J19 用连接线连接到单片机的相关端口，用于设计需要观察的效果显示。

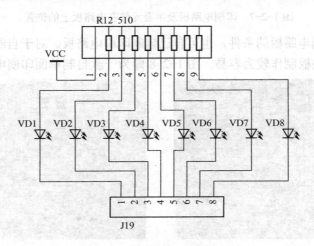

图 1-2-6 外接发光二极管电路图

任务实施

一、单片机实验电路板简介

设计制作实验电路板的目的是让学习者在做中学习单片机及外围电路。单片机实验电路板如图 1-2-7 所示，它由单片机的最小系统和基本外围扩展电路组成，能够完成 LED 显示、七段数码显示、矩阵键盘输入、外部中断等相关实验演示。通过电路板的插接口，外接模/数与数/模转换电路板、点阵显示电路板和其他控制电路板，可实现对外部器件的控制功能。电路板设计了一块多功能连接区，用于各项目设计连接元器件需求。

如果制作条件不具备，也可直接用万能板搭接单片机系统电路，图 1-2-7 给出了可供参考学习示例。

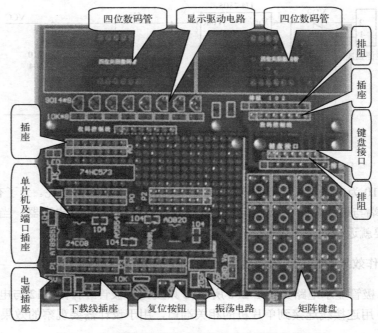

图 1-2-7　印刷电路板及主要元件在电路板上的位置

若具有制作印刷电路板的条件，也可自己自制印刷电路板。对于自制印刷电路板，一般设计为单面印刷电路板制作较为容易。图 1-2-8 即为一款自制单面印刷电路板的示例。

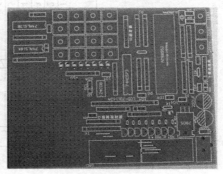

图 1-2-8　自制单面印刷电路板示例

二、单片机实验电路板安装和制作

1．准备工具、材料和元件

工具和材料如表 1-2-1 所示。

表 1-2-1　工具和材料

项　　目	内　　容	数　　量
工具	20W 内热式电烙铁和烙铁架	各一只
	压线钳	一把
	平口钳	一把
	剥线钳	一把
材料	实验电路印制板	一张
	20cm 连接线（8 芯排线）	三根
	接线头	100 粒
	导线、焊锡丝、松香	适量

工具中，平口钳用于剪线或元件引脚，剥线钳常用于电线头，压线钳用于排线压接线头。压线钳如图 1-2-9 所示。

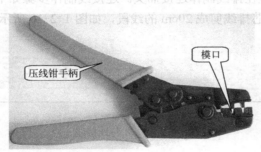

图 1-2-9　压线钳

2．检查核对元件

根据原理电路列出元件表，核对元件数量，从外观上检查元件有无损坏。

3．安装电路板

元件安装的原则是先小后大，先里后外，先轻后重。为了使安装的过程作为学习和熟悉单片机电路的过程，这里大致分为电路功能块和元件类型进行安装。安装步骤如下：

① 安装按键和键盘电路，复位按钮，INT0 和 INT1 两只单键按钮。

② 安装振荡电路的两只 20pF 电容和小磁片电容。

③ 安装 8 只显示发光二极管和排阻，一只电源指示发光二极管。

④ 紧挨着键盘从右到左安装 8 位接插座。

⑤ 安装单片机插座（单片机用插座，便于更换 AT89S51，同时单片机下面的电路板设

计了一组串行 AD 转换电路，是用贴片元件设计的，在需要时，也可拔下单片机安装上 AD 转换电路）和安装锁存器 74HC573（也可安装集成电路插座）。

⑥ 安装七段显示器的段码和位码输入插座，其他插座及电容器。

⑦ 安装八位数码管驱动晶体管基极的 8 只电阻，电源指示电路一只电阻。8 只晶体三极管和 1kΩ 排阻。

⑧ 安装复位电路一只电阻和复位电容，下载线插座。

⑨ 安装电源稳压集成电路 7805、滤波电容和电源插座。

⑩ 安装数码管。

安装中应注意：

① 单片机 AT89S51 建议焊接插座，将 AT89S51 插入插座中。

② 焊接时注意，若是双面板，元件插孔都是金属孔化，焊接中锡吃满孔时即可，不能像单面板焊接那样在元件引脚上留下较大焊锡点。

4．连接线制作

连接线用于单片机各端口与外围电路的连接，如 P0 口插座与发光二极管插座之间的连接、P0 口与七段显示码插座之间的连接、P2 口与七段显示数码管位控制端的连接、P1 口与键盘的连接等。

连接线的制作主要是在排线制作连接插头。连接线制作步骤如下：

① 剪线。首先将 8 芯排线剪成 20cm 的线段，如图 1-2-10 所示。

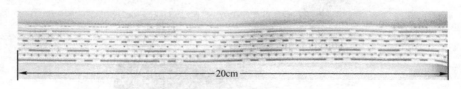

20cm

图 1-2-10　8 芯连接线

② 剥线。用剥线钳在每条芯线头上剥掉 1.5mm 左右的绝缘层。

③ 压线。如图 1-2-11 所示，将夹线金属压接头放在压线钳的模口（凹槽）中，再将导线头从另一边插入金属接头中，注意压线钳模口一边放压接头，一边插入连接线，不要放错。放好后，用力压下钳子手柄将线与接头压接牢。

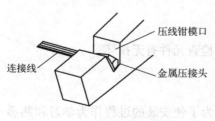

压线钳模口

连接线

金属压接头

图 1-2-11　压线示意图

要特别注意的是：导线不能插入金属头中太长，若排线插入太长，做好的插接头将不能插入插座。根据金属压接头大小，将其放在不同大小的压接模口中。

④ 将压接好的排线一根一根地插入到塑料插接头中。

这样一根排线就做好了，将做好的插线试着插入插座中，看能否顺利插入，若不能插入，可能是排线插入金属接线头中太长，需重做。

5．下载线

下载线的用途是将计算机编写好的程序通过下载线写入到单片机的 ROM 中去，利用下载线可对其重新编程和写入。下载线一般有两种，一种是一端接计算机的并口，一端接实验电路板的下载线插座；另一种是一端接计算计 USB 口，另一端接实验电路板的下载线插座。有条件的可自己制作下载线，也可直接在市场上购买成品下载线。

6. 单片机应用电路

在学习单片机实践中，可以利用成品的电路板制作实验板，也可以利用万能板搭接电路来实现单片机程序的下载和验证。在实践中，可以观察和参考各种单片机控制的电子产品的电路板。

下面是几个单片机硬件电路的实物图片，图 1-2-12 是一块单片机实验板，图 1-2-13 是单片机课程设计的学生作品。

图 1-2-12 单片机实验板

图 1-2-13 单片机电路

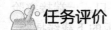

**任务评价**

仅对实验电路板的制作进行评价。评价分两部分，首先进行成果展示与分享，然后对成果进行评价评分。

一、成果展示与分享

将安装制作成果体会向全体同学（或分组）进行展示，并与同学分享制作和测试体会和收获。成果展示汇报表如表 1-2-2 所示。

表 1-2-2　成果展示汇报表

编号	汇报项目	汇报内容（提纲或要点）	评分分配	评分
1	元件认识与测试		20	
2	安装与组装体会		30	
3	故障检查与修复体会		20	
4	展示准备体会		20	
5	其他体会		10	

二、安装外观质量评价

安装质量评价表如表 1-2-3 所示。

表 1-2-3　安装质量评价表

分类	项　目	质量要求及评分标准	评分
实验电路板	元件安装（30分）	元件位置安装正确，错安一只元件扣 2 分；元件无损伤，损伤一只元件扣 1 分	
	安装质量（20分）	元件安装整齐、同类元件高度一致，高度不一致一只元件扣 0.5 分	
	焊接质量（20分）	无虚焊、焊接质量好，虚焊一只元件扣 1 分	
	电源插座、串口插座（5分）	安装平整、无损伤，不平整扣 1 分，有损伤扣 1 分	
连接线	剥线（10分）	排线头剥出金属线长度合适，不整齐扣 1 分，剥出线头太长扣 1 分	
	压接（15分）	压接可靠，芯线在金属头中长度合适，一个压接头不合格扣 1 分	
下载线	1. 若自制，设定评分标准； 2. 若采用购买，使用前对下载线进行质量检查		
总评			

本书的后续各模块都是单片机在某一方面的应用设计，内容包括硬件和软件设计，任务评价也可采用成果展示和对软件、硬件设计完成效果的评价，参照本任务评价方式进行设计。

任务三　单片机程序实践操作

任务提出

单片机芯片在没有写入程序之前，是没有任何控制功能的。要让单片机工作，使芯片受程序控制，必须要将编写的汇编（或 C）源程序使用编译程序转换为单片机芯片能够运行的机器代码，并且将这些机器代码写入单片机芯片（ROM）中。

在编写程序后，要验证程序是否按设计要求工作，一方面可将程序写入单片机，观察运行效果，如果写入单片机芯片不方便，或者缺少部分硬件时，另一种常用的方法是采用仿真软件来模仿硬件电路的执行效果。通过不断调试程序，一直到仿真软件实现了设计的目标效果后，再将程序写入单片机芯片中，通过硬件系统验证功能和效果。通过仿真软件对电路和程序进行仿真，能够节约系统调试时间和成本。常用的单片机仿真软件为 Proteus。

在本任务中，通过对示例源程序写入单片机芯片的过程，来介绍整个验证设计电路系统功能的单片机程序的编写、编译、下载和仿真的方法。

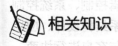

任务分析

单片机仅能识别的指令是二进制编码的机器语言，不管是汇编语言还是 C 语言都不能直接在单片机上运行，需要使用相应的编译软件将由汇编语言或 C 语言编写的"源程序"转换为单片机可执行的代码程序，并通过编程器或下载线写入单片机的程序存储器中。

为了使单片机编程的入门难度降低，在本书中选择 C 语言作为程序设计语言。MCS-51 单片机的 C 语言编译平台有 Keil、伟福（Wave）、南京万利（MedWin）等可供选用。本书中采用 Keil μvision2 软件作为编译器。

为了验证程序设计效果，用 Keil 软件对程序进行编译，并将编译程序与 Proteus 联调，对设计效果进行功能验证。如果有相应的硬件电路，则可以将编译后的目标代码通过下载软件和下载设备写入单片机芯片中，并通电验证单片机程序的控制功能。

为了检验设计程序的正确性和程序的控制效果，可以采用 Proteus 仿真测试或用实验电路板程序下载测试两种方法，两种方法的测试步骤基本相同。一般需要进行以下步骤：

① 在 Keil 中编辑源程序。

② 编译源程序，如果有语法错误，重复步骤①②。

③ 将程序代码写入目标单片机芯片或送入仿真软件，观察程序运行效果，如果与任务设计要求不一致，重复步骤①②③。

④ 测试系统并总结。

其中步骤③中的目标单片机芯片是指用硬件连接的应用电路中的单片机芯片，写入方式可以采用专用的编程器或专用的下载线连接计算机，在计算机中使用对应的下载软件烧写程序代码（即 Keil 输出的 HEX 文件内容）到单片机芯片。送入仿真软件则是指在仿真软件中设置仿真电路中的单片机芯片的程序文件为 Keil 输出的 HEX 文件。这两种方式均可实现程序效果的展示。

相关知识

一、单片机的工作过程

单片机的工作过程实质上就是执行用户编制程序的过程。程序设计者将单片机要完成的任务编写成程序，再把这些程序编译成单片机识别的机器码写入数据存储器中，当单片机开机复位后，就自动执行程序指令。执行指令的过程就是取指令和执行指令的过程，周而复始直到程序中所有命令执行完毕，这就是单片机的工作过程。

单片机组成控制系统工作，就是通过单片机硬件系统电路与单片机特定的指令系统相结合，通过运行单片机的程序指令，控制单片机的外围电路工作。所以，单片机应用设计分为硬件设计与软件设计两大部分。

单片机通过端口接收外围硬件电路的输入信号，经过单片机对信号的分析处理，又从端口输出控制信号，控制外围电路执行工作任务。单片机完成某一特定任务的过程实质上是单片机执行某一设定程序的过程。

二、单片机的编程语言

单片机对信号的分析、处理、存储和传输是通过执行程序来实现的。程序是人们为了完成某一特定任务或解决某一特定问题而用计算机语言编写的一系列指令集合。单片机能够直接识别和执行的命令称为计算机指令，也称为机器指令或机器语言。单片机所能执行的所有指令的集合即为指令系统。MCS-51 系列单片机的指令系统共有 111 条指令，分为数据传送类指令、算术运算类指令、逻辑运算类指令、控制转移类指令和布尔操作类指令。单片机的程序设计一般采用汇编语言或 C 语言。本教材对单片机的程序设计采用 C 语言。

目前大多数单片机支持 C 语言程序设计，使得 C 语言程序具有较好的通用性和移植性。与汇编语言相比，用 C 语言开发单片机具有如下特点：

① 开发速度优于汇编语言。

② 软件的可读性和可维护性显著改善。

③ 提供库函数包含许多标准子程序，具有较强的数据处理能力。

④ 关键字及控制转移方式更接近人的思维方式。

⑤ 方便进行多人联合开发，进行模块化软件设计。

⑥ C 语言本身并不依赖于机器硬件系统，移植方便。

⑦ 适合运行嵌入式实时操作系统。

针对用于 MCS-51 单片机的 C 语言被称为 C51。

三、单片机程序开发过程

一般来说，编程过程分为需求分析、算法设计、编辑源程序、编译、下载、验证等几个步骤。

需求分析是根据客户的要求，了解客户对单片机控制系统的功能、特性、性能、具体规格参数等，然后进行分析，确定系统硬件和软件所能达到的目标。

算法设计是根据需求分析的结果，考虑如何在硬件基础上通过系统逻辑控制、系统控制程序去实现所定义的需求功能、特性等，也可分为数据结构设计、软件体系结构设计、应用接口设计、模块设计等。在算法设计中，出现不能实现的系统需求，则要与客户进行协商，修改系统的功能或需求。

编辑源程序就是使用编程语言实现算法的过程，根据算法设计，选用一种程序语言编写出源程序。在编程过程中，出现不能使用编程语言实现的算法或数据结构，则需要修改算法和数据结构。

使用编译程序对源程序进行编译的过程称为程序编译。在编译过程中，出现错误或警告，需要检查、修改源程序中的语法和逻辑，并再次编译，直到没有错误和警告为止。

下载是将已经编译好的程序代码写入单片机芯片的过程。针对不同的单片机，常用编程器和下载线将程序代码写入单片机。对于使用 EPROM 或 E^{2}PROM 的单片机，使用编程器对单片机芯片写入程序代码，必须要将单片机芯片单独放入编程器，程序写入单片机芯片后，再将单片机芯片从编程器取下插入控制电路中并通电验证。对于具有 Flash Memory 的单片机，单片机芯片支持 ISP 功能，常使用下载线对控制电路中的单片机芯片写入代码，不需要将单片机芯片从控制电路中取下来就能完成对单片机芯片程序代码的写入。

单片机控制功能验证实际上就是对产品功能和性能的测试过程，是对设计、编程进行验证和用户需求确认的过程。如果出现功能错误或参数误差，需要从硬件、算法、编程等几个方面检查、修改和调试，直到能够完成系统需求为止。

 任务实施

1. Keil 的使用

从 Keil Software 公司的网站下载安装文件，按照提示将软件安装在计算机中，即可使用该软件对单片机的源程序进行编辑、编译和仿真调试等操作。Keil 软件的使用请参阅附录 A。

2. 程序下载

只有将源程序通过编译后得到的 HEX 文件写入单片机芯片中，才能让单片机系统按照程序运行。

单片机的程序下载是借助工具将计算机中的源程序通过编译并得到的 HEX 文件的内容写入单片机芯片的过程。单片机程序下载工具有各类编程器和下载线。编程器和下载线都有很多型号，每个单片机编程器或下载线都能够针对一个型号或多个型号的单片机芯片进行编程，每个编程都有与之相对应的下载软件。

下载软件是计算机操作系统中的一个应用软件，控制单片机编程器或下载线能够对单片机芯片进行擦除、ROM（程序存储器）读出、ROM 写入、ROM 校验、单片机芯片配置字读写等操作。

下载线仅能对支持 ISP（IAP）的单片机芯片写入程序，这类芯片多数采用表面封装技术。编程器能对几乎所有的单片机芯片进行编程，对表面封装的单片机芯片需要特殊的转接器才能编程。对 AT89S5X 芯片而言，一般采用下载线编程。

以常见的 Easy51Pro 编程器和 USBASP 下载线为例介绍单片机芯片编程，请参阅附录 B。

3. Proteus 仿真

所谓仿真，是指利用计算机和相关软件对电子电路进行设计、分析、调试和测试等操作。通过仿真可以对硬件电路设计和软件设计进行验证，是学习单片机应用设计的一种很好的手段和方法，它可提高学习效率，降低学习成本，但不能代替将所设计的硬件电路进行电路板实际连接。在后续任务中还会学习用单片机电路板验证设计，即将所设计程序编译后下载到

单片机技术基础与应用

实验电路板中，运行程序检验设计效果。这是学习单片机实际运用的一种方法。使用 Proteus 软件来仿真，请参阅附录 C。

思考与练习

1. AT89S51 的 P0、P1、P2、P3 口分别对应哪些引脚？

2. AT89S51 的 P0、P1、P2、P3 口各有哪些第二功能，试分别说明。

3. $\overline{PSEN}$、ALE/$\overline{PROG}$、$\overline{EA}$/Vpp 对应哪几只引脚，并简述各引脚的功能。

4. MCS-51 有哪些特殊寄存器？特点是什么？

5. 单片机的最小系统由哪些电路组成？

6. 什么是复位电路？其作用是什么？

7. 如何使用压线钳制作连接线？

8. 实验电路板上接线插座的用途是什么？

9. 为什么要使用下载线？如何选择下载线？

10. 简述用 Keil 软件进行 C 程序编辑、编译及将程序下载到单片机的步骤。

11. 简述用 Proteus 进行仿真的基本步骤。

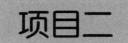

项目二

彩灯控制

在日常生活中经常可以看到许多广告灯光、舞台灯光以各种方式闪烁，如彩灯逐个被点亮、全亮、闪烁等花样显示之后再循环等。在工业控制中，常常见到各种指示控制，如在机电设备、仪器、仪表、机床面板上控制各种各样的信号指示灯，交通控制指示灯等。如图 2-0-1 所示为几种常见指示灯的示例。

（a）工业控制指示灯

（c）交通指示灯

（b）工作状态指示灯

（d）汽车仪表指示

（e）机电设备面板指示灯

图 2-0-1 指示灯举例

从控制角度来看，这些指示灯只有点亮或熄灭两种状态。在控制这些指示灯时，往往是采用高、低电平，通过驱动电路实现指示灯的亮与灭。

在单片机应用中，利用单片机端口或端口某一引脚输出数据，就能在单片机引脚上得到相应的逻辑电平，通过外围驱动电路，实现单片机对外部设备工作状态的控制。这就是单片机端口的输出。

当外部设备（如开关）连接到单片机引脚，这些外部设备状态的改变将导致单片机引脚为不同的逻辑电平。单片机通过检测其引脚电平，可以知道连接到单片机引脚的外部设备的工作状态。这就是单片机端口的输入。

本项目以单片机控制指示灯为例，从简单的一个指示灯的控制到复杂的多个指示灯的控制，学习单片机对端口输出电平的控制。在程序设计完成后，一方面可以通过 Proteus 仿真测试控制效果；另一方面可以通过烧写单片机芯片，在硬件电路上测试控制效果。通过仿真和硬件验证，加深对单片机控制系统的硬件电路认知，熟悉和强化控制程序的设计。

任务一　彩灯的点亮与熄灭

任务提出

利用单片机引脚输出信号驱动各类设备实现控制设备的运行和状态，是单片机最为典型的应用。本任务是学习单片机控制的第一个任务，以单片机的一个引脚通过驱动电路控制一只指示灯的亮或灭。

任务分析

用单片机实现对单一指示灯的亮或灭的控制，就是利用单片机的某一引脚输出的高电平及低电平，通过驱动电路实现指示灯的通电或断电两种状态。

MCS-51 单片机的引脚输出为 TTL 兼容电平，从硬件连接上，就是选择单片机的某一输出引脚，外接发光二极管电路。发光二极管电路的接法与单片机引脚驱动负载能力有关。

当然，要让单片机芯片工作，单片机最小系统电路是必需的，控制发光二极管的硬件系统框图如图 2-1-1 所示。由于 MCS-51 系列单片机各端口引脚内部结构不同，所以对外接负载驱动能力也有所不同，在使用中应加以注意。

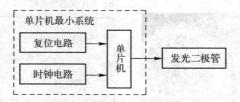

图 2-1-1　单片机控制一只 LED 的系统框图

对单片机引脚输出信号控制发光二极管的点亮或熄灭，就是如何在单片机引脚上输出高电平或低电平，即输出"1"或"0"。要使单片机的引脚输出"1"或"0"，必须使用指令（程序命令）来实现。本书采用 C51 对单片机进行编程控制。

本任务是应用 C51 编程的一个最简单例子。在学习中，要注意学习单片机 C51 程序的基本编程方法，基本语句、程序结构，以及如何定义变量，特别是用变量来定义单片机的引脚。

为了验证程序设计效果，用 Keil 软件对程序进行编译，并将编译程序与 Proteus 联调对设计效果进行功能验证。

相关知识

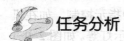

一、C51 基本知识

C51 在语法规则、程序结构及程序设计方法等方面与标准的 C 语言程序设计相同，而在数据类型、变量存储模式、输入/输出处理、函数等方面与标准的 C 语言有一定的区别。下面仅对本任务中使用到的部分 C51 内容进行说明，未使用到的语法规则、程序结构及程序设计方法等，在后续项目中逐步介绍。

1．C51 程序结构

在编写 C51 程序时，程序的开始部分一般是预处理命令、函数说明和全程变量定义等，然后是定义程序所需函数。

C51 程序与 C 程序一样，是由一系列函数组成的，函数之间可以相互调用。一个 C 程序中只有一个 main() 函数，main() 函数可以调用别的功能函数，但其他功能函数不允许调用 main() 函数。不论 main() 函数放在程序中的哪个位置，总是先被执行。其他功能函数可以是 C 编译器提供的库函数，也可以是由用户按需要自行编写的自定义函数。

（1）C51 程序的一般结构

预处理命令	/*用于包含头文件等*/
全局变量说明	/*全局变量可以被本程序所有函数引用*/
函数 1 说明	/*说明程序中需要的各种函数*/
……	
函数 n 说明	
/*主函数*/	
main(){	
局部变量说明；	/*局部变量只能在所定义的函数内部引用*/
执行语句；	
函数调用（实际参数表）；	//函数调用时的实参与函数定义的形参一一对应。
/*函数定义。定义在程序中需要的函数*/	
函数 1（形式参数说明）{	
局部变量说明；	/*局部变量只能在所定义的函数内部引用*/
执行语句；	
函数调用（实际参数表）；	
}	
……	
函数 n（形式参数说明）{	
局部变量说明；	/*局部变量只能在所定义的函数内部引用*/
执行语句；	
函数调用（实际参数表）；	
}	

（2）C51 程序的示例

```
#include    "reg51.h"            //调用头文件，声明针对 51 单片机的特殊定义
#define   uchar unsigned char   //定义变量 "uchar" 为无符号字符型
sbit   light = P2^0 ;           //定义 light 变量表示 P2 口的 P2.0
void delay05s(void)             //自定义函数
{
    unsigned char i,j,k;        //声明三个无符号字符型变量 i,j,k
```

```
        for(i=5;i>0;i--)                //循环 5 次
        {
            ……
        }
    }
    void main()                         //主函数，每个 C 程序都必须有 main 函数
    {//main 函数功能定义的开始
    while(1)                            //死循环，让单片机在这里不断执行
    {//while 循环体开始
            light=0;                    //给 light 变量赋初值
            delay05s();                 //调用定义函数
            ……
    }//while 循环结束
}//main 函数结束
```

从上面 C51 程序的一般结构和例子可见，C51 程序首先是调用与所使用单片机硬件资源有关的头文件（#include "reg51.h"），在头文件"reg51.h"中对 MCS-51 单片机的存储类型及存储区域、存储模式、存储器类型声明、变量类型声明、位变量与位寻址、特殊功能寄存器（SFR）、C51 指针、特殊库函数属性等进行定义。

编写 C51 程序时要注意以下几点：

① 函数以花括号"{"开始，以花括号"}"结束，包含在"{ }"内的部分称为函数体。花括号必须成对出现，如果一个函数内有多对花括号，则最外层花括号为函数体的范围。为使程序增加可读性并便于理解，一般采用缩进方式书写。

② C51 程序没有行号，书写格式自由，一行内可以书写多条语句，一条语句也可以分写在多行上。每条语句最后必须以一个分号";"结尾，分号是 C51 程序的必要组成部分。

③ 每个变量必须先定义后引用。在函数内部定义的变量为局部变量，又称为内部变量，只有定义它的那个函数内才能够使用。在函数外部定义的变量为全局变量，又称为外部变量，在整个程序中都可以使用，使用中一定要注意全局变量对值的传递。

④ 在主函数中调用的函数有系统函数和自定义函数，自定义函数可以在 main()函数之前定义，也可在 main()函数之后定义，若在 main()函数之后定义则需要在 main()之前加以说明（也称声明）。

⑤ 对程序语句的注释必须放在双斜杠"//"之后，或者放在"/*……* /"之内。在程序中加入注释，有利于程序的阅读和理解。注释内容不影响程序的编译。

⑥ 功能函数可以是 C 语言编译器提供的库函数，也可以是由用户定义的自定义函数。

2．常用 C51 语法

（1）标识符与关键字

C 语言的标识符是用来标识源程序中某个对象名字的。这些对象可以是函数、变量、常量、数组、数据类型、存储方式、语句等。一个标识符由字符串、数字和下画线等组成，第一个字符必须是字母或下画线。需要注意的是，C 语言规定，在标识符中大小写字母被认为是不同的字符。程序中标识符的命名应当简洁明了、含义清晰、便于阅读理解。

关键字是一种具有固定名称和特定含义的特殊标识符，有时又称保留字，C51中关键字详见附录A。在编写C语言源程序时，不允许将关键字另作他用，也就是对于标识符的命名不要与关键字相同。例如，不能使用int作为自定义标识符，因为int是C语言中规定的数据类型说明关键字。

（2）赋值运算

在C51中，赋值运算符"="的功能是将一个数据的值赋给一个变量或特殊功能寄存器。利用赋值运算符将一个变量与一个表达式连接起来的式子称为赋值表达式，在赋值表达式的后面加一个分号";"就构成了赋值语句。赋值语句的格式为：

　　　　变量名 = 表达式；

执行时，先计算出赋值运算符"="右边表达式的值，然后赋给左边的变量。例如：

　　　　x=3+2;　　　　　/* 将 3+2 的值赋给变量 x */
　　　　P1=0x01;　　　　/* 将二进制 0000 0001 送端口 P1 */

在C51中，允许在一个语句中同时给多个变量赋值，赋值顺序自右向左。

　　　　x=y=5;　　　　　/*将常数 5 同时赋给变量 x 和 y */

二、C51 程序设计基础

1. 模块化程序设计

C语言是一种结构化语言，采用自顶向下、逐步求精的模块化程序设计方法。使用三种基本控制结构构造程序，即任何程序都可由"顺序结构"、"选择结构"和"循环结构"三种基本控制结构构造。

模块化程序设计中每个模块要求只有一个入口和一个出口。

2. 程序流程图符号

程序流程图是用一些图框来表示各种操作，用图形表示算法，直观形象，易于理解。常用的流程图符号有：开始和结束符号、工作任务符号、判断分支符号、程序连接符号、程序流向符号等，如图2-1-2所示。

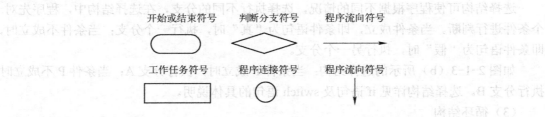

图 2-1-2　常见的流程图符号

3. 程序的三种基本结构

C语言只有三种基本结构，即顺序结构、选择结构和循环结构，如图2-1-3所示。在这些基本结构中，凡是工作任务符号所代表的功能模块都可以用这三种基本结构再次分解替换，形成复杂的组合模块。

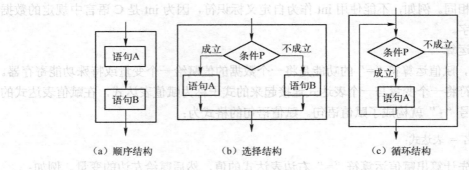

（a）顺序结构　　　　　　　（b）选择结构　　　　　　　（c）循环结构

图 2-1-3　三种基本结构

三种基本结构的共同特点是：只有一个入口，只有一个出口，结构内的每一部分都有机会被执行到，结构内不存在"死循环"。

（1）顺序结构

顺序结构是最基本、最简单的结构，在这种结构中，程序由低地址到高地址依次执行。如图 2-1-3（a）所示，程序先执行语句 A，然后再执行语句 B。例如程序：

```
main()
{
    char A,B;
    A=3;
    B=A+2;
    P1=B;
}
```

程序中定义了两个变量，分别是 A 和 B。程序的执行顺序是：首先给 A 赋值为 3（即0000 0011），对应的语句是"A=3;"；然后将 A 的值 3 加上数字 2 的结果（0000 0101）赋值给 B，对应的语句是"B=A+2;"；最后将 B 的值送给端口 P1 输出，对应的语句是"P1=B;"。

（2）选择结构

选择结构可使程序根据不同的情况，选择执行不同的分支，在选择结构中，程序先对一个条件进行判断。当条件成立，即条件语句为"真"时，执行一个分支；当条件不成立时，即条件语句为"假"时，执行另一个分支。

如图 2-1-3（b）所示的选择结构：当条件 P 成立时，执行分支 A；当条件 P 不成立时，执行分支 B。选择结构详见 if 语句及 switch 语句的具体说明。

（3）循环结构

在程序处理过程中，有时需要某一段程序重复执行多次，这时就需要循环结构来实现，循环结构就是能够使程序段重复执行的结构。

如图 2-1-3（c）所示的循环结构，当条件 P 成立（为"真"）时，执行语句 A；当条件不成立（为"假"）时才停止重复，执行循环结构后面的程序。

三、单片机引脚的使用

要能正确地使用单片机的各端口和各引脚，一是要了解单片机端口引脚的内部基本结构，二是要知道如何定义端口和引脚。也就是说，要使用 C51 编写程序控制单片机 I/O 端口和引脚，首先要会选用端口和引脚，会定义端口、引脚的名称。

1．端口各引脚的内部结构

这里主要是从每个端口内部逻辑结构出发，了解单片机端口引脚的特点。从外部看，8051 单片机 4 个端口均由 8 位双向输入/输出引脚组成，在端口内部都由一组锁存器、输出驱动器和输入缓冲器组成。4 个端口在内部结构划分为 8051 的 4 个专用寄存器（8 位），既可字节寻址，也可位寻址（即可一个字节访问，也可访问其中任何一位）。4 个端口都是双向 I/O 口，结构和特性基本相同，但又有各自的特点。

（1）P0 口的结构特点

P0 口每一位（也称口线）的内部逻辑电路如图 2-1-4 所示。

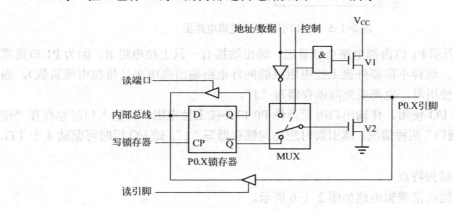

图 2-1-4　P0 口引脚内部逻辑电路图

从图中可以看出，P0 口的每一个输入/输出端的内部电路包含一个由 D 触发器构成的数据输出锁存器；两个三态门构成数据缓冲器；由反相器、与门和模拟转换开关（MUX）构成控制电路；两个场效应管（V1、V2）构成输出驱动电路。

P0 口作输出端时，由于 V1 是截止处于开路状态，所以必须外接上拉电阻才能使输出为高电平。

当 P0 口作输入口使用时，有两种情况：一是读引脚，二是读端口。读引脚就是读芯片引脚 P0.X 引脚数据，这时"读引脚"控制信号使图 2-1-4 所示电路下边一个三态缓冲器打开，把芯片引脚数据经缓冲器传输到内部总线。读端口则是在"读端口"信号控制下使图 2-1-4 所示电路上面的三态缓冲器打开，把存放在锁存器 Q 端的数据经缓冲器传输到内部总线。目的是为了适应对端口进行"读—修改—写"这类操作时的需要，从锁存器读取信号而不直接从输出端读取输出信号，这样避免由于端口负载原因而造成数据错误。P0 口作"读引脚"输入时也要注意一点，当从引脚输入信号时，必须先向锁存器写"1"，使 $\overline{Q}=0$，V2 截止，这时两只场效应管都处于截止状态，输出驱动电路呈高阻状态，引脚数据就能经缓冲器传送到内部总线。

当 P0 口作地址/数据端时，控制信号为高电平，多路模拟开关掷反向器输出端，"地址/数据"信号经由两个场效应管构成的驱动电路输出，由两只场效应管构成推拉结构。在实际应用中，P0 口常作为单片机系统的地址/数据线使用，这要比用作一般 I/O 口应用更简单一些。

（2）P1 口的结构特点

P1 口每一位的内部逻辑电路如图 2-1-5 所示。

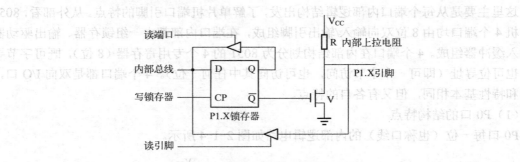

图 2-1-5　P1 口引脚内部逻辑电路图

从图 2-1-5 所示 P1 口内部电路可以看出，输出端接有一只上拉电阻 R。因为 P1 口通常是作 I/O 口使用，这样不需要外接上拉电阻就能向外电路输出高电平（带拉电流负载）。当 P1 口作为输入口使用时，也需要先向锁存器写"1"。

P1 口通常作 I/O 使用，作输出口时无须像 P0 口外接上拉电阻；作输入口时也存在"读引脚"和读"读端口"两种情况，读引脚时应先向锁存器写"1"。做 I/O 用时可驱动 4 个 TTL门电路。

（3）P2 口的结构特点

P2 口每一位的内部逻辑电路如图 2-1-6 所示。

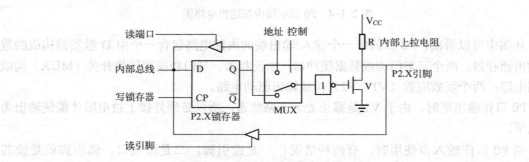

图 2-1-6　P2 口引脚内部逻辑电路图

由 P2 口内部逻辑电路图 2-1-6 可知，多路转换开关接锁存器 Q 端时，电路构成 I/O 口使用，与 P1 电路结构基本相同。当外接存储器时，P2 口作为高位地址线使用时，多路开关与"地址"相连，在这种情况下，由于访问外存储器不断从 P2 口输出高位地址，P2 口不可能再作为通用的 I/O 口使用。配合 P0 口作地址总线（A0～A7）低 8 位，P2 口输出 A8～A15高 8 位地址，可构成完整的 16 位地址总线，从而实现寻址 64K（2^{16}）的外部存储器空间。

作输出口使用时，无须外接上拉电阻。作输入口使用时，也与 P0 口和 P1 口一样，存在

"读引脚"和"读端口"两种情况,读引脚时,也应先向锁存器写"1"。

（4）P3 口的结构特点

P3 口的每一位内部逻辑电路如图 2-1-7 所示。

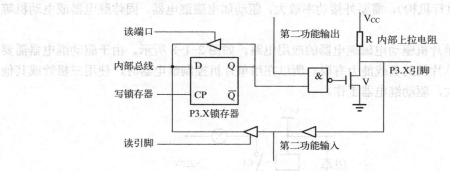

图 2-1-7   P3 口引脚内部逻辑电路图

P3 口的特点是每一个引脚都有第二功能,为了适应 P3 口的第二功能需要,内部逻辑电路增加了第二功能控制逻辑电路。

当用作第二功能输出时,锁存器 Q 端置 1,"第二功能输出"信号传输到引脚输出。当第二功能信号输入时,经缓冲器传输给"第二功能输入"。

P3 口既可作为通用 I/O 口使用,又可作为第二功能使用,一般 P3 口用于第二功能。

作输出口使用时与 P1 口相似。作输入口使用时,存在"读引脚"和"读端口"两种情况,读引脚时,也应先向锁存器写"1"。

从电路结构上可以看出,P0~P3 口每一位都有一个锁存器,所以每一个端口都是一个 8 位寄存器。可以对端口寄存器进行整体数据读写,也可以对其中任一位进行读写操作。

2．引脚的定义及应用

如果要针对特殊功能寄存器的某一位进行操作,则需要使用 sbit 命令定义特殊功能寄存器中的可寻址位。格式为:

sbit 位名称 = 特殊功能寄存器名称|地址 ^ 位编号 ;

其中位编号为可寻址的特殊功能寄存器的位的编号,如果特殊功能寄存器的长度为 1 字节,则位的编号从 0~7,长度为 2 字节的位的编号为 0~15。其中最低位的编号为 0。

例如,仅对 P1.2 进行操作,则可以使用下面的命令进行定义:

sbit P12 = P1 ^ 2 ; // 定义"P12"表示"P1"的第"2"位

这条语句定义了 P12 表示 P1 口的 P1.2 引脚。需要在引脚 P1.2 上输出低电平,就是在 P1.2 引脚上输出 0,使用的命令是"P12=0;"同理,让引脚 P1.2 上输出高电平,使用的命令是"P12=1;"让 P1.2 引脚上输出电平发生高低翻转,使用的命令是"P12= ! P12;"。

还要说明,这里 P12 是一个标识名称。只要符合 C51 的标识符命名规则的名称都可以用来表示引脚。

📢 注意:

P1.2 不是一个合格的标识符,也不能够直接将 P1^2 作为引脚名称。

3．引脚驱动示例

单片机能很方便地改变其引脚输出的逻辑电平，但其驱动能力有限，对于大功率和高电压的各类负载（执行机构），需要外接功率放大，驱动如电磁继电器、固体继电器或电动机等功率器件。

这里举一个单片机驱动电磁继电器的应用电路，如图 2-1-8 所示。由于驱动继电器需要较大的电流，而单片机的负载能力有限，所以在用单片机控制继电器时，使用三极管或其他电路进行电流放大，驱动继电器工作。

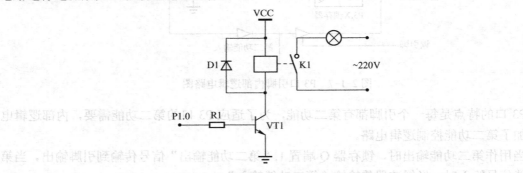

图 2-1-8　用继电器控制大功率彩灯电路

在图 2-1-8 所示电路中，单片机输出端 P1.0 为高电平时，三极管 VT1 导通，继电器线圈通电，常开触头 K1 吸合，灯泡发光；当单片机输出端 P1.0 为低电平时，三极管 VT1 截止，继电器线圈失电，触头 K1 断开，灯泡熄灭。

 任务实施

一、硬件设计

本任务是要实现用单片机控制一只彩灯（或指示灯）的点亮和熄灭。采用在单片机的端口引脚上接上一只发光二极管代替指示灯，点亮或熄灭发光二极管即实现指示灯控制。

为了让单片机能够工作并控制一只 LED，也就是在单片机的最小系统的基础上增加控制 LED 的硬件电路。单片机的端口驱动能力是下拉能力强，所以采用低电平驱动 LED 点亮，控制引脚选择 P2.0，电路如图 2-1-9 所示。

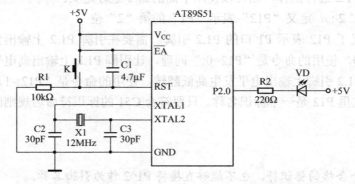

图 2-1-9　单一指示灯（发光二极管）控制电路图

在图 2-1-9 中，由电阻 R1、电容 C1、复位按键 K 构成复位电路，晶振 X1、电容 C2、电容 C3 构成振荡电路，引脚 $\overline{EA}$ 接电源使单片机 AT89S51 从其内部的程序存储器中读取指令并运行。这几个引脚及其外部元件共同构成了 AT89S51 的最小系统。

将 VD（LED）接在单片机的 P2 口的 P2.0 引脚上，使 LED 受 P2.0 引脚的高、低电平控制。电路中 R2 为限流电阻，限定流过发光二极管的电流，电阻的取值应使发光二极管工作在安全电流范围之内。

二、软件设计

由图 2-1-9 可知，当单片机的引脚 P2.0 上输出高电平时，发光二极管两端都是高电平，因此发光二极管不亮。当引脚 P2.0 输出低电平时，发光二极管阳极接电源正极，电流经发光二极管和限流电阻 R2 流进 P2.0，发光二极管被点亮。可见，由 AT89S51 的 P2.0 端输出高/低电平来决定外接 LED 的熄灭或点亮。

由于所有单片机端口都具有锁存器，在输出数据指定端口的电平状态后，这个电平将一直维持到下一个修改该引脚输出数据的命令为止。因此，整个程序框图如图 2-1-10 所示。

在图 2-1-10 中，单片机程序从 P2.0 输出指定电平后，就进行死循环。

死循环是一种特殊的程序结构，凡是单片机执行到死循环时，单片机将反复运行死循环内的程序，不再执行其他的程序。

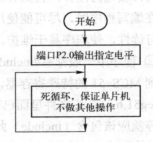

图 2-1-10 点亮指示灯程序设计框图

由于死循环中没有修改 P2.0 的电平状态，单片机端口又具有锁存能力，故单片机将一直维持 P2.0 的输出电平。

1. 点亮指示灯

从前面的分析可知，要使 P2.0 端所接发光二极管被点亮，则 P2.0 端输出低电平，或者说从 P2.0 输出数据 0 即可实现。

C51 示例源程序：

```
#include "reg51.h"        //包含头文件
sbit P20=P2^0;            //定义 P20 变量表示 P2 口的 P2.0 端
void main(void)           //主函数
{
    P20=0;                //给 P20 赋值 0，使 P2.0 端输出低电平，点亮 LED
    while(1);             //死循环，让单片机在这里等待，语句后面的分号不可省
}
```

2. 熄灭指示灯

从点亮指示灯分析已知，当指示灯在被点亮的情况下，只需将图 2-1-8 所示电路中的 P2.0 端输出高电平（数据 1），指示灯就会熄灭。

C51 示例源程序：

```
#include "reg51.h"          //包含头文件
sbit P20=P2^0;              //定义 P20 变量表示 P2 口的 P2.0 端
void main(void)             //主函数
{
    P20=1;                  //给 P20 赋值 1，使 P2.0 端输出高电平，LED 不亮
    while(1);               //死循环，让单片机在这里等待，语句后面的分号不可省
}
```

程序说明：

① 程序中以"//"开头到该行末尾为注释。

在 Keil C51 编译器所支持的两种注释语句。一种是以"//"符号开始的语句，符号之后的语句都被视为注释，直到有回车换行。

在编写程序时，尽可能使用注释。注释说明的对象可以是程序中一切对象。注释增加程序的可读性，使程序易于维护。

② 程序中一般都有#include "reg51.h"语句，或类似的包含头文件的语句。因为在程序中要用到 MCS-51 的特殊寄存器，如在示例程序中的"P2"。

reg51.h 这个头文件里面已有相关特殊寄存器的声明，如果在程序中要使用到这些特殊寄存器等就应该包含（include）此头文件。

各个厂商生产的单片机内部硬件结构有所不同，一般程序首先调用相关单片机的头文件（不同的单片机有不同头文件），如 AT89C51、AT89S51 对应的头文件为 AT89X51.H。当然，程序中使用了#include "AT89X51.H"，就不能再使用语句#include "reg51.h"了，否则将会出现重复定义的错误。

③ void main(void)语句括号中的 void 均可省掉，写成 void main()。

三、Proteus 仿真

单片机的程序验证过程应该按照项目一中的单片机实践操作步骤进行，因为各读者的实践条件不可能一致，故本书中的各个任务仅就仿真及仿真结果加以说明，硬件的实际验证过程只做少量的示例。下面是采用 Proteus 仿真软件验证本项目的过程和仿真效果，后面的任务不再说明。

① 打开 Proteus ISIS 软件，按照硬件原理图绘制 Proteus 仿真电路，仔细检查，保证线路连接无误。

② 在 Keil 软件开发环境下，创建项目，编辑源程序，编译生成 HEX 文件，并装载到 Proteus 虚拟仿真硬件电路的 AT89C51 芯片中。

③ 运行仿真，仔细观察运行结果，如果有不符合设计要求的情况，调整源程序并重复步骤①和②，直至完全符合本项目提出的各项设计要求。

如图 2-1-11 所示是单片机点亮指示灯的仿真效果图，图 2-1-11（a）是指示灯不亮时的仿真效果图，图 2-2-11（b）是指示灯点亮时的仿真效果图。

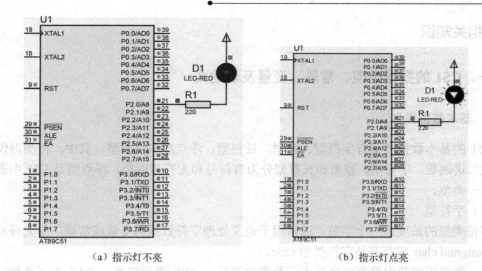

（a）指示灯不亮　　　　　　　　　　　　（b）指示灯点亮

图 2-1-11　键控指示灯仿真效果图

任务二　彩灯的闪烁

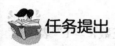 **任务提出**

在各种控制设备的指示中，经常需要对指示灯进行闪烁控制，或者让动作机构按设定时间重复动作。本任务以一只 LED 为控制对象，用单片机实现 LED 彩灯按 1Hz 的频率闪烁，即让 LED 重复点亮 0.5s、熄灭 0.5s、点亮 0.5s、熄灭 0.5s……

任务分析

根据控制要求可知，本任务的单片机硬件电路只要能保证控制 LED 点亮和熄灭即可，其硬件系统框图如图 2-1-1 所示，其硬件电路也可以采用任务一中的图 2-1-8 所示电路。

由于单片机所有端口的各个引脚均具有锁存功能，要使单片机控制 LED 按 1Hz 的频率闪烁，则需要让单片机引脚重复执行：输出高电平后等待 0.5s，再输出低电平后等待 0.5s……对应的软件框图如图 2-2-1 所示。

为了验证程序设计效果，用 Keil 软件对程序进行编译，并将编译程序与 Proteus 联调对设计效果进行功能验证。

本任务通过控制指示灯闪烁，介绍单片机的机器周期，同时掌握 C51 的变量定义、循环和函数的使用。

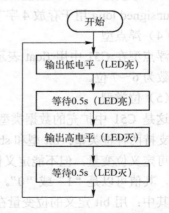

图 2-2-1　闪烁 LED 的软件系统框图

相关知识

一、C51 的数据类型、常量、变量及表达式

1．基本数据类型

C51 的基本数据类型有字符型、整型、长整型、浮点型和位类型。其中，位类型仅能存储一位二进制数，字符型、整型和长整型分为有符号和无符号两类，浮点型是 C51 中表示实数的唯一类型。

（1）字符型

字符类型的长度是一个字节，通常用于定义处理字符数据的变量或常量，分无符号字符类型 unsigned char 和有符号字符类型 char。

char 类型用字节中最高位字节表示数据的符号，"0"表示正数，"1"表示负数，负数用补码表示。表示的数值范围是−128～+127。

unsigned char 类型用一个字节中所有位来表示数值，可以表示的数值范围是 0～255。unsigned char 常用于处理 ASCII 字符或用于处理小于或等于 255 的整型数。

（2）整型

整型的长度为两个字节，用于存放一个双字节数据，分有符号整型 int 和无符号整型 unsigned int。

int 用于存放两字节带符号数，其最高位表示数据的符号，"0"表示正数，"1"表示负数，表示的数值范围是−32768～+32767。

unsigned int 用于存放两字节无符号数，所能表示的数值范围是 0～65535。

（3）长整型

长整型的长度为 4 个字节，用于存放一个 4 字节数据，分有符号长整型 long 和无符号长整型 unsigned long。

long 的最高位表示数据的符号，"0"表示正数，"1"表示负数。signed long 用于存放 4 字节带符号数，表示的数值范围是−2147483648～+2147483647。

unsigned long 用于存放 4 字节无符号数，表示的数值范围是 0～4294967295。

（4）浮点型

浮点型在 C51 中用 float 表示，数据的长度为 4 个字节。float 表示十进制数据的有效数据位数为 6～7 位。

（5）位类型

这是 C51 中扩充的数据类型，用于访问 MCS-51 单片机中的可寻址的位单元。在 C51 中，支持两种位类型：bit 型和 sbit 型。

可定义位变量，但不能定义位指针，也不能定义位数组。它们在内存中都只占一个二进制位，其值可以是"1"或"0"。

其中：用 bit 定义的位变量在 C51 编译器编译时，在不同的时候位地址是可以变化的，而用 sbit 定义的位变量必须与 MCS-51 单片机的一个可以寻址位单元或可位寻址的字节单元中的某一位联系在一起，在 C51 编译器编译时，其对应的位地址是不可变化的。

在 C51 语言程序中，有可能会出现在运算中数据类型不一致的情况。C51 允许任何标准数据类型的隐式转换，隐式转换的优先级顺序如下：

bit→char→int→long→float

signed→unsigned

也就是说，当 char 型与 int 型进行运算时，先自动对 char 型扩展为 int 型，然后与 int 型进行运算，运算结果为 int 型。C51 除了支持隐式类型转换外，还可以通过强制类型转换符"（）"对数据类型进行人为的强制转换。例如，"（int）3.2"表示为将实数"3.2"强制转换为"int"类型。

C51 编译器除了能支持以上这些基本数据类型外，还支持一些复杂的组合型数据类型，如数组类型、指针类型、结构类型、联合类型等复杂数据类型。在后续内容中，如果用到相关数据类型时再进行详细介绍。

2．常量

常量是指在程序执行过程中其值不能改变的量。在 C51 中支持整型常量、浮点型常量、字符型常量和字符串型常量。

（1）整型常量

整型常量也就是整型常数，根据其值范围在计算机中分配不同的字节数来存放。在 C51 中它可以表示成以下几种形式。

① 十进制整数：如 234、–56、0 等。

② 十六进制整数：以 0x 或 0X 开头表示，其数码取值为 0～9、A～F 或 a～f。例如，0x3d 表示十六进制数 3DH。

③ 八进制整数：以 0 开头表示，其数码取值为 0～7。例如，072 表示十进制数 58。

④ 长整数：在 C51 中若一个整数的值达到长整型的范围，则该数按长整型存放，在存储器中占 4 个字节。另外，如果一个整数后面加一个字母 L，这个数在存储器中也按长整型存放，如 123L 在存储器中占 4 个字节。

（2）浮点型常量

浮点型常量也就是实型常数，有十进制表示形式和指数表示形式两种。

十进制表示形式又称定点表示形式，由数字和小数点组成，如–0.85、0.123、34.645、2.0 等都是十进制数表示形式的浮点型常量。注意，数字中必须包含小数点。

指数表示形式为：[±]数字[.数字]e[±]数字

[ ]中的内容为可选项，其中内容根据具体情况可有可无，但其余部分必须有。阶码可以是字母 e，也可以是字母 E。例如，1E-2、125e3、–7e9、–3.0e2 等都是指数形式的浮点型常量。

（3）字符型常量

字符型常量是用单引号引起的字符，如 'a' 'A' '5' 'F' 等，相当于该字符的 ASCII 码的值。表示的内容可以是可显示的 ASCII 字符，也可以是不可显示的控制字符。要注意大小写字母的 ASCII 值是不一样的。

对不可显示的控制字符须在前面加上反斜杠 "\" 组成转义字符。利用它可以完成一些特殊功能和输出时的格式控制。常用的转义字符如表 2-2-1 所示。

表 2-2-1　C51 中常用的转义字符

转 义 字 符	含　义	ASCII 码（十六进制数）
\0	空字符（null）	00H
\n	换行符（LF）	0AH
\r	回车符（CR）	0DH
\t	水平制表符（HT）	09H
\b	退格符（BS）	08H
\f	换页符（FF）	0CH
\'	单引号	27H
\"	双引号	22H
\\	反斜杠	5CH

（4）字符串型常量

字符串型常量由双引号""括起的字符组成，与字符型类似，可用的字符包括 ASCII 字符和转义字符，如"C""12+34""SuiNing"等。

需要注意的是，字符串型常量与字符型常量是不一样的，一个字符型常量在计算机内只用一个字节存放，而一个字符串型常量在内存中存放时不仅双引号内的字符一个占一个字节，而且系统会自动在后面加一个转义字符"\0"作为字符串结束符。因此不要将字符型常量和字符串型常量混淆，如字符型常量'A'和字符串型常量"A"是不同的，后者在存储时比前者多占用一个字节的空间。

3. 变量

变量是在程序运行过程中其值可以改变的量。在 C51 中，在使用变量前必须对变量进行定义，指出变量的数据类型和存储模式，以便编译系统为它分配相应的存储单元。变量的定义格式如下：

[存储种类]　数据类型说明符　[存储器类型]　变量名 1[=初值]，变量名 2[=初值]…；

（1）格式说明

① 存储种类是指变量在程序执行过程中的作用范围。C51 变量的存储种类有 4 种，分别是自动（auto）、外部（extern）、静态（static）和寄存器（register）。定义变量时，如果省略存储种类，则该变量默认为自动（auto）变量。

用 auto 定义的变量作用范围仅在定义它的函数体或复合语句内部有效。

用 extern 定义的变量称为外部变量，其作用范围为整个程序。

用 static 定义的变量称为静态变量，其作用范围仅在定义的函数体内有效，一直存在，再次进入该函数时，变量的值为上次结束函数时的值。

用 register 定义的变量称为寄存器变量，处理速度快，但数目少。C51 编译器编译时能自动识别程序中使用频率最高的变量，并自动将其作为寄存器变量，用户无须专门声明。

② 在定义变量时，必须通过数据类型说明符指明变量的数据类型，指明变量在存储器中占用的字节数，可以是基本数据类型说明符，也可以是组合数据类型说明符，还可以是用

typedef 和#define 定义的类型别名。别名要按用户自定义标识符的原则命名。例如：使用"#define uchar unsigned char"定义了"uchar"，则可以使用这个类型定义变量。

③ 存储器类型用于指明变量所处的单片机的存储器区域情况。省略则默认为 data 类型，即片内前 128 字节的 RAM；bdata 为可位寻址内部数据存储器，定义的变量可以用 sbit 定义位变量访问其中的二进制位；idata 可以访问 51 的内部 256 字节的 RAM；code 定义的变量存储在程序存储器，只能读出不能写入，相当于常量。

④ 变量名是 C51 区分不同变量，为不同变量取的名称，也就是用户自定义标识符，要遵循标识符的命名原则。

⑤ 允许在一个类型说明符后定义多个相同类型的变量，各变量名之间用逗号隔开，类型说明符与变量名之间至少用一个空格间隔。

⑥ 最后一个变量名之后必须以"；"号结尾。

⑦ 变量定义必须放在变量使用之前。一般放在函数体的开头部分。

（2）变量定义示例

```
int    a,b,c=2;        //a,b,c 为整型变量，并将变量 c 的初值赋为 2
long   x,y;            //x,y 为长整型变量
unsigned char  p,q;    //p,q 为无符号字符型变量
float    t=-2.3;       //定义实型变量 t，并给 t 赋初值为-2.3
code   float   Vref=2.5;  //定义变量 Vref 为实型，初始值为 2.5，只读
```

4．运算符和表达式

（1）运算符

C 语言常见的运算符可分为以下几类：

① 算术运算符：用于各类数值运算，包括加（+）、减（-）、乘（*）、除（/）、求余（或称模运算，%）、自增（++）、自减（--）7 种，其运算规则如表 2-2-2 所示。

表 2-2-2　算术运算符

运 算 符	意 义	示 例 运 算	运算结果（设 x=5, y=3）
+	加法运算	z=x+y;	z=8, x=5, y=3
-	减法运算	z=x-y;	z=2, x=5, y=3
*	乘法运算	z=x*y;	z=15, x=5, y=3
/	除法运算	z=x/y;	z=1, x=5, y=3
%	模运算（取余运算）	z=x%y;	z=2, x=5, y=3
x++	先使用 x 的值，再让 x 加 1	y=x++;	y=5, x=6
++x	先让 x 加 1，再使用 x 的值	y=++x;	y=6, x=6
x--	先使用 x 的值，再让 x 减 1	y=x--;	y=5, x=4
--x	先让 x 减 1，再使用 x 的值	y=--x;	y=4, x=4

② 关系运算符：用于比较运算，包括大于（>）、小于（<）、等于（==）、大于等于（>=）、小于等于（<=）和不等于（!=）6 种，其运算规则如表 2-2-3 所示。

表 2-2-3　关系运算符

运　算　符	意　　　义	示 例 运 算	运算结果（设 a=5，b=6）
<	小于	a<b	返回值 1（真）
>	大于	a>b	返回值 0（假）
<=	小于等于（不大于）	a<=b	返回值 1（真）
>=	大于等于（不小于）	a>=b	返回值 0（假）
!=	不等于	a!=b	返回值 1（真）
==	等于	a= =b	返回值 0（假）

③ 逻辑运算符：用于逻辑运算，包括与（&&）、或（||）、非（!）三种，其运算规则如表 2-2-4 所示。

表 2-2-4　逻辑运算符

运　算　符	意　　　义	示 例 运 算	运算结果（设 a=5，b=6）
&&	逻辑与	a&&b	返回值 1（真）
‖	逻辑或	a‖b	返回值 1（真）
!	逻辑非	! a	返回值 0（假）

④ 位操作运算符：参与运算的量，按二进制位进行运算，包括位与（&）、位或（|）、位非（～）、位异或（＾）、左移（<<）、右移（>>）6 种，其运算规则详见本项目任务三。

⑤ 赋值运算符：用于赋值运算，分为简单赋值（＝）、复合算术赋值（+=,-=,*=,/=,%=）和复合位运算赋值（&=,|=,^=,>>=,<<=）三类共 21 种，其运算规则如表 2-2-5 所示。

表 2-2-5　复合运算符

运　算　符	意　　　义	示　　例
+=	左边的变量或数组元素加上右边表达式的值	b+=a 相当于 b=b+a
—=	左边的变量或数组元素减去右边表达式的值	b—=a 相当于 b=b—a
*=	左边的变量或数组元素乘以右边表达式的值	b*=a 相当于 b=b*a
/=	左边的变量或数组元素除以右边表达式的值	b/=a 相当于 b=b/a
%=	左边的变量或数组元素模右边表达式的值	b%=a 相当于 b=b%a
<<=	左移操作，再赋值	b<<=a 相当于 b=b<<a
>>=	右移操作，再赋值	b>>=a 相当于 b=b>>a
&=	按位与操作，再赋值	b&=a 相当于 b=b&a
^=	按位异或操作，再赋值	b^=a 相当于 b=b^a
～ =	按位取反操作，再赋值	b～=a 相当于 b=b～a

（2）表达式

表达式是由常量、变量、函数和运算符组合起来的式子。一个表达式有一个值及其类型，它们等于计算表达式所得结果的值和类型。表达式求值按运算符的优先级和结合性规定的顺序进行。单个的常量、变量、函数可以看作是表达式的特例。

（3）表达式语句

在表达式的后边加一个分号"；"就构成了表达式语句。可以一行放一个表达式形成表达式语句，也可以一行放多个表达式形成表达式语句，这时每个表达式后面都必须带"；"号。另外，还可以仅由一个分号"；"占一行形成一个表达式语句，这种语句称为空语句。

例如：

```
i++;                //算术表达式 i++后加上分号形成语句
s=a+b;              //赋值表达式后加上分号形成语句
```

（4）复合语句

复合语句是由若干条语句组合而成的一种语句。在 C51 中，用一个大括号"{　}"将若干条语句括在一起就形成了一个复合语句，复合语句最后不需要以分号"；"结束，但它内部的各条语句仍需以分号"；"结束。复合语句的一般形式为：

```
{
    局部变量定义；
    语句 1；
    语句 2；
}
```

复合语句在执行时，其中的各条单语句按顺序依次执行，整个复合语句在语法上等价于一条单语句，因此在 C51 中可以将复合语句视为一条单语句。通常复合语句出现在函数中，实际上，函数的执行部分（即函数体）就是一个复合语句；复合语句中的单语句一般是可执行语句，此外还可以是变量的定义语句（说明变量的数据类型）。在复合语句内部语句所定义的变量，称为该复合语句中的局部变量，它仅在当前这个复合语句中有效。利用复合语句将多条单语句组合在一起，以及在复合语句中进行局部变量定义是 C51 语言的一个重要特征。

二、C51 的循环语句

1．while 语句

while 语句在 C51 中用于实现当型循环结构，它的格式如下：

```
while（条件表达式）
{
    语句组；
}
```

（1）格式说明

① 条件表达式的值只要不等于零，即为真，等于零即为假。

② "{"和"}"及其中间的语句组被统称为循环体。当循环体仅有一条语句时，可省略"{"和"}"。当循环体没有语句时，可以直接用分号"；"代替。

③ 条件表达式为真，执行完一次循环后返回 while 再次判断条件，如果仍然为真，继续循环。如果条件表达式为假，则跳过循环内的语句去执行循环之后的其他语句。

（2）循环示例

【例 1】 while（1）；

这个循环的条件表达式的值为 1，表示条件一直为真，循环一直会反复执行下去，这就是死循环。

【例2】 while (TI==0);

这个循环的条件是判断 TI 标志是否为 0，如果为 0 则一直等待，当串行数据发送完毕时 TI 标志将置为 1，循环条件为假，循环执行完毕，接着执行循环后面的语句。

【例3】

```
int  i, sum;
i=1;
sum=0;
while (i<=100)
    {
        sum=sum+i;
        i++;
    }
```

这段程序语句执行完毕后，变量 sum 中保存有 1～100 的累加和。

2．do-while 语句

do-while 语句在 C51 中用于实现直到型循环结构，它的格式如下：

```
do
{
    语句组;
}
while (条件表达式);
```

（1）格式说明

① 条件表达式的判断与 while、if 语句中的条件判断一致，非 0 即真。

② do-while 语句不管条件，先执行一次再判断条件，若条件为真则返回执行，直到表达式不成立（假）时，退出循环。循环体至少会执行一次，而 while 语句先判断条件，成立的话再执行。

③ if、while 语句表达式后不加分号，但 do-while 的表达式后必须加分号。

（2）循环示例

```
int  i, sum;
i=1;
sum=0;
do
    {
        sum=sum+i;
        i++;
    } while (i<=100);
```

这段程序语句执行完毕后，变量 sum 中保存有 1～100 的累加和。

3. for 语句

for 语句将循环变量的初值、循环条件和循环变量的修改放在一行，便于使用和阅读。可以产生有规律变化的循环变量，也可以方便地控制循环次数。for 语句的格式如下：

```
for（循环变量赋初值；循环条件；修改循环变量）
  {
      语句组；
  }
```

（1）格式说明

在 for 循环中，一般表达式 1 为初值表达式，用于给循环变量赋初值；表达式 2 为条件表达式，对循环变量进行判断；表达式 3 为循环变量更新表达式，用于对循环变量的值进行更新，使循环变量能不满足条件而退出循环。

（2）循环示例

```
int  i, sum;
sum=0;
for(i=1; i<=100; i++)
    {
        sum=sum+i;
    }
```

这段程序语句执行完毕后，变量 sum 中保存有 1～100 的累加和。

4. break 语句

break 语句就是在 break 后面加上分号的语句。

前面已介绍过用 break 语句可以跳出 switch 结构，使程序继续执行 switch 结构后面的一个语句。

使用 break 语句还可以从循环体中跳出循环，提前结束循环而接着执行循环结构下面的语句。它不能用在除循环语句和 switch 语句之外的任何其他语句中。一般情况下，在循环中的 break 语句总是在条件语句中运行。

5. 循环的嵌套

在一个循环的循环体中又允许包含一个完整的循环结构，这种结构称为循环的嵌套。外面的循环称为外循环，里面的循环称为内循环，如果在内循环的循环体内又包含循环结构，就构成了多重循环。在 C51 中，允许三种循环结构相互嵌套。

三、C51 函数的定义和调用

函数是 C51 源程序的基本模块，通过对函数模块的调用实现特定的功能。

用户可以把自己的算法编成一个个相对独立的函数模块，然后用调用的方法来使用函数。可以说 C51 程序的全部工作都是由各式各样的函数完成的。

由于采用了函数模块式的结构，C51 语言易于实现结构化程序设计，使程序的层次结构

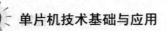

清晰，便于程序的编写、阅读、调试。

1. 函数定义

函数定义的一般格式如下：

```
函数类型    函数名（形式参数表）
{
    局部变量定义
    函数体
    return    表达式；
}
```

说明：

① 函数类型说明了函数返回值的类型。如果函数没有返回值，则类型为 void。函数的返回值就是函数体中的 return 语句中的表达式的值。return 语句一般放在函数的最后位置，用于终止函数的执行，并控制程序返回调用该函数时所处的位置。

② 函数名是用户为自定义函数取的名字以便调用函数时使用，函数命名必须符合标识符定义的规定。

③ 形式参数表用于列出在主调函数与被调函数之间进行数据传递的形式参数，每个参数都必须有类型说明，如果没有形式参数，则该处为 void，也可省掉，但小括号不能省略。

④ 函数内部定义的变量默认的范围仅在函数内部有效，且每次进入函数时自动分配。要保留变量的值需要用 static 说明。

⑤ 函数体由一系列 C51 语句构成。在 C51 中，所有可执行语句必须放在函数体内。

2. 函数调用

函数调用的一般形式如下：

```
函数名（实参列表）；
```

说明：

① 对于有参数的函数调用，若实参列表包含多个实参，则各个实参之间用逗号隔开。

② 按照函数调用在主调函数中出现的位置，函数调用方式有以下三种：

➤ 函数语句。把被调函数作为主调函数的一个语句。

➤ 函数表达式。函数被放在一个表达式中，以一个运算对象的方式出现。这时的被调函数要求带有返回语句，以返回一个明确的数值参加表达式的运算。

➤ 函数参数。被调用函数作为另一个函数的参数。

应该指出的是，在 C51 中，所有的函数定义，包括主函数 main 在内，都是平行的。也就是说，在一个函数的函数体内，不能再定义另一个函数，即不能嵌套定义。但是函数之间允许相互调用，也允许嵌套调用。习惯上把调用者称为主调函数。函数还可以自己调用自己，称为递归调用。

main 函数是主函数，它可以调用其他函数，而不允许被其他函数调用。因此，C51 程序的执行总是从 main 函数开始，完成对其他函数的调用后再返回到 main 函数，最后由 main 函数结束整个程序。一个 C51 源程序必须有也只能有一个主函数 main。

四、延时函数

1. 机器周期与指令周期

MCS-51 单片机规定一个机器周期为单片机振荡器的 12 个振荡周期。如果晶振频率为 12MHz，则一个机器周期为 1μs；而如果使用的晶振频率为 6MHz，则一个机器周期为 2μs。

单片机执行一条指令的执行时间，称为指令周期。指令周期是以机器周期为单位的，MCS-51 单片机的指令周期为 1~4 个机器周期。多数指令都是单周期指令，也就是执行一条指令的时间为一个机器周期。

2. 延时函数的编写

单片机的指令运行是很快的，在 12MHz 的频率下，一条指令所消耗的时间仅为 1~4μs。要实现一个较长的时间等待，需要执行很多条指令才能完成。为了让延时所占用的程序代码较少，必须使用循环指令来实现指令的重复运行。在 MCS-51 单片机的指令中，循环指令是双周期指令，以 12MHz 的工作频率，也就是每次循环本身要占用 2μs。MCS-51 为 8 位单片机，循环指令所对应的操作数为 8 位二进制数，仅在使用无符号字符型变量作为循环变量时才能实现每次循环占用 2 个机器周期。

为了使延时函数应用范围较为广泛，通常使延时函数以 ms 为单位，通过参数确定函数延时的 ms 数。

在 12MHz 的频率时，需要循环次数为 1ms/2μs=500，而无符号数最大值为 255，也就是说，使用无符号类型的变量的单个循环最多为 255 次，用一个循环不能完成所需要的 1ms 的延时。为了达到 1ms 延时，可采用两重循环的方式完成，内部循环 250 次，外部循环 2 次。

为了实现参数确定延时时间，这里选择定义形式参数 n 控制执行 n 次 1ms 的延时，将参数 n 的类型定义为无符号整型。例如，延时 0~65535ms 的程序如下：

```
void delaynms(unsigned int n)      //形参 n 为无符号整型，范围为 0~65535
{                                  //函数体开始
  unsigned char i,k;               //定义局部变量 i 和 k
  while(n--)                       //如果 n 不为 0 则执行 1ms 延时并将 n 减 1，n 为 0 时结束循环
    {                              //n 循环开始
      for(i=2;i>0;i--)             //循环 2 次，每次执行 0.5ms 延时，循环共耗时 1ms
      {                            //i 循环开始
        for(k=250;k>0;k--)         //循环 250 次，耗时：2μs×250=500μs=0.5ms
        {;}                        //k 的循环体为空，什么也不做，仅执行循环消耗时间
      }                            //i 的循环体结束
    }                              //n 的循环体结束
}//函数结束
```

🔊 注意：

函数中的变量 i 和 k 的类型为无符号型，循环次数小于 255 次，在实践中可试着修改类型和循环次数，并进行程序验证。

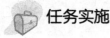 任务实施

一、硬件设计

本任务要实现单片机控制一只指示灯按规定时间闪烁，电路如图 2-1-8 所示，这里不再附图。

二、软件设计

由任务分析可知，指示灯的闪烁就是不断地让指示灯重复"点亮、延时、熄灭、延时"这一过程。指示灯的点亮或熄灭通过让单片机引脚输出 0 或 1 实现。

延时在单片机中是通过不断执行指令来实现时间的消耗，在本任务中，这些消耗时间的指令不需要修改其他任何变量的值，也不需要修改任何端口的输出状态，所以采用不断地执行空循环、空操作的方式来实现。在编写了有参数的延时函数后，可以在调用延时函数时给出不同的参数值，让延时函数实现不同的延时。本任务中仅需要延时 0.5s。本任务的程序框图和对应的命令如图 2-2-2 所示。

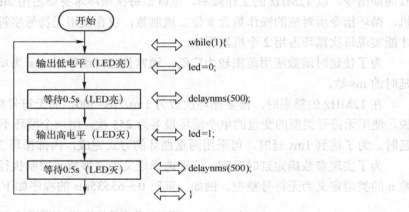

图 2-2-2 闪烁 LED 的程序流程和对应的程序代码

源程序如下：（程序中以"//"开始的内容为注释，用来说明之前的内容的作用。）

```
#include <AT89X51.H>              //包含头文件，声明端口等特殊功能寄存器
sbit    led=P2^0;                 //定义控制 led 的单片机引脚为 P2 口的 P2.0 端
void delaynms(unsigned int n)     //形参 n 为无符号整型，范围为 0～65535
{                                 //函数体开始
    unsigned char i,k;            //定义局部变量 i 和 k
    while(n--)                    //如果 n 不为 0 则执行 1ms 延时并将 n 减 1，n 为 0 时结束循环
    {                             //n 的循环体开始
        for(i=2;i>0;i--)          //循环 2 次，每次执行 0.5ms 延时，循环共耗时 1ms
        {                         //i 的循环体开始
            for(k=250;k>0;k--)    //循环 250 次，耗时：2μs×250=500μs=0.5ms
            {;}                   //k 的循环体为空，什么也不做，仅执行循环消耗时间
        }                         //i 的循环体结束
    }                             //n 的循环体结束
}                                 //函数结束
```

```
void  main()                    //主函数，每个 C 程序必须有 main 函数
{                               //main 函数功能定义的开始
    while(1)                    //死循环，让单片机在这里不断执行
    {                           //while 循环体开始
        led=0;                  //使 P2.0 端输出低电平，点亮 LED
        delaynms(500);          //调用 delaynms 函数，参数为 500，即延时 500ms
        led=1;                  //使 P2.0 端输出高电平，LED 不亮
        delaynms(500);          //调用 delaynms 函数，延时 500ms
    }                           //while 循环结束
}                               //main 函数结束
```

三、Proteus 仿真

① 打开 Proteus ISIS 软件，按照硬件原理图绘制 Proteus 仿真电路，仔细检查，保证线路连接无误。

② 在 Keil 软件开发环境下，创建项目，编辑源程序，编译生成 HEX 文件，并装载到 Proteus 虚拟仿真硬件电路的 AT89C51 芯片中。

③ 运行仿真，仔细观察运行结果，如果有不符合设计要求的情况，调整源程序并重复步骤①和②，直至完全符合本项目提出的各项设计要求。

如图 2-2-3 所示是单片机控制指示灯闪烁的仿真效果图，其中，图 2-2-3（a）是指示灯熄灭时的仿真效果图，图 2-3-3（b）是指示灯点亮时的仿真效果图。

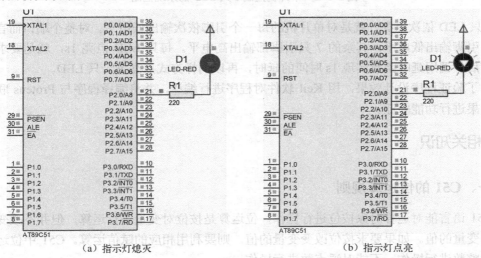

（a）指示灯熄灭　　　　　　　　　　　（b）指示灯点亮

图 2-2-3　闪烁的指示灯仿真效果图

任务三　跑　马　灯

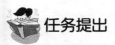任务提出

在实际应用中，不仅需要实现对端口某一位的控制，还需要实现对一个端口（8 位）输

出信号的同时控制，如在机电控制中，常需要对多个指示灯或多台设备同时进行开关控制。本任务以输出控制 8 只 LED 为例，介绍单片机对端口的输出控制方法。具体控制要求如下：

① 按顺序将 8 只 LED 轮流点亮，然后重复进行。

② 每只 LED 点亮的时间为 1s，1s 后切换到下一只 LED 点亮。

 任务分析

本任务要实现 8 只 LED 的点亮或熄灭控制，因此整个系统的硬件结构应该是在单片机最小系统之上增加 8 只 LED 的控制电路，这 8 只 LED 可接在单片机的任一端口，都能实现控制效果，需要注意的是不同端口由于内部结构有所不同，外接驱动电路也会有所区别。

任务中要求 LED 轮流点亮，因此单片机硬件电路只要能保证控制 LED 点亮或熄灭即可，由程序控制 LED 的点亮时间和顺序。控制 8 只 LED 的单片机应用电路的硬件系统框图如图 2-3-1 所示。

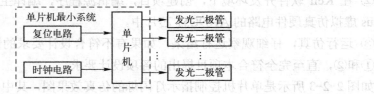

图 2-3-1　单片机控制 8 只 LED 的系统框图

8 只 LED 依次点亮，就是对单片机的每一个引脚依次输出低电平。对整个端口而言，每次一只引脚输出低电平，其余的 7 只引脚都输出高电平。每只 LED 点亮 1s，就是要求输出低电平后，调用延时函数实现 1s 时间的延时，再以同样方式点亮下一只 LED。

为了验证程序设计效果，用 Keil 软件对程序进行编译，并将编译程序与 Proteus 联调对设计效果进行功能验证。

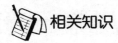 **相关知识**

一、C51 的位运算规则

C51 语言能对运算对象按位进行操作，位运算是按位对变量进行运算，但并不改变参与运算的变量的值。如果要求按位改变变量的值，则要利用相应的赋值运算。C51 中位运算符只能对整数进行操作，不能对浮点数进行操作。

1. 按位与运算

位与运算符"&"是双目运算符。其功能是参与运算的两数各对应的二进制位相与。只有对应的两个二进制位均为 1 时，结果位才为 1，否则为 0。参与运算的数以补码方式出现。

例如，9&5 可写算式如下：

```
  00001001        (9 的二进制数)
&00000101        (5 的二进制数)
─────────
  00000001        (1 的二进制补码，可见 9&5=1。)
```

按位与运算通常用来对某些位清 0 或保留某些位。例如，把 a 的高 4 位清 0，保留低 4 位，可作 a&0x0F 运算（0x0F 的二进制数为 00001111）。

2. 按位或运算

位或运算符"|"是双目运算符。其功能是参与运算的两数各对应的二进制位相或。只要对应的两个二进制位有一个为 1 时，结果位就为 1。参与运算的两个数均以补码出现。

例如，9|5 可写算式如下：

```
  00001001
 |00000101
  00001101        （十进制数为 13，可见 9|5=13）
```

按位或运算通常用来对某些位置 1。例如，把 a 的高 4 位置 1，保留低 4 位，可作 a&0xF0 运算（0xF0 的二进制数为 11110000）。

3. 按位异或运算

位异或运算符"^"是双目运算符。其功能是参与运算的两数各对应的二进制位相异或，当两对应的二进制位相异时，结果为 1。

例如，9^5 可写成算式如下：

```
  00001001
 ^00000101
  00001100        （十进制数为 12，可见 9^5=12)
```

按位异或运算通常用来对某些位取反。例如，把 a 的高 4 位取反，低 4 位不变，可作 a^0xF0 运算（0xF0 的二进制数为 11110000）。

4. 求反运算

求反运算符"～"为单目运算符。其功能是对参与运算的数的各二进制位按位求反。

例如，～9 的运算为：

～(00001001)结果为：11110110

5. 左移运算

左移运算符"<<"是双目运算符。其功能是把"<<"左边的运算数的各二进制位全部左移若干位，由"<<"右边的数指定移动的位数，高位丢弃，低位补 0。

例如，a=00000011（十进制数为 3），a<<4 指把 a 的各二进制位向左移动 4 位，为 00110000（十进制数为 48），相当于 a 乘以 2 的 4 次方。

6. 右移运算

右移运算符">>"是双目运算符。其功能是把">>"左边的运算数的各二进制位全部右移若干位，">>"右边的数指定移动的位数。对于无符号数，低位丢弃，高位补 0；对于有符号数，在右移时，符号位将随同移动，当为正数时，最高位为符号位补 0，而为负数时，符号位为 1。

例如，设 a=31（00011111），a>>3 指把 a 右移 3 位，结果为 00000011(十进制数为 3)，相当于 a 整除 2 的 3 次方。

二、C51 的条件语句

1．基本条件语句 if

```
if（表达式）
    {
        语句组；
    }
```

例如：

```
if（P3_0==0）{P1_0=0;} //如果只有一条语句，{} 可省略。
```

说明：

① 条件表达式的值不等于零，即为真。

② 如果条件为真，将执行 {} 中的语句组，否则不会执行语句组。

2．if-else 语句

```
if（表达式）
  {
      语句组 1；
  }
else
  {
      语句组 2；
  }
```

说明：

① 条件表达式的值只要不等于零，即为真。

② 如果条件为真，将执行语句组 1，否则执行语句组 2。

③ "语句组 1" 和 "语句组 2" 只能执行其中一个。

3．if-else-if 语句

```
if（表达式 1）
    {语句组 1；}
else if（表达式 2）
    {语句组 2；}
else if（表达式 n）
    {语句组 n；}
else
    {语句组 n+1；}
```

说明：

① else 不能单独使用，总是和它前面最近的未配对的 if 配对。

② 如果情况太多，可以用 switch 语句选择。

③ 所有条件"表达式"的值只要不等于零，即为真。

4．switch、case 和 break 语句

```
switch（表达式）
{
        case 常量表达式 1：语句组 1；break；
        case 常量表达式 2：语句组 2；break；
        case 常量表达式 n：语句组 n；break；
        default：              语句组 n+1；
}
```

说明：

① 首先计算表达式的值，逐个与 case 常量表达式比较，相等则执行。

② 执行后需用 break 跳出 switch 语句。

③ 如果都不同，执行 default。

④ case 常量表达式不能有相同的。

⑤ case 后可有多个语句，可不用{}，如"case 1：P1=0x00;P2=0xff;break;"。

⑥ default 如果是空，表示不做任何处理，可以省略 default 语句。

三、端口的定义及应用

MCS-51 单片机的 4 个 8 位并行口，也是单片机内部特殊寄存器（SFR）中的 P0、P1、P2、P3，它们有自己对应的地址，如 P0 的地址为 0x80。使用 sfr 命令可以定义 MCS-51 的各个特殊功能寄存器，其格式为：

　　　sfr 名称 = 特殊功能寄存器地址

例如，命令"sfr DataPort = 0x80 ;"将端口 P0 的地址命名为 DataPort，对 DataPort 进行操作就是对 P0 端口进行读和写，读入时将得到 P0 口的电平状态，写出时将修改 P0 端口的电平。

为了方便，Keil 软件将各个厂商生产的单片机的各个特殊功能寄存器的定义放在与单片机相对应的头文件中，如 AT89S51、AT89C51 对应的文件是 AT89X51.H。作为通用的 MCS-51 系列单片机，在编写 C51 程序时，首先使用包含命令#include 加载通用的 REG51.H 或 AT89X51.H 头文件，在头文件中已经将如 P0、P1、P2、P3 等各个特殊功能寄存器进行了定义。头文件所定义的特殊功能寄存器，与在文件内部定义其他名字的特殊功能寄存器使用方法一致，编程时可以直接对 P0、P1、P2、P3 等特殊功能寄存器进行引用。

在 C51 程序中对端口名称或引脚名称进行赋值，就能实现引脚电平的控制。例如：

```
P1=0x01;          //作用是从 P1 口输出 01H，使 P1.0 置 1，而其他引脚输出 0
P0=0xFE;          //作用是将数据 0xFE（十六进制）写到 P0，也就是输出到 P0 口
```

```
Key=P1;              //作用是从 P1 口输入数据到变量 Key，即"读引脚"
P1＝P1<<1;            //作用是将 P1 口寄存器数据左移 1 位后再写入 P1，即"读-写端口"
```

任务实施

一、硬件设计

本任务用单片机实现 8 只 LED 不断地点亮和熄灭，每只 LED 的亮、灭状态不同，只能通过不同的单片机引脚驱动。与前面的任务类似，可选择单片机的 32 个可编程驱动的 I/O 引脚中的任意 8 个来驱动。在本任务中，选择 P2 口的 8 个引脚分别对应驱动 8 只 LED，因端口的下拉能力较强，故采用下拉的方式驱动 LED，具体电路如图 2-3-2 所示。

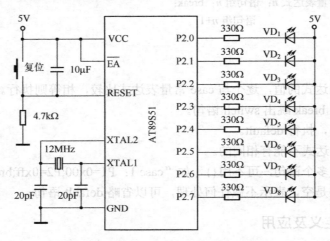

图 2-3-2　流水灯的控制电路原理图

在图 2-3-2 中，VD1～VD8 是 8 只 LED，每只 LED 的阳极接 5V 电源，阴极通过限流电阻接到单片机端口。当单片机引脚输出低电平时，LED 将流过电流并点亮；当单片机引脚输出高电平时，LED 两端均为高电平，没有电流流过，LED 不会被点亮。

单片机的 P2 端口的 8 个引脚可以通过程序独立驱动，所以 8 只 LED 可以任意为亮或不亮的组合。

二、软件设计

由任务分析可知，本任务的目标就是要完成重复执行 8 只 LED 单独点亮 1s 的过程，如图 2-3-3 所示。

由于单片机端口可以整个端口同时驱动，也可按引脚单独驱动，因此能够实现任务目标的程序较多，这里以三种程序控制实现任务目标。可以看到，不同的程序可以实现同样的目标，在阅读时注意三个程序中主函数的异同。

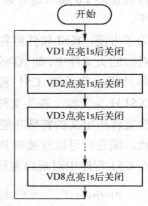

图 2-3-3　移位点亮 LED 流程图

1. 引脚顺序控制

按照任务要求，需要对单片机一个端口的 8 个引脚轮流输出低电平。按前面任务的方式，首先对 8 个引脚定义名称，这里以 led0～led7 对分别控制 8 只 LED 的引脚进行命名，程序中对每只引脚进行位控制，可以实现这 8 个引脚的电平控制。

由于单片机引脚复位后都是输出高电平状态，因此，要实现一只引脚输出低电平而其余引脚输出高电平时，仅需要将对应引脚输出低电平。当然，在点亮时间完成后，还需要将该引脚输出高电平，保证在其他 LED 点亮时该 LED 不会继续亮。例如，让 led0 点亮时，对应的程序为：

```
led0=0;
delaynms(1000);
led0=1;
```

这三条指令就实现了将 led0 对应的引脚输出低电平 1s。其中，"led0=0;" 将 led0 对应的引脚输出低电平；"delaynms(1000);" 实现延时 1s，在延时时间内所有引脚电平不会发生变化，则 led0 对应的发光二极管将保持 1s 的点亮；"led0=1;" 将该引脚输出高电平，直到下一次执行到 "led0=0;" 为止。其他引脚的控制类似。

为了实现轮流输出低电平，可以让所有引脚为高电平，然后逐个引脚输出低电平回到高电平状态，在程序结构上可以采用顺序结构实现。当然，需要彩灯一遍又一遍再重复点亮，就需要将这个顺序点亮彩灯的程序放在一个死循环的结构中，如图 2-3-4 所示。

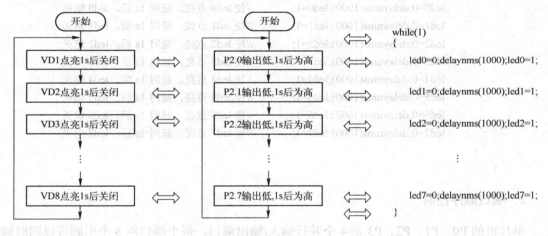

图 2-3-4　端口顺序点亮 LED 流程图

示例源程序 1：

```
#include <AT89X51.H>        //包含头文件，声明端口等特殊功能寄存器
//下面是对 8 只 LED 所对应的单片机引脚进行定义
sbit   led0=P2^0;           //定义控制 led0 的单片机引脚为 P2 口的 P2.0 端
sbit   led1=P2^1;
sbit   led2=P2^2;
sbit   led3=P2^3;
sbit   led4=P2^4;
sbit   led5=P2^5;
sbit   led6=P2^6;
```

```
        sbit    led7=P2^7;
        //下面定义延时函数
        void delaynms(unsigned int n)        //形参 n 为无符号整型，范围为 0~65535
        {
            unsigned char i,k;
            while(n--)
                {
                    for(i=2;i>0;i--)
                    {
                        for(k=250;k>0;k--)
                            {;}
                    }
                }
        }
        //下面是 main 函数的定义，程序从 main 函数开始运行
        void    main()                       //主函数，每个 C 程序必须有 main 函数
        {
            while(1)
                {
                    led0=0;delaynms(1000);led0=1;      //使 led0 点亮，延时 1s 后，led0 熄灭
                    led1=0;delaynms(1000);led1=1;      //使 led1 点亮，延时 1s 后，led1 熄灭
                    led2=0;delaynms(1000);led2=1;      //使 led2 点亮，延时 1s 后，led2 熄灭
                    led3=0;delaynms(1000);led3=1;      //使 led3 点亮，延时 1s 后，led3 熄灭
                    led4=0;delaynms(1000);led4=1;      //使 led4 点亮，延时 1s 后，led4 熄灭
                    led5=0;delaynms(1000);led5=1;      //使 led5 点亮，延时 1s 后，led5 熄灭
                    led6=0;delaynms(1000);led6=1;      //使 led6 点亮，延时 1s 后，led6 熄灭
                    led7=0;delaynms(1000);led7=1;      //使 led7 点亮，延时 1s 后，led7 熄灭
                }
        }
```

2. 端口顺序控制

单片机的 P0、P1、P2、P3 是 4 个并行输入/输出端口，每个端口的 8 个引脚可以同时输入或输出。在图 2-3-2 所示电路中，8 只 LED 是被 P2 端口的 8 个引脚所驱动。按任务要求，就是要让单片机端口依次出现 8 个数据，分别是 1111 1110、1111 1101、1111 1011、1111 0111、1110 1111、1101 1111、1011 1111 和 0111 1111。使用十六进制表示为：0xFE、0xFD、0xFB、0xF7、0xEF、0xDF、0xBF、0x7F。

要让 P2.0 对应的 LED 点亮，其余 7 只 LED 不亮，指令为"P2=0xFE;"即可。按照任务目标，仅需要将 8 个数据通过 P2 端口依次输出并加上延时即能实现任务目标，类似引脚控制，采用顺序结构即可实现 8 只 LED 依次点亮。

示例源程序 2：

```
        #include <AT89X51.H>                 //包含头文件，声明端口等特殊功能寄存器
        //下面两条预定义指令定义 uchar 为无符号字符型，uint 为无符号整型
```

```
       #define   uchar unsigned char
       #define   uint unsigned int
     //下面是延时函数的定义
       void delaynms(uint n)              //形参 n 为无符号整型，范围为 0～65535
     {
        uchar i,k;
        while(n--)
          {
             for(i=2;i>0;i--)
               {
               for(k=250;k>0;k--){;}
               }
          }
     }
       void    main()                     //主函数，注意与前面程序中的主函数的异同
     {
        while(1)
          {
               P2=0xfe;         //P2 输出 1111 1110，使 led0 点亮
                 delaynms(1000);  //延时 1s
               P2=0xfd;         //P2 输出 1111 1101，使 led1 点亮
                 delaynms(1000);  //延时 1s
               P2=0xfb;         //P2 输出 1111 1011，使 led2 点亮
                 delaynms(1000);  //延时 1s
               P2=0xf7;         //P2 输出 1111 0111，使 led3 点亮
                 delaynms(1000);  //延时 1s
               P2=0xef;         //P2 输出 1110 1111，使 led4 点亮
                 delaynms(1000);  //延时 1s
               P2=0xdf;         //P2 输出 1101 1111，使 led5 点亮
                 delaynms(1000);  //延时 1s
               P2=0xbf;         //P2 输出 1011 1111，使 led6 点亮
                 delaynms(1000);  //延时 1s
               P2=0x7f;         //P2 输出 0111 1111，使 led7 点亮
                 delaynms(1000);  //延时 1s
          }
     }
```

3. 端口循环控制 1

示例源程序 2 采用顺序结构实现端口的 8 个数据的输出，程序比较冗长且不易修改。因程序中每次端口输出的语句格式是相同的，仅端口输出的数据不同，如果这个数据可以用一个变量自动生成，则每次的执行语句完全相同，即可以将这些语句置于一个循环体内，重复执行 8 次就能实现端口顺序输出的效果。

从端口输出的数据上可以看出一个规律，就是这些数据中的二进制数 0 的位置依次往左

单片机技术基础与应用

移动了一位。将端口输出数据的所有二进制位取反后，这些数据依次为 0x01、0x02、0x04、0x08、0x10、0x20、0x40、0x80，也就是后一个数是在前一个数的基础上乘 2。

因此，实现任务的思路可以是：程序开始时，给某一变量赋初始值 0x01，并从端口输出变量的反码（按位取反），等待 1s 后，让变量的值乘 2（左移 1 位），再次输出反码并延时，直到所有数据输出完毕，再次重复整个过程。根据此思路得出的程序框图如图 2-3-5 所示。

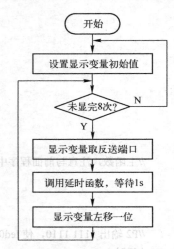

图 2-3-5　移位点亮 LED 流程图

示例源程序 3：

```
#include <AT89X51.H>        //包含头文件，声明端口等特殊功能寄存器
#define uchar unsigned char
#define uint  unsigned int
void delaynms(uint n)        //形参 n 为无符号整型，范围为 0~65535
{
  uchar i,k;
  while(n--)
    {
      for(i=2;i>0;i--)
        {
        for(k=250;k>0;k--){;}
        }
    }
}
void   main()                //主函数，注意与前面程序中的主函数的异同
{
      uchar i,k;             //定义局部变量 i 和 k，作用范围仅为 main 函数
      while(1)
      {
            k=0x01;//k 的初值为 0000 0001，按位取反为 1111 1110，使 led0 点亮
            for(i=0;i<8;i++)  //重复执行 8 次循环体
            {
```

```
        P2=~k;              //k 的值取反后从 P2 输出，使第 i 只 LED 点亮
        delaynms(1000);     //延时 1s
        k=k<<1;             // 可采用 k=k+k；或 k=k*2；，为下次点亮做准备
    }
}
```

4. 端口循环控制 2

在前面的分析中可以看出，端口输出的数据的规律是 8 次输出数据的二进制数 0 的位置依次往左移动了一位。在使用左移命令 "<<" 时，会将数据中所有二进制位左移一位，其中原最高位被丢弃，新加入的最低位补充为 0。为了保证添加的最低位与被丢弃的最高位相同，则需要在左移之前判断该位是 0 还是 1，并对左移之后的最低位做对应的处理。

如果不取反输出，可以使 k 的初值为 0xFE，计算下一次的数据使用命令：

```
if(k&0x80) k=(k<<1)+1; else  k=k<<1;
```

语句中条件 "k&0x80" 的结果是当变量 k 的最高位为 1 时该表达式的值为 0x80，作为条件就相当于条件成立；当变量 k 的最高位为 0 时该表达式的值为 0x00，作为条件就相当于条件不成立。"k<<1" 将变量 k 左移一位，k 的最高位被丢弃，最低位补充 0。因此，当变量 k 的最高位为 1 时，将 k 左移一位后再加 1 并送回变量 k，相当于最高位的 1 移动到最低位；同理，当变量 k 的最高位为 0 时，将 k 左移一位后再送给变量 k，相当于最高位的 0 移动到最低位。

如果使用这样的方式实现左移，则每次输出所要执行的语句都是相同的，同时又是无限次执行下去，所以可采用如图 2-3-6 所示流程图，图中右面为程序框图所对应的程序语句。

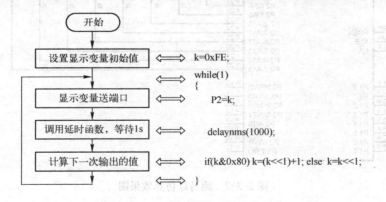

图 2-3-6　移位点亮 LED 流程图

示例源程序 4（仅主函数，完整程序应添加头文件及延时函数定义等内容）：

```
void   main()
{
    uchar   k=0xFE;          //定义局部变量 k，初值为 1111 1110
    while(1)
    {
        P2=k;                //k 的值直接从 P2 输出，点亮 1 只 LED
```

```
        delaynms(1000);                              //延时 1s
        if(k&0x80) k=(k<<1)+1; else    k=k<<1;      //将 k 的最高位移到最低位
    }
}
```

如果要实现右移，只需要将显示变量的初值进行修改及每次将显示变量右移一位即可实现。

三、Proteus 仿真

① 打开 Proteus ISIS 软件，按照硬件原理图绘制 Proteus 仿真电路，仔细检查，保证线路连接无误。

② 在 Keil 软件开发环境下，创建项目，编辑源程序，编译生成 HEX 文件，并装载到 Proteus 虚拟仿真硬件电路的 AT89C51 芯片中。

③ 运行仿真，仔细观察运行结果，如果有不符合设计要求的情况，调整源程序并重复步骤①和②，直至完全符合本项目提出的各项设计要求。

如图 2-3-7 所示是单片机控制 8 只发光二极管实现跑马灯的仿真效果图。

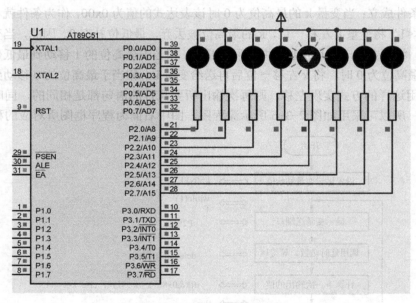

图 2-3-7　跑马灯仿真效果图

任务四　任意变化的彩灯控制

任务提出

本任务中要实现的是按时间依次让彩灯显示出规定的花样，但其对应于控制的显示数据之间是没有规律的，不能通过计算的方式得到。在实际应用中，这种需求相对较多。

 **任务分析**

本任务依然要实现 8 只 LED 的点亮或熄灭控制，因此整个系统的硬件与任务三的要求是一致的，本任务采用任务三所使用的硬件电路。

由于本任务中是按时间变化依次控制彩灯亮、灭，可以采用跑马灯类似的思路来完成程序框图，但显示花样所对应的数据的变化不一定有规律，不能采用变量直接计算的方式实现前后数据的变化，这里介绍一种很重要的程序设计方法——查表法。

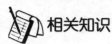 **相关知识**

在程序设计中，为了处理方便，把具有相同类型的若干变量按有序的形式组织起来，用一个统一的名字来表示，则这些有序变量的全体称为数组；或者说，数组是用一个名字代表顺序排列的一组数。在同一数组中，构成该数组的成员称为数组单元（或数组元素、下标变量）。

在 C51 中，数组属于构造数据类型，使用数组必须先对数组进行定义。按数组元素的类型不同，数组又可分为数值数组、字符数组等各种类别。

1. 一维数组的定义

下标变量中下标的个数称为数组的维数。当数组中每个元素只带有一个下标时，此数组称为一维数组。

一维数组的定义方式为：

　　类型说明符　数组名 [常量表达式];

说明：

① 类型说明符说明数组的类型，实际上是指数组元素的取值类型。对于同一个数组，其所有元素的数据类型都是相同的。

② 数组名是用户定义的数组标识符。数组名的书写规则应符合标识符的书写规定。

③ 方括号中的常量表达式表示数据元素的个数，也称为数组的长度。例如，a[5]表示数组 a 有 5 个元素，但是其下标从 0 开始计算，因此 5 个元素分别为 a[0]，a[1]，a[2]，a[3]，a[4]。

④ 不能在方括号中用变量来表示元素的个数，但是可以是符号常数或常量表达式。

⑤ 允许在同一个类型说明中，说明多个数组和多个变量。

2. 一维数组元素的引用

数组元素是组成数组的基本单元。数组元素也是一种变量，其标识方法为数组名后跟一个下标。下标表示了元素在数组中的顺序号。

一维数组元素的一般形式为：

　　数组名[下标]

其中，下标只能为整型常量或整型表达式。如为小数，C 语言编译将自动取整。例如，a[5]，a[i+j]，a[i++]都是合法的数组元素。

C51 规定在引用数组时，只能逐个引用数组中的各个元素，而不能一次引用整个数组。

但如果是字符数组则可以一次引用整个数组。

3. 一维数组的初始化

给数组赋值的方法除了用赋值语句对数组元素逐个赋值外，还可采用数组定义时给数组元素赋初值。

初始化赋值的一般形式为：

类型说明符 数组名[常量表达式]={值，值……值}；

说明：

① 在{ }中的各数据值即为各元素的初值，各值之间用逗号间隔。例如：

int a[10]={0,1,2,3,4,5,6,7,8,9}；

相当于 a[0]=0；a[1]=1…a[9]=9；

② 可以只给部分元素赋初值。

当{ }中值的个数少于元素个数时，只给前面部分元素赋值。例如：

int a[10]={0,1,2,3,4}；

表示只给 a[0]～a[4]5 个元素赋值，而后 5 个元素自动赋 0 值。

③ 只能给元素逐个赋值，不能给数组整体赋值。例如给十个元素全部赋 1 值，只能写为：

int a[10]={1,1,1,1,1,1,1,1,1,1}；

而不能写为：

int a[10]=1；

④ 如给全部元素赋值，则在数组说明中，可以不给出数组元素的个数。例如：

int a[5]={1,2,3,4,5}；

可写为：

int a[]={1,2,3,4,5}；

 任务实施

一、硬件设计

本任务用单片机实现 8 只 LED 不断点亮和熄灭，采用任务三中图 2-3-2 所示硬件电路。

二、软件设计

对于有限次的端口电平变化，完全可以采用端口顺序输出的方式实现，但这种方式太烦琐、不易修改且代码太长，对于单片机这样资源有限的系统来说是非常不适用的。

由于数组中各个数组元素仅仅是类型相同，各个数组元素的数值之间可以没有任何关系，数组元素的值能够通过下标来访问。

将彩灯显示的图案所对应的端口输出数据依次编写为一张数据表，表中每个数据中为 0 的位表示对应的彩灯亮，数据为 1 的位表示对应的彩灯灭。将这张数据表放在程序中，以数组的形式存储，在使用时依次读出数组中的元素就得到了需要的数据，实现了数据的无规律变化，并且数组存储的数据可以较多，能实现的花样变化也可以做到比较繁复。在 C51 中要进行复杂的计算，也可以采用数组的方式来实现，如一个周期正弦值的计算，可以先将这些列在表中，需要时查表读出，这就是查表法。

将用于点亮彩灯的数据放在数组中，让程序依次读取数组中的数据，并将数据送到端口，控制彩灯的点亮，就实现了任意规律变化的彩灯控制。假设有 N 个数据，当程序读完 N 个数据后，又从头开始读数。

从输出的具体数据来看，本任务中逐次点亮 LED 所对应的数据为：01111110（0x7e），10111101（0xbd），11011011（0xdb），11100111（0xe7），11011011（0xdb），10111101（0xbd），01111110（0x7e），11111111（0xff）。

定义数组将这 8 个数值保存，如"uchar led[8]={ 0x7e,0xbd,0xdb,0xe7,0xdb,0xbd,0x7e,0xff };"。那么，led[0]=0x7e，led[1]=0xbd，…，led[7]=0xff。如果使用变量 i 来实现下标从 0～7，则数组元素可以用 led[i] 来表示。

用 for 循环可以方便地实现有规律变化的变量，如循环 for(i=0;i<8;i++)将会循环 8 次。在第 1 次进入循环时，循环变量 i 的值为 0；第 2 次进入循环时，循环变量 i 的值为 1；第 3 次 i 的值为 2；第 4 次 i 的值为 3……第 8 次进入循环时，i 的值为 7。对应的 led[i] 恰好可以作为端口的输出数据。根据此思路得出的程序框图如图 2-4-1 所示。

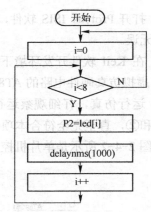

图 2-4-1 用数组方式点亮 LED 的流程图

需要说明的是，修改 led 数组元素的值，可以修改指示灯的显示花样。如果需要显示的花样状态不止 8 个，可以在数组中增加元素（当然数组的宽度相应变化），并将循环次数对应修改即可。

示例源程序：

```
#include <AT89X51.H>    //包含头文件，声明端口等特殊功能寄存器
#define uchar unsigned char
#define uint   unsigned int
void delaynms(uint n)      //形参 n 为无符号整型，范围为 0～65535
{
    uchar i,k;
    while(n--)
      {
         for(i=2;i>0;i--)
         {
         for(k=250;k>0;k--){;}
         }
```

```
        }
    }
    void    main()                    //主函数，每个 C 程序必须有 main 函数
    {
        //定义显示数据，code 说明该数组存储在 ROM 中，在程序中不能修改数组元素的值
        uchar code led[8]={ 0x7e,0xbd,0xdb,0xe7,0xdb,0xbd,0x7e,0xff }; //数据决定显示花样，可修改
        uchar i;                      //定义局部变量 i，作用范围仅为 main 函数
        while(1)
        {
            for(i=0;i<8;i++)          //重复执行 8 次循环体，i 的值从 0～7
            {
                P2=led[i];            //依次将数组 led 的元素从 P2 输出，使第 i 只 LED 点亮
                delaynms(1000);       //延时 1s
            }
        }
    }
```

三、Proteus 仿真

① 打开 Proteus ISIS 软件，按照硬件原理图绘制 Proteus 仿真电路，仔细检查，保证线路连接无误。

② 在 Keil 软件开发环境下，创建项目，编辑源程序，编译生成 HEX 文件，并装载到 Proteus 虚拟仿真硬件电路的 AT89C51 芯片中。

③ 运行仿真，仔细观察运行结果，如果有不符合设计要求的情况，调整源程序并重复步骤①和②，直至完全符合本项目提出的各项设计要求。

如图 2-4-2 所示是单片机控制 8 只发光二极管实现的仿真效果图。

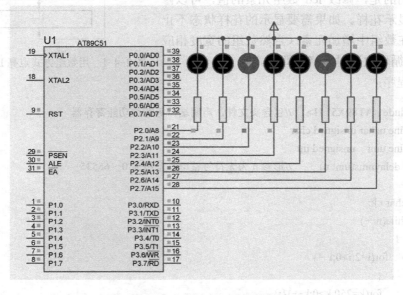

图 2-4-2　彩灯仿真效果图

思考与练习

1. 编写程序，使 LED 分别按 2Hz 和 0.5Hz 两种频率闪烁发光。

2. 编写程序，将 8 只 LED 按从左往右，再从右往左依次往返点亮。

3. 将 16 只 LED 从左往右依次点亮。

4. 请按你自己的设想控制多只 LED 的显示，花样和速度自定。

5. 设计一个能实现八路彩灯的继电器控制电路，每路灯泡 150W（15W/220V 灯泡 10 只），试选用合适的电子电器元件，画出对应的控制电路。设定闪亮花样和设计控制程序。

6. 如题图 2-1 所示，7 只 LED 分别接在 P2.0～P2.6，请试着让这 7 只 LED 显示十进制数码。

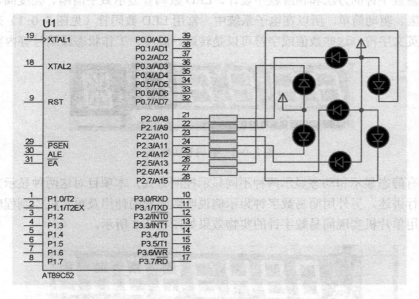

题图 2-1

项目三

简易数字钟

在生活和生产中很多地方都要用到数字钟或数码显示器，本项目将介绍用数码管实现数码显示和简易数字钟的方法和相应程序设计。LED 数码管显示数字清晰、亮度高、使用寿命长、价格低廉、驱动简单，所以在电子系统中，常用 LED 数码管（见图 3-0-1）来显示各种数字及部分英文字符，这些数值或字符可以是转速、温度、工作状态或编号等内容。

图 3-0-1　数码管实物图

数码管有静态显示和动态显示两种不同显示控制方式，本项目对这两种显示方式分别用不同示例进行讲述，另外用简易数字钟为示例说明数码管的使用及单片机控制程序的编写方法。项目中用单片机实现简易数字钟的实物效果如图 3-0-2 所示。

图 3-0-2　简易数字钟

任务一　LED数码管的静态显示

任务提出

用数码管显示数据时，显示的数字字符根据实际应用场合可能是一位，也可能是多位。需要根据显示参数内容和系统成本来选择数码管，并确定单片机控制数码管显示的驱动电路。

在实际中，若仅显示少量数字字符，常对数码管采用静态显示驱动电路；若需要多只数码管显示，则可采用动态显示方式。当然，在需要高亮度显示字符的电路中，多只数码管也会采用扩展硬件电路驱动数码管的静态显示方式。

本任务是使用单片机控制两只数码管显示两位数码。显示的内容为00～99，每秒钟显示内容的值加1，超过99后回到00。

任务分析

根据任务目标，数码显示系统只需要单片机最小系统、数码管及数码显示驱动电路，故整个系统的框图如图3-1-1所示。

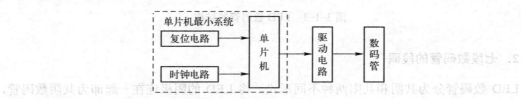

图 3-1-1　数码显示系统框图

因选用静态显示方式驱动数码管时，数码管要显示内容（数据）用锁存器锁存，并保持数据输入到显示驱动电路，驱动数码管显示。当单片机更新显示内容后，新的数据送出更新显示。本任务的程序框图如图3-1-2所示。

图 3-1-2　数码显示系统框图

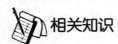相关知识

一、LED 数码管的工作原理

1. LED 数码管的结构

LED 数码管是由发光二极管组合排列而成的数码显示器件，按显示段数常分为"8"字形和"米"字形，如图 3-0-1 所示。单只七段数码管的封装如图 3-1-3（a）所示，数码管的每段 LED 分别引出一个引脚，引出电极分别为 a、b、c、d、e、f、g、h，其中 h 是小数点段的引出电极，并将每一个 LED 的另一个引出电极连接在一起，称为公共端 com 的引出电极，如图 3-1-3（b）和图 3-1-3（c）所示。

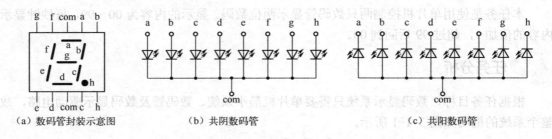

（a）数码管封装示意图　　　（b）共阴数码管　　　　　（c）共阳数码管

图 3-1-3　LED 数码管的结构

2. 七段数码管的段码

LED 数码管分为共阴和共阳两种不同形式，将 LED 的阴极连在一起即为共阴数码管，而将 LED 的阳极连在一起即为共阳数码管。图 3-1-3（b）为共阴型七段数码管的等效电路原理图，图 3-1-3（c）为共阳型七段数码管的等效电路原理图。

按 LED 工作原理，在共阴数码管中，点亮任何一段都需要在数码管的公共端接低电平，同时在对应段的引脚上接高电平，否则都将使该段不会被点亮。很显然，要显示指定的数字或字符，则需要整个数码管中的部分段点亮，而另一些段不能点亮，如显示"0"仅点亮数码管中的 abcdef 这 6 段，这 6 段都需要高电平，另外段 g 和小数点对应的引脚必须加低电平。同理，共阳数码管所需要的驱动电平恰好与共阴数码管相反。

在程序中将高电平用 1 表示，低电平用 0 表示，把显示各种字符的电平所对应的数据称为数码管的段码。按段 a 为最低位依次排列的七段数码管的常用编码如表 3-1-1 所示。在表 3-1-1 中，共阴型、共阳型数码管分别用二进制和十六进制表示段码。

表 3-1-1　七段数码管常用编码表

字　　符	共　阴　型		共　阳　型		数　码　管
	hgfe dcba	字形码	hgfe dcba	字形码	
0	0011 1111	3FH	1100 0000	C0H	0
1	0000 0110	06H	1111 1001	F9H	1

字 符	共 阴 型		共 阳 型		数 码 管
	hgfe dcba	字形码	hgfe dcba	字形码	
2	0101 1011	5BH	1010 0100	A4H	2
3	0100 1111	4FH	1011 0000	B0H	3
4	0110 0110	66H	1001 1001	99H	4
5	0110 1101	6DH	1001 0010	92H	5
6	0111 1101	7DH	1000 0010	82H	6
7	0000 0111	07H	1111 1000	F8H	7
8	0111 1111	7FH	1000 0000	80H	8
9	0110 1111	6FH	1001 0000	90H	9
A	0111 0111	77H	1000 1000	88H	A
b	0111 1100	7CH	1000 0011	83H	b
C	0011 1001	39H	1100 0110	C6H	C
d	0101 1110	5EH	1010 0001	A1H	d
E	0111 1001	79H	1000 0110	86H	E
F	0111 0001	71H	1000 1110	8EH	F
H	0111 0110	76H	1000 1001	89H	H
L	0011 1000	38H	1100 0111	C7H	L
n	0101 0100	54H	1010 1011	ABH	n
o	0101 1100	5CH	1010 0011	A3H	o
P	0111 0011	73H	1000 1100	8CH	P
r	0101 0000	50H	1010 1111	AFH	r
t	0111 1000	78H	1000 0111	87H	t
U	0011 1110	3EH	1100 0001	C1H	U
-	0100 0000	40H	1011 1111	BFH	-
熄灭	0000 0000	00H	1111 1111	FFH	8

二、静态显示原理

所谓静态显示，是指各只数码管的各段均有独立的锁存驱动电路，数码管的公共端接固定电平，所有数码管一直维持点亮。如采用 4 只数码管显示 4 位数字 1357，需要将数字 1、3、5、7 的七段码分别送到第 1、2、3、4 只数码管上。

单片机驱动数码管静态显示一般有两种方式：一种方式是利用单片机输出端口具有的数据锁存功能驱动数码管，这种方式的特点是每一只数码管都要单独占用单片机的一个 I/O 端口，该端口一直静态地保持该数据输出，维持数码管的字符显示，直到端口数据改变，I/O 端口又保持显示下一数据；另一种方式是在单片机的端口外接具有数据锁存功能的芯片，由单片机将显示段码传送给数据锁存器，由数据锁存器维持数码管显示所需的段码，仅当单片机提供给锁存器的段码发生改变后，显示字符才发生变化。由于能够提供具有锁存功能的器件很多，因此对应有多种静态显示电路方案。

1. 单片机端口驱动的静态显示

数码管的内部是多只 LED 按指定的形状组合起来的组合器件，就电路原理而言，和多只独立的 LED 是完全相同的。

单片机端口是一个内部特殊寄存器，具有数据锁存功能，在程序中将输出数据写到端口就可改变端口数据（对应为引脚电平随之改变），并且端口各位电平也会一直维持到下一次程序改变端口输出数据为止。单片机引脚还具有一定的电流驱动能力，在数码管所需的电流较小时，可以用单片机端口直接驱动数码管。

将单片机端口的 8 个引脚直接连接在数码管的 8 个引脚上（h 端为小数点），控制数码管的各段 LED 点亮或熄灭，即可显示出各种数码或字符，如表 3-1-1 所示。如图 3-1-4（a）所示为单片机端口驱动一只共阳数码管的电路原理图，与图 3-1-4（b）所示的电路的工作原理是完全一致的，因而其驱动程序也是相同的。

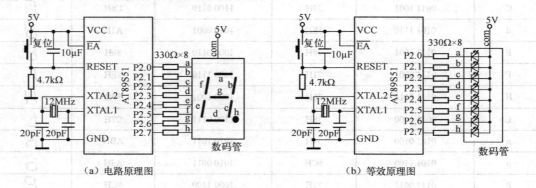

图 3-1-4　数码管的静态显示电路

单片机端口的每一位与数码管的一个引脚相连接，相当于单片机的一个引脚外接一只发光二极管，数字显示就如同用发光二极管组成的图案。因此，完全可以采用项目二任务四的端口循环控制 2 程序来完成数字的显示，将程序中的显示彩灯的数组更换为 LED 数码管显示数字所需要的字形码数据，当程序将这些数据送到端口时，数码管就显示出对应的数字。

通常，将所要显示的字形编码按数字 0～9 的顺序用数组保存起来。数组元素的下标对应该数字的字形编码。例如，定义了字形编码数组 dispcode[]，则 dispcode[0] 就是数字 0 的字形编码，dispcode[3] 就是数字 3 的字形编码，dispcode[n] 就是数字 n 的字形编码。

例：图 3-1-4 所示电路循环显示 0～9 的代码如下所示，注意电路中采用共阳数码管。

```
/* 单只数码管静态显示 0～9 的演示程序 */
#include "reg51.h"          //包含头文件，reg51.h 为 MCS-51 系列的通用头文件
#define uchar unsigned char
void delay05s(void);        //声明延时 0.5s 子程序，其定义见项目二中内容
void main(void)             //主函数
{
    uchar dispcode[10]={0xC0,0xF9,0xA4,0xB0,0x99,0x92,0x82,0xF8,0x80,0x90};//共阳七段码
```

```
uchar  i;
while(1)                      //无限循环
{
    for(i=0;i<10;i++)         //循环 10 次
    {
        P2=dispcode[i];       /* i 的值从 0 变到 9, 从显示数组中依次读出各个数字的显示段
                                 码, 送到 P2 口, 实现 0~9 从数码管上依次显示出来 */
        delay05s();           //  延迟 0.5s
    }
}
```

　　数码管不同的规格所需要的驱动电流是不相同的, 在单片机端口不能提供足够电流时, 需要外接各类电流放大电路来实现数码管的驱动。当然, 在单片机端口不够用时, 常采用各种电路来扩展其输出, 包括数码管的驱动电路。

2. 锁存器驱动的静态显示电路

　　锁存器的输出仅在锁存时与输入信号有关, 其余时间与输入信号无关, 这时的单片机端口可用作其他用途, 即单片机的端口可以复用。锁存器有多位同时锁存的并行锁存器, 也有串行的移位锁存器。

　　8D 锁存器 74HC573 可作为显示锁存和电流驱动器件。采用 74HC573 锁存段码的 4 位静态显示电路如图 3-1-5 所示。

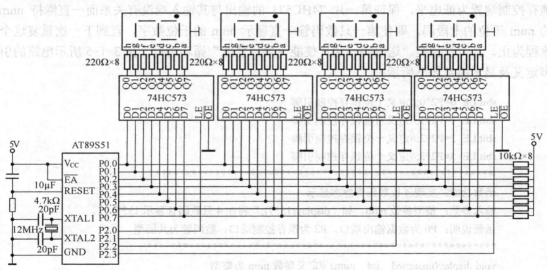

图 3-1-5　锁存器 74573 驱动的静态显示电路原理图

　　在图 3-1-5 中, 每片 74HC573 的 8 个 Q 端对应连接一只数码管各段, 所有 74HC573 输入端 D 端共用单片机 P0 端口, 而各片的锁存使能控制端 LE 受单片机 P2 端口的各位分别控制, 以实现各片 74HC573 独立锁存各个数码的段码。从 74HC573 各 Q 端将锁存数据 (字形码) 输出送数码管, 使数码管保持显示数字。

需要说明的是，P0 口作数据锁存时，输出端相当于是漏极开路 OD 结构，内部无上拉电阻。由于 74HC573 是 COMS 器件，输入高低电平时需要在 74HC573 的输入端通过外电路连接到电源正极，故系统中需要 P0 口外接排阻作为端口的上拉电阻。如果改用 74LS573，74LS573 是 TTL 电路，则不需要外接上拉电阻，是因为 TTL 电路输入端在无强下拉时相当于输入高电平。

从 74HC573 的数据手册中可以得知：当输出使能端 $\overline{OE}$ ＝0、锁存使能端 LE＝0 时，输出端保持不变，即锁存；当 $\overline{OE}$ ＝0、LE＝1 时，输出端数据等于输入端数据，即传送数据。利用单片机控制 $\overline{OE}$、LE 端的信号电平，就能实现数据传送和锁存。因在数据显示时，$\overline{OE}$ 始终处于使能状态，所以只需控制 LE 的电平就能实现数据传送和锁存了。

如图 3-1-5 所示，当一组显示数据从单片机 P0 端口输出时，若某一锁存器 $\overline{OE}$ ＝0、LE＝1 时，而其他锁存器 $\overline{OE}$ ＝0、LE＝0，数据线上的数据就被传送到 $\overline{OE}$ ＝0、LE＝1 所对应的锁存器的输出端，再将 LE 端由 1 改为 0 时，需要输出的数据就锁存在 Q 端了。当输入的数据再变化也影响不到输出的数据，这时单片机可以提供下一只数码管的数据并重复上述过程或做别的任务。

为了实现显示数据的不同数位表示和送到不同锁存器，采用如下方式加以实现：语句"P0 = dispcode[num/1000];"使 P0 口输出变量 num 千位的字形码，使 4 片 74HC573 的数据端都得到千位的段码，但所有 74HC573 锁存控制 LE 端都为低电平，所有 74HC573 的输出端都不会改变。接下来使用语句"LE_0=1;"使第一片 74HC573 的锁存控制端为高电平，第一片 74HC573 的输出端与其数据输入端信号电平一致，使 num 千位的七段码通过 74HC573 送到第一只数码管上，显示出 num 的千位数字。再使用语句"LE_0=0;"又将第一片 74HC573 的锁存控制端置为低电平，保证第一片 74HC573 的输出与其输入端没有关系而一直维持 num 的 num 千位的七段码，即使第一只数码管一直显示 num 的千位数字，直到下一次重复这个流程为止。其方法就是"送段码→送片使能→关片使能"循环进行。图 3-1-5 所示电路的引脚定义及显示函数如下所示：

```
sbit LE_0=P2^0;//定义千位锁存控制引脚
sbit LE_1=P2^1;//定义百位锁存控制引脚
sbit LE_2=P2^2;//定义十位锁存控制引脚
sbit LE_3=P2^3;//定义个位锁存控制引脚
/*********************************************************
函数功能：实现 4 位数码管静态显示
输入参数：整型参数 num。如"display(1357);"将在 4 只数码管显示 1357。
函数说明：P0 为数据输出端口，P2 为锁存控制端口，数码管为共阴型
*********************************************************/
void display(unsigned  int  num) //定义参数 num 为整型
{
    uchar code dispcode[]={0x3F,0x06,0x5B,0x4F,0x66,0x6D,0x7D,0x07,0x7F,0x6F};//共阴 0～9 七段码
    P0 = dispcode[num/1000];                //输出千位的字形码
    LE_0=1; LE_0=0;                         //输出数据并锁存
    P0 = dispcode[num/100%10];              //输出百位的字形码
    LE_1=1; LE_1=0;                         //输出数据并锁存
```

```
        P0 = dispcode[num/10%10];          //输出十位的字形码
        LE_2=1; LE_2=0;                     //输出数据并锁存
        P0 = dispcode[num%10];              //输出个位的字形码
        LE_3=1; LE_3=0;                     //输出数据并锁存
    }
```

3. 译码器驱动的静态显示电路

除了单片机端口直接输出数码管的段码外，还可以采用七段译码器将 BCD 码转换为数码管的七段码。采用译码器 7448 驱动的静态显示电路如图 3-1-6 所示。

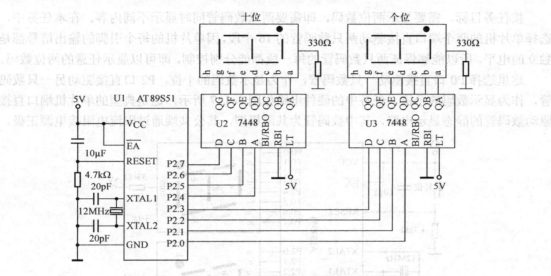

图 3-1-6　7448 译码器的静态显示电路原理图

7448 是共阴数码管的七段显示译码器，与之连接的数码管应为共阴型数码管。在图 3-1-6 中，将单片机端口 P2 高、低 4 位提供的 BCD 码分别接 U2 和 U3 的输入端，7448 的输出端接数码管，驱动数码管显示数字。

在电路中规定，U2 控制的数码管显示数据的十位，U3 控制的数码管显示数据的个位。例如，在 P2 口输出数据 12H（0001 0010），U2 驱动数码管显示 1，U3 驱动数码管显示 2，即显示"12"。在显示驱动函数的设计上，要注意单片机提供给 7448 译码器的数据应为8421BCD 码（即用 4 位二进制编码表示的十进制数）。端口 P2 的高 4 位对应为十位的 BCD 码，而低 4 位为个位的 BCD 码。在程序中，将显示数据的十位和个位分别组合到数据的高、低 4 位，直接通过端口输出即能显示相应的数码。图 3-1-6 对应的显示函数如下。

```
/*****************************************************************
函数功能：实现 2 位输出压缩 BCD 码的数码管静态显示
函数说明：P2 的高 4 位为十位输出端口，低 4 位为个位输出端口，数码管为共阴型
要调用这个显示函数需要先对全局变量 num 进行声明
*****************************************************************/
void display( )
{
```

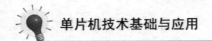

```
    char    a,b;              //声明临时变量，用于中间计算
    a=num/10;                 //得到十位
    b=num%10;                 //得到个位
    P2=(a<<4)+b;              //采用 7448 译码器显示两位数据，要注意与译码电路的连接
}
```

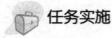**任务实施**

一、硬件设计

按任务目标，需要显示两位数码，即需要两只数码管同时显示不同内容。在本任务中，选择单片机的两个端口直接驱动两只数码管的 16 个段，因单片机的每个引脚的输出信号都是独立的电平，所以能够保证两只数码管的每一段都能分别控制，即可以显示任意的两位数码。

这里选择 P0 口直接驱动一只数码管，作为显示数码的十位，P2 口直接驱动另一只数码管，作为显示数码的个位。任务中的硬件电路如图 3-1-7 所示，这是典型的单片机端口直接驱动数码管的静态显示电路，其中数码管为共阳极型，其公共端通过限流电阻接电源正极。

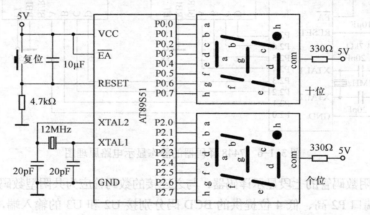

图 3-1-7　单片机端口直接驱动共阳数码管的静态显示电路原理图

二、软件设计

在图 3-1-7 中，单片机 P0 和 P2 口分别连接一只数码管。由于只有两位数码管，在程序中，设置全局变量 num，其值的允许范围为 0～99，对应显示的数码，其类型可以使用字符型。

为了显示变量 num 的十位，则需要计算出变量 num 十位的值。在 C 语言中，如果除法运算的两个操作数均为整型数据，则将进行整除运算，变量 num 整除 10 则恰好是其十位（因 num 的范围为 0～99），表达式 "num/10" 的值为变量 num 值的十位数字。所以将 "num/10" 的字形码送 P0 口就是将在十位所在的数码管上显示变量 num 的十位数字，对应的程序语句为 "P0=dispcode[num/10];"。

变量 num 的个位则利用求余运算得到，表达式 "num%10" 的值为变量 num 值的个位数字。语句 "P2=dispcode[num%10] ;" 则是将 num 中个位数的字形码送端口 P2，用于显示个位数字。

如图 3-1-8 所示是采用单片机端口直接驱动的静态显示示例流程图。当显示 num 的值后，等待约 1s 的时间，将全局变量 num 的值加 1，再重复显示、延时、加 1。当变量 num 的值超过 99 时，立即让 num 赋值为 0，确保变量 num 在显示之前其值在指定的 0~99 范围中。

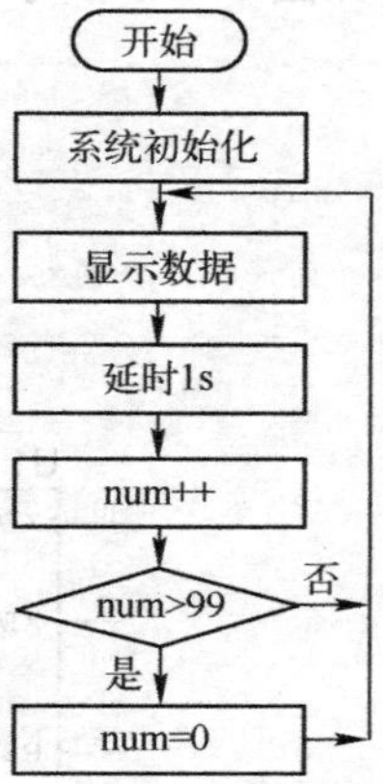

示例源程序如下：

```c
#include <AT89X51.H>
#define uchar   unsigned char
#define uint    unsigned int
uchar num;                  //显示数据
void delaynms(uint n)       //延时 n 毫秒
{
    uint i;
    uchar j,k;
    for(i=0;i<n;i++)
    {
        for(j=2;j>0;j--)
            {for(k=250;k>0;k--){;}}
    }
}
void display()        //显示函数，在 P0 和 P2 端口直接输出十位和个位的七段码
{
    uchar code dispcode[]={0xC0,0xF9,0xA4,0xB0,0x99,0x92,0x82,0xF8,0x80,0x90};//共阳,0~9
    P0=dispcode[num/10];   //输出十位七段码
    P2=dispcode[num%10];   //输出个位七段码
}
void main()
{
    while(1)
    {
        display();           //显示数据
        delaynms(1000);      //等待 1s
        num++;               //计算下一个数
        if(num>99) num=0;
    }
}
```

图 3-1-8　静态显示流程图

（流程图：开始 → 系统初始化 → 显示数据 → 延时1s → num++ → num>99 否（返回显示数据）/ 是 → num=0）

三、Proteus 仿真

① 打开 Proteus ISIS 软件，按照硬件原理图绘制 Proteus 仿真电路，仔细检查，保证线路连接无误。

② 在 Keil 软件开发环境下，创建项目，编辑源程序，编译生成 HEX 文件，并装载到 Proteus 虚拟仿真硬件电路的 AT89C51 芯片中。

③ 运行仿真，仔细观察运行结果，如果有不符合设计要求的情况，调整源程序并重复步骤①和②，直至完全符合本项目提出的各项设计要求。

如图 3-1-9 所示是端口直接驱动的静态显示仿真效果图。

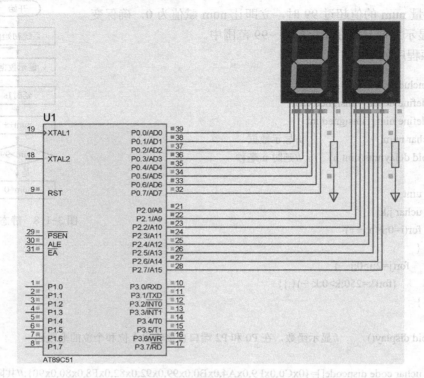

图 3-1-9　端口直接驱动的静态显示仿真效果图

任务二　LED 数码管的动态显示

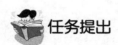

任务提出

在实际的电子系统中，往往需要同时显示多位数码。一般来说，对多位数码的显示，均采用动态显示。本任务是使用单片机控制数码管一直显示 8 位数码：12345678。

任务分析

根据任务目标，整个系统的硬件需要在单片机最小系统的基础之上，增加数码管的驱动电路，并连接数码管。如果采用静态显示电路，采用单片机的端口直接驱动明显是不行的，用硬件扩展实现的静态显示的硬件成本比较高。因此，在本任务中采用动态显示驱动电路。当然，动态显示电路的构成有很多，本任务中采用由晶体管驱动 8 位共阴数码管实现任务中的硬件电路。

在动态显示电路中，所有数码管的各段分别连接在一起，每只数码管显示的内容不相同，对每一只数码管而言，只有采用分时显示。即首先为第一只数码管提供段码和位码，当第一只数码管显示一段时间后，再为第二只数码管提供段码和位码，第二只数码管显示一段时间后，再为第三只数码管提供段码和位码，……直到最后一只数码管显示一段时间，再重复显示第一只、第二只到最后一只数码管，这样周而复始显示。一般当重复频率超过 50Hz 时，人眼看到的所有数码管就相当于同时显示。因而，动态显示电路的软件系统框图如图 3-2-1 所示。

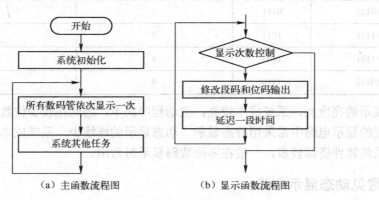

（a）主函数流程图　　　（b）显示函数流程图

图 3-2-1　动态显示系统流程图

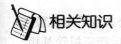相关知识

一、动态显示原理

所谓动态显示，是利用人眼的视觉暂留现象，快速地轮流显示单个数码的显示方式。具体来说，是将各数码管的相同段的输入端连接在一起，使用同一锁存电路驱动，为数码管提供需要显示数字的段码，而通过控制数码管的公共端使数字在不同的数码管上显示。连续地在段码端输入要显示的数字段码，位码使公共端轮流接通，所有数码管依次循环点亮，只要显示的速度足够快，人眼就能看到稳定的显示字符，从而实现动态的字符显示。

如图 3-2-2 所示是 4 位数码管动态显示连接示意图，4 位数码管的 a～h 分别连接在一起作为数码管的段码输入线，将每只数码管的公共端作为数码管的位码输入线。段码控制数码管显示字形，位码控制 4 只数码管中的哪一只数码管显示该内容。

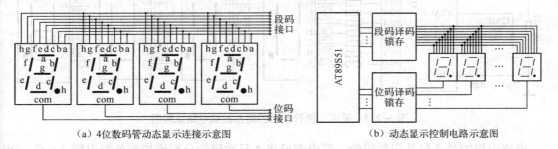

（a）4位数码管动态显示连接示意图　　　（b）动态显示控制电路示意图

图 3-2-2　单片机数码管动态显示

例如，要使 4 位共阴数码管动态显示 4 位数字 1357，需要轮流显示这 4 位数字，

轮流显示一次的显示过程如表 3-2-1 所示。单片机控制端口连续不断地输出各位数码管需要显示的数据，使各数码管轮流点亮，只要数码管显示扫描频率大于人眼的临界闪烁频率，利用人眼的视觉暂留特性，就能使人眼观察到的各数码管显现的内容如同静态显示一样稳定。

表 3-2-1　4 位共阴数码管动态显示"1357"的过程

段　码	位　码	显 示 顺 序	显 示 内 容
0000 0110	0111	1	
0100 1111	1011	2	
0110 1101	1101	3	
0000 0111	1110	4	

　　静态显示的亮度高，系统成本较高，驱动程序简单，因此在较少位数的数码显示电路及需要高亮度的显示电路中常采用静态显示。动态显示的连线少，系统成本低，但驱动程序复杂且占用系统软件资源较多，一般在多位数码显示时常用。

二、常见动态显示电路

1. 三极管反相+端口直接驱动的动态显示电路

　　数码管的段电流较小时，可以直接使用单片机端口驱动；而数码管的公共端的电流较大，可以采用三极管驱动。具体来说，将单片机输出的高低电平通过限流电阻后接三极管基极，控制三极管工作在饱和状态和截止状态，饱和导通时数码管点亮，截止状态数码管熄灭。采用三极管驱动的动态扫描电路如图 3-2-3 所示。当然，采用集成反相器的电路原理与三极管类似，利用其输出电流较大的方式驱动数码管的公共端。

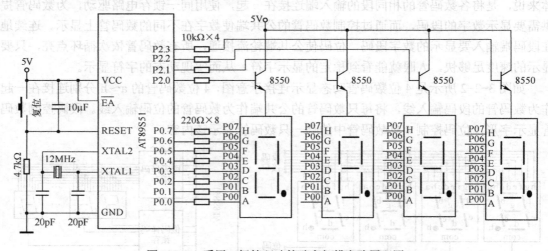

图 3-2-3　采用三极管驱动的动态扫描电路原理图

　　电路中用的是 4 位共阳数码管，其内部已将 4 只数码管分别连接到外部引脚 A～G、DP（DP 就是小数点的外部引脚）上，将字形码送到这些引脚控制数码管显示相应的数字或字符；4 只数码管的公共端分别接到外部引脚上，公共端流过电流将使对应的数码管点亮。

在图 3-2-3 中，共阳数码管的段电流是流进的，P0 口可以直接驱动，电路串联限流电阻，防止电流过大损坏端口。电路中采用 PNP 三极管驱动数码管的公共端。三极管基极通过限流电阻接到单片机的 P2 口，该电阻的取值使三极管在 P2 口输出低电平时工作在饱和状态。三极管的发射极接电源，在 P2 口输出高电平时，三极管的基极和发射极的电压差接近于 0，工作在截止状态。如图 3-2-3 所示电路对应的动态显示函数如下所示。

```
uchar disp[4];        //显示数组，依次对应 4 只数码管
/************************************************************
函数功能：实现 4 位数码管动态显示，约占用 2.6ms 时间(12MHz)
函数说明：P0 为段码输出端口，P2 为位码输出端口，数码管为 4 位共阳型
*************************************************************/
void display( )
{
    uchar code dispcode[ ]={0xC0,0xF9,0xA4,0xB0,0x99,0x92,0x82,0xF8,0x80,0x90};//共阳，0～9 段码
    uchar i;          // 定义变量 i，用作循环控制和显示数组的位控制
    uchar j;          // 定义变量 j，用作延时控制
    uchar k;          // 定义变量 k，用作位码控制数据存储
    k=0x01;           // k 初始化，二进制数为 00000001，输出时使最低位数码管点亮
    for(i=0;i<4;i++)  // 循环 4 次，i 的值为 0～3，对应显示数组中的各个元素
    {
        P0=dispcode[disp[i]]; /* 将 dispcode 数组中的值送到 P0 口作为数码管的段码，具体显示的
                                 数字是数组 disp 中的第 i 个元素的内容。*/
        P2=~k;        // 输出位码，让变量 k 中二进制位为 1 所对应的数码管显示
        for(j=250;j>0;j--);   // 延时一段时间，保持当前位数码管显示
        k=k<<1;       //k 中为 1 的位左移一位，为点亮下一位数码管做准备
        P2=0xff;      // 关闭本位数码管显示，避免下位数在本位产生拖影
    }
}
```

2. 锁存器驱动的动态显示电路

在数码管的动态显示电路中，需要段码和位码的锁存驱动，可以直接使用 8D 锁存器 74573 或移位寄存器 74164 等电路锁存数据驱动。采用 74573 驱动的动态扫描电路原理图如图 3-2-4 所示。

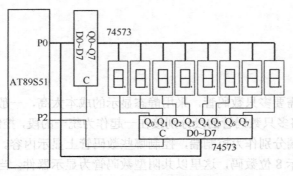

图 3-2-4　采用 74573 驱动的动态扫描电路原理图

在图 3-2-4 中，两片 74573 的输入端都连接到单片机的同一个端口 P0，其中一片 74573 为各只数码管锁存字形码数据，即实现段码控制；另一片 74573 的输出端连接到各只数码管的公共端（共阴极或共阳极端），以选通各数码管，即实现位码控制。

如图 3-2-4 所示电路的结构特点是点亮数码管所需段码和位码由单片机的一个端口输出，采用分时输出段码和位码，占用端口少。P0 作为数据输出端口分时输出段码和位码，利用两片 74573 分别锁存 P0 输出的段码和位码，并将段码和位码送数码管实现字符显示。这两个锁存器的使能端由单片机的另一个端口 P2 控制，当 P0 输出段码时，P2 输出信号使段码锁存器使能；当 P0 输出位码时，P2 输出信号使位码锁存器使能。在程序的控制下，快速地依次输出要显示的各个数，同时控制对应数码管工作，按动态的方式显示出数码。如图 3-2-4 所示电路对应的引脚定义和动态显示函数如下所示。

```
sbit LE_seg=P2^0;                //定义段码锁存控制引脚
sbit LE_com=P2^1;                //定义位码锁存控制引脚
uchar disp[8]={1,2,3,4,5,6,0,0}; //显示数组，依次对应 8 只数码管
/*********************************************************
函数功能：实现 8 位数码管动态显示，约占用 4.2ms 时间(12MHz)
函数说明：P0 为数据输出端口，P2.0 锁存段码，P2.1 锁存位码，数码管为 8 位共阴
**********************************************************/
void display()
{
  uchar code dispcode[]={0x3F,0x06,0x5B,0x4F,0x66,0x6D,0x7D,0x07,0x7F,
  0x6F,0x77,0x7C,0x39,0x5E,0x79,0x71};        //定义共阴数码管七段显示编码 0~F
  uchar i,j,k;
  k=0x01;           // k 初始化，二进制数为 00000001，输出时使最低位数码管点亮
  for(i=0;i<8;i++)
   {
    P0= dispcode[disp[i]]; LE_seg=1; LE_seg=0;      //输出段码
    P0= ~k; LE_com=1; LE_com=0;  //输出位码
    k=k<<1;                      // k 中为 1 的位左移一位，为点亮下一位数码管做准备
    for(j=250;j>0;j--);          //延迟一段时间
    P0=0xff; LE_com=1; LE_com=0; //关闭当前显示，避免下位数在本位产生拖影
   }
}
```

 任务实施

一、硬件设计

显示多位数码，需要多只数码管，采用静态显示的成本太高，一般情况下都采用动态显示电路。动态显示是将多只数码管的段分别接在一起作为统一的段，控制数码管显示的字形；把各只数码管的公共端分别作为控制端，控制哪些数码管上显示内容。

本任务中需要显示 8 位数码，这里以共阴型数码管为显示器件，当然只能采用动态显示电路。

一般来说，单片机的端口不能提供足够的电流驱动数码管显示。在本任务中，数码管的段电流采用总线驱动集成电路 74LS245 实现。共阴数码管的公共端需要较大的流出电流，任务中选择 3-8 译码器 74LS138 实现位译码，因 TTL 电路的允许的灌电流很大，因此可以直接用 74LS138 驱动数码管的公共端，实现动态显示的位码输出。采用 74LS138 和 74LS245 驱动的动态显示电路原理图如图 3-2-5 所示，电路中没有画出单片机最小系统及 74LS138 和 74LS245 的供电电路。

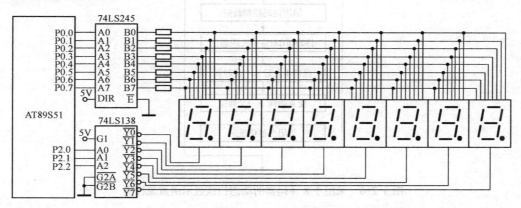

图 3-2-5　74LS138 和 74LS245 驱动的动态显示电路原理图

在图 3-2-5 中，3-8 译码器 74LS138 使能控制端均设置为有效，电路处于译码工作状态，当 P2.2、P2.1、P2.0 输出 000～111 时，74LS138 的 8 个输出端仅有一个输出端允许电流流入，又因 TTL 门电路输出端的带灌电流负载能力强，恰好可以作为动态显示的位码驱动电路。

74LS245 的使能端为低电平时，输出端电平与输入端对应，当 DIR 端为高电平时，数据从 A0～A7 输入，从 B0～B7 输出。74LS245 与数码管之间的电阻对数码管各段 LED 限流，保证各段亮度一致。

如图 3-2-5 所示电路，在显示数码时从 P0 输出段码，控制数码管显示相应的字形；P2 输出数据 0～7，经译码后点亮对应位置的数码管。

二、软件设计

按任务目标，在图 3-2-5 所示电路中，使用 8 只数码管显示 8 位数，分别是 1～8。这里虽然是显示 8 个固定的数码，但考虑到显示内容的任意性，在程序中采用一个数组来保存显示内容。或者说，用该数组中的每一个单元对应一只数码管的显示内容，只要在程序中修改这个数组中的任一单元的内容就能改变数码管的显示。那么，在扩展程序功能时，只需要考虑在何时修改数组内容及怎样修改即可，不需要关心显示的细节。在本任务中，使用数组 disp 来存放显示数据，共 8 个单元。

动态显示函数要完成的任务就是控制所有数码轮流显示一次。通过不断调用动态显示函数也就实现了数码管的动态显示。为了确保显示稳定，要求每秒至少调用动态显示函数 50 次以上，即所有数码管轮流显示一遍所花的时间总和不超过 20ms。一般情况下都会在 1s 内调用上百次动态显示函数。

在图 3-2-5 中，74LS245 相当于逻辑直通方式，单片机只需要将段码送到 P0 口即可驱动数码管。数码管的选通通过 74LS138 译码实现，故仅需要在 P2 的最低 3 位输出第几只数码管显示的二进制电平即可。如图 3-2-6 所示是采用 3-8 译码器的动态扫描显示函数流程图。

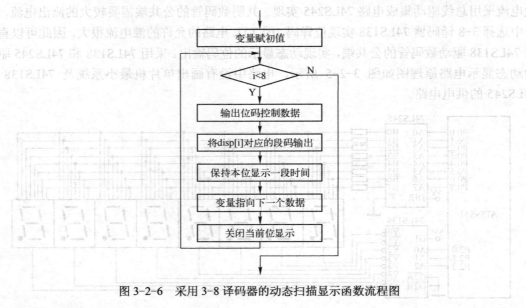

图 3-2-6　采用 3-8 译码器的动态扫描显示函数流程图

示例源程序如下：

```
#include <AT89X51.H>
#define uchar unsigned char
uchar disp[8]={1,2,3,4,5,6,7,8};   //显示数组，依次对应 8 只数码管。这里已给数组指定初值。
/*说明：disp 数组中的数依次对应 8 只数码管要显示数码的字形码在 dispcode 数组中的位置（即
下标），要显示其他数码，只需要按照下标修改 disp 数组中的数即可。*/
/********************************************************
函数名称：display()
函数功能：实现 8 位数码管动态显示，约占用 4.2ms 时间(12MHz)
函数说明：P0 为段码(共阴)端口，P2 为位码(74LS138 驱动)端口
********************************************************/
void display()
{
    uchar code dispcode[]={0x3F,0x06,0x5B,0x4F,0x66,0x6D,0x7D,
               0x07,0x7F,0x6F,0x77,0x7C,0x39,0x5E,0x79,0x71};//0～F
    uchar i,j;
    for(i=0;i<8;i++)
    {
        P2=i;                    //i 的值为 0～7，138 译码后依次点亮 8 只数码管
        P0=dispcode[disp[i]];    //输出段码
        for(j=250;j>0;j—);       //延迟一段时间
        P0=0;                    //关闭段码也可以关闭显示
    }
}
void main()
{
    while(1)                     //死循环，保证系统一直显示
```

```
        {
            display();        //调用显示函数，8只数码管显示一遍
                              //这里可添加其他程序，修改显示数据以实现更多功能
        }
    }
```

三、Proteus 仿真

① 打开 Proteus ISIS 软件，按照硬件原理图绘制 Proteus 仿真电路，仔细检查，保证线路连接无误。

② 在 Keil 软件开发环境下，创建项目，编辑源程序，编译生成 HEX 文件，并装载到 Proteus 虚拟仿真硬件电路的 AT89C51 芯片中。

③ 运行仿真，仔细观察运行结果，如果有不完全符合设计要求的情况，调整源程序并重复步骤①和②，直至完全符合本项目提出的各项设计要求。

如图 3-2-7 所示是 74LS138 和 74LS245 驱动的动态显示仿真效果图。

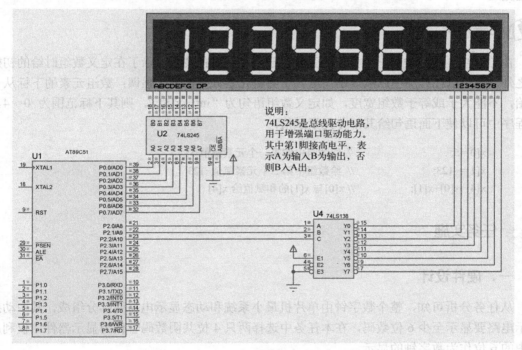

图 3-2-7　74LS138 和 74LS245 驱动的动态显示仿真效果图

任务三　简易数字钟

任务提出

数字钟要完成的功能是显示时、分和秒及计数器。其中，秒和分为 60 进制，小时为 24

单片机技术基础与应用

进制（也可用 12 翻 1）计数。

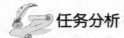任务分析

根据任务目标，数字钟需要显示时、分和秒，即最少需要显示 6 个数码，作为系统硬件，可以采用动态显示电路。任务中没有时钟的调节等其他要求，所以整个系统只需要单片机最小系统、数码管及动态显示驱动电路即可。

为了确定 1s，首先要确定动态显示一次所需要的时间，如果每一只数码管显示的时间为 0.5ms，则一次动态显示（任务中以 8 只 LED 数码管为例）的时间约为 4 ms，所以数码管每显示 250 次约为 1s，即整个数字钟需要调用显示函数 250 次后调整一次时间。

需要说明的是，这里之所以说是简易数字钟，主要是用程序运行来计算时间，这样用程序来确定出 1s 的时间精度是很有限的，所以整个时钟的精度不高。如果要提高计时精度，可用后面介绍的定时器来实现较为精确的时钟，这个题目就留给读者在学习了中断和定时器后自己完成。

相关知识

在 C51 中，数组中每一个数组元素相当于一个独立的变量，除了在定义数组时给的初始值之外，还可以在程序中以赋值语句给各个数组元素分别赋值。强调：数组元素的下标从 0 开始，不能大于或等于数组宽度，如定义数组语句为"int x[5];"，则其下标范围为 0~4，在程序中可以使下面语句给其部分元素赋值：

```
x[0]=5;              // 给数组中的第一个元素赋值 5
x[1]=-123;           // 给数组中第二个元素赋值-123
x[4]=x[0]+x[1];      // x[0]与 x[1]的和赋值给 x[4]
```

任务实施

一、硬件设计

从任务分析可知，整个数字钟由单片机最小系统和动态显示电路两部分组成。其中动态显示电路要显示至少 6 位数码，在本任务中选择两只 4 位共阴数码管作为显示器件，仅利用其中的 6 位作为数字钟的显示。

动态显示电路需要对数码管的段和位进行控制，这里选择 P0 作为段控制信号，P2 作为位控制信号。由于单片机的引脚的驱动能力有限，所以对数码管的公共端采用 NPN 型晶体三极管 9014 驱动，9014 的发射极直接接地，其基极超过 0.7V 即可导通，为了保证 9014 在单片机输出高电平时工作在饱和状态且不影响单片机引脚输出状态，电路中对 P2 口的每一位都串联 10kΩ 的限流电阻。同时，为了保证在 P0 口的引脚输出 1 时对应的数码管的段能点亮，电路中对 P0 口的每一位都增加了 1kΩ 的上拉电阻。整个数字钟除单片机最小系统外的动态显示电路如图 3-3-1 所示。

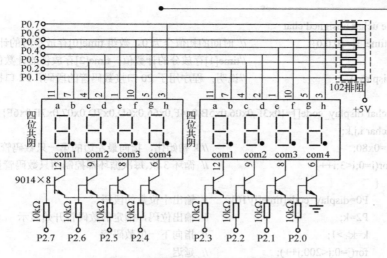

图 3-3-1　数字钟显示电路原理图

二、软件设计

根据任务分析，可以确定整个程序的主框架以定时 1s 计算一次的方式来实现数字钟。定时 1s 的程序段，使用动态显示程序实现延时，既完成了延时也完成了数字的显示。在计算程序中，使对应于时、分、秒的变量按照 60 进制和 24 进制进行计算，动态显示程序直接引用这些变量，达到显示的数字也随之不断变化，即完成了数字钟的功能。再次说明，程序的计时精度不高。如图 3-3-2 所示是数字钟的程序框图。

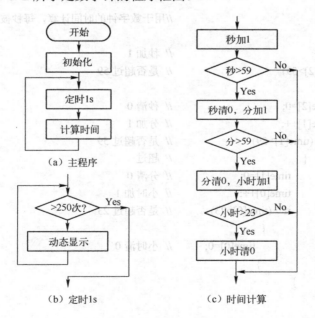

图 3-3-2　数字钟程序框图

示例源程序如下：

```
#include "reg51.h"            //包含头文件
```

```
#define uchar unsigned char
uchar time[3]={0,0,0};              // 时间的初值全为 0。数组 time[0]存放小时的计数值，
                                    //time[1]存放分的计数值，time[2]存放秒的计数值。
void display()                      //说明：程序用于 P0 口接数码管的段码，P2 口接数码管的位码
{
    uchar display_code[]={0x3F,0x06,0x5B,0x4F,0x66,0x6D,0x7D,0x07,0x7F,0x6F};
    uchar i,j,k;
    k=0x80;                         // k 初始化，指向最左边的第一只数码管
    for(i=0;i<3;i++)                // 循环 3 次，每次循环都控制两只数码管显示
        {
        P0=display_code[time[i]/10]; // 输出十位数的段码
        P2=k;                       // 输出位码，指定的数码管开始显示
        k=k>>1;                     // 指向下一位数码管
        for(j=0;j<200;j++);         // 延迟
        P2=0;                       // 关闭所有数码管的显示

        P0=display_code[time[i]%10]; // 输出个位数的段码
        P2=k;                       // 输出位码，指定的数码管开始显示
        k=k>>1;                     // 指向下一位数码管
        for(j=0;j<200;j++);         // 延迟
        P2=0;                       // 关闭所有数码管的显示
        }
}

void calc()                         //用于数字钟的时间计算，每秒被调用一次
{
    time[2]++;                      // 秒加 1
    if   (time[2]>59)               // 是否超过 59
        {
        time[2]=0;                  // 秒清 0
        time[1]++;                  // 分加 1
        if   (time[1]>59)           // 是否超过 59
            {                       // 超过
            time[1]=0;              // 分清 0
            time[0]++;              // 小时加 1
            if   (time[0]>23)       // 是否超过 23
                {
                time[0]=0;          // 小时清 0
                }
            }
        }
}

void main(void)                     // 主函数
{
    uchar i;
```

```
/* 在这里可以写下时间初始化指令，以及其他初始化程序 */
while(1)
{
    for (i=0;i<250;i++)              // 循环调用显示程序 250 次，实现 1s 计时
    {
        display();                  // 调用动态显示，动态显示一次约 4ms
    }
    calc();                         // 调用时间计算程序
}
}
```

三、Proteus 仿真

① 打开 Proteus ISIS 软件，按照硬件原理图绘制 Proteus 仿真电路，仔细检查，保证线路连接无误。需要指出的是，在 porteus 中，晶体三极管属于模拟器件，而数码管属于数字器件，仿真中需要在 NPN 型晶体三极管的集电极上接一只上拉电阻到电源（实际电路中不需要该电阻）。

② 在 Keil 软件开发环境下，创建项目，编辑源程序，编译生成 HEX 文件，并装载到 Proteus 虚拟仿真硬件电路的 AT89C51 芯片中。

③ 运行仿真，仔细观察运行结果，如果有不符合设计要求的情况，调整源程序并重复步骤①和②，直至完全符合本项目提出的各项设计要求。

如图 3-3-3 所示是简易数字钟的仿真效果图。其对应的实物效果图参见图 3-0-2。

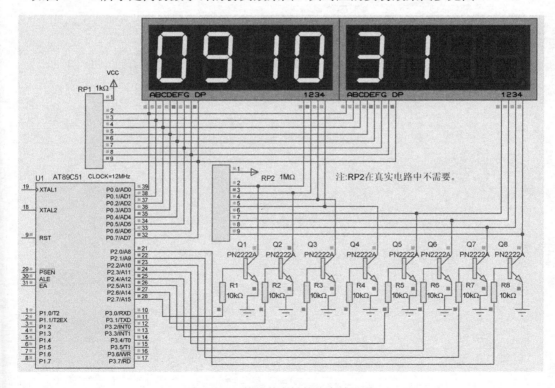

图 3-3-3　简易数字钟的仿真效果图

思考与练习

1. 在任务一中修改静态显示数据变化的速度和显示数据的范围（如 0 ～59）。

2. 在任务二中修改动态显示的显示数据。

3. 实现简易的交通灯控制，用数码管显示两个方向的时间，用发光二极管代替红、黄、绿灯。

4. 用变量 hour、minute、second 代替简易数字钟示例程序中的 time[0]、time[1]、time[2]，修改动态显示函数，并实现数字钟功能。

项目四

键 盘 输 入

在单片机应用系统中，为了实现人对系统功能的控制，常采用按键的方式实现各种控制，按键是单片机最常用的输入设备。为了实现多个按键的输入识别与控制，首先要学习并理解单个按键的输入与对应程序的处理方法，然后再学习对多个按键进行处理的方法。

任务一　按键控制数码显示

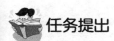

任务提出

在电子设备中，按键是常用的输入设备，以按键的形式输入信号或实现某种功能控制，所需按键数量根据系统功能的需求而定。当需要实现控制量较少时，一般采用单一按键。

本任务是利用按键控制单片机实现数码管显示内容的修改。每当按下一次按键时，数码管显示数值加1，超过9后回到0。

任务分析

本任务的目标是用按键控制数码管显示一位数字，实现任务目标仅需要使用单只数码管就可以显示指定输出内容，同时也只需要一只按键作为单片机的引脚控制。对于用单片机仅驱动一只数码管显示时可采用静态显示，当数码管所需驱动电流较小时可以使用单片机端口直接驱动。按键可以控制单片机引脚电平的高低，在程序中通过读取并判断单片机连接按键的引脚电平信号去控制数码管的显示内容，实现任务目标。整个按键控制数码显示的电路原理框图如图4-1-1所示。

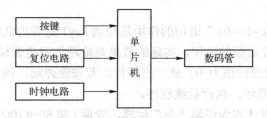

图4-1-1　按键控制数码显示的电路原理框图

一、单片机引脚的读入

单片机引脚的读入在项目二的任务一中已经提到，在这里还要特别指出的一点是，由于51 系列单片机的端口电路结构原因，当单片机的端口引脚作为输入时，在读入端口或端口引脚状态前需要先将被读的所有引脚输出"1"，即让各端口内部的输出电路被置为弱上拉状态（P0 口为高阻状态）。

在 C51 中，单片机引脚状态的读入，是将对应的引脚当作一个变量来读入，引脚信号电平（或端口锁存器中各位数据）就是变量的值。与单片机引脚的输出相同，使用输入的引脚需要先定义该引脚变量。单个引脚相当于位变量，端口相当于字节变量。

sbit 是 C51 中的一种扩充数据类型，利用 sbit 定义可以访问芯片内部的 RAM 中的可寻址位或特殊功能寄存器中的可寻址位，格式为：

sbit 位变量名＝特殊功能寄存器名^位置；

"sbit P1_1=P1^1;"语句中用 sbit 定义了 P1_1 为端口地址位 P1.1，在以后的程序语句中就可以用 P1_1 来对 P1.1 引脚进行读写操作。下面举例说明。

【例1】 读入 P1.1 的状态，并做出不同的处理：

```
sbit   P1_1=P1^1;
P1_1=1;
if   (P1_1==0)          //判断 P1.1 引脚是否为低电平
{操作 1}                //引脚为低电平时的处理程序
else
{操作 2}                //引脚为高电平时的处理程序
```

上面的程序段中，"sbit P1_1=P1^1；"是声明变量 P1_1 表示 P1.1 引脚，P1^1 是 P1.1 引脚定义；"P1_1=1;"是给 P1_1 赋值 1，使 P1.1 脚输出高电平，为该引脚可用于输入做好准备。

【例2】 读入 P2 端口的各个引脚的状态：

```
unsigned char k;   //声明一个变量 k
k=P2;              //读入 P2 端口的各个引脚的状态到变量 k 中
{具体处理}
```

变量 k 中的各个二进制位对应为 P2 口中各引脚的状态，后续程序根据变量 k 的值去完成具体的处理程序。

在程序中，"while(key1==0);"语句的作用是检测 key1 是否为低电平。如果 key1 是低电平则一直循环，否则执行后面的语句。实际的效果是检测按键是否松开，如果没有松开，引脚为低电平（即 key1 对应的值为 0）就一直等待，若按键弹起，该引脚为高电平（即 key1 对应的值为 1），将退出循环，执行后续程序。

程序中"i&0x80"表达式为逻辑"与"运算，变量 i 和 80H(10000000B)进行与运算，如果变量 i 的最高位为 1 时其运算结果不为 0（即为真），否则结果为 0（假）。

总之，端口（或独立引脚）的输出是给对应的端口（或引脚名称）赋值，而输入则是将端口（或引脚）名称放在其他表达式中或在赋值表达式的其他位置。

二、按键抖动与消抖的方法

1. 按键与抖动

键盘由一组规则排列的按键组成，一个按键实际上是一个开关元件，也就是说键盘是一组规则排列的开关。

按键按照结构原理不同可分为两类，一类是触点式开关按键，如机械式开关、导电橡胶式开关等；另一类是无触点开关，如电子式无触点开关、磁感应无触点开关等。前者造价低，后者寿命长。按照键盘接口原理可分为编码键盘与非编码键盘两类，这两类键盘的主要区别是识别键符及给出相应键码的方法。单片机一般采用非编码键盘，非编码键盘只简单地提供行和列的矩阵，其他工作均由软件完成。由于其经济实用，在单片机系统中应用广泛。按照控制方式不同按键分为独立式按键和行列式按键两种。在系统设计时，是采用独立式按键还是行列式按键，需要根据使用电路的需要进行分析以选择合适的方案。

在程序设计中，一个完善的键盘控制程序应具备以下功能：

① 扫描检测有无按键按下，并采取硬件或软件措施，消除键盘按键机械触点抖动的影响。

② 用可靠的逻辑处理办法，每次只处理一个按键。其间，其他按键的操作对系统均不产生影响，且无论一次按键时间有多长，系统仅执行一次按键功能程序。

③ 准确输出按键值（或键号），以满足程序功能要求。

键盘通常使用机械触点式按键开关，其主要功能是把机械上的电路通断转换成为电气上的逻辑关系。

机械式按键在按下或释放时，由于机械弹性作用的影响，通常伴随有一定时间的触点机械抖动，然后其触点才稳定下来。其抖动过程使输出电平不能稳定，如图 4-1-2 所示。抖动时间的长短与开关的机械特性和按键力度有关，一般为 5～10ms。

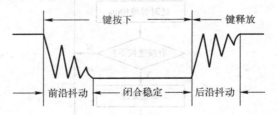

图 4-1-2　按键触点的机械抖动示意图

在触点抖动期间检测按键的通断状态，可能导致误判断。即按键一次按下或释放被错误地认为是多次操作，这种情况是不允许出现的。为了克服按键触点机械抖动所致的检测误判，必须采取去抖动措施。

消除电平抖动可从硬件电路或软件控制两方面实现。在键数较少时，可采用硬件去抖，让系统控制十分简单，如单次脉冲发生电路。当按键数量较多时，采用软件去抖的成本十分低廉，因此应用广泛。

2．硬件消抖

硬件消抖一般采用在按键输出端加 R-S 触发器（双稳态触发器）或单稳态触发器构成去抖动电路。如图 4-1-3（a）所示是一种由 R-S 触发器构成的去抖动电路，触发器一旦翻转，触点抖动便不再对触发器输出产生任何影响。整个双稳态消抖动电路的工作波形图如图 4-1-3（b）所示。

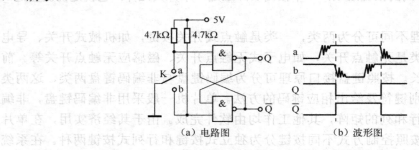

图 4-1-3　双稳态去抖电路及其波形

3．软件消抖

软件消抖采取的措施是：在检测到有按键按下时，等待 10ms 左右（具体时间应视所使用的按键进行调整）的时间（这段时间按键输出电平不稳定），再确认该键电平是否仍保持闭合状态（在按下键 10ms 之后按键的输出电平已经稳定），若仍保持闭合状态电平，则确认该键处于闭合状态。同理，在检测到该键释放后，也应采用相同的步骤进行确认，从而消除抖动的影响。

如图 4-1-4 所示为一种较为简单的软件消抖流程。

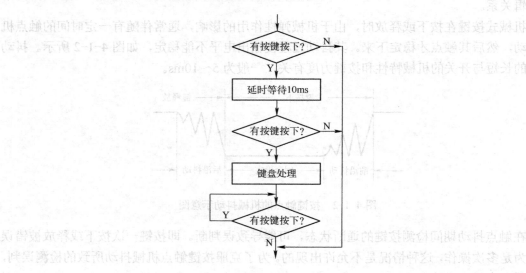

图 4-1-4　软件消抖程序框图

在图 4-1-4 中，首先检测按键是否按下，如果没有按键按下，则跳过这段程序。如果有键按下，通过调用 10ms 延时函数，使按键可能抖动的时间不进行任何操作，待按键电平稳定后，再次判断按键是否按下。如果第二次判断时，按键是按下状态，就表示真的有键按下，否则表示第一次检测到的是干扰信号或为按键释放时的抖动。如果第二次判断时没有按键按下，就应该跳过按键处理程序。

在确定有键按下的情况下，根据按键的功能，执行相应的按键处理程序。为了确保每次按键按下时仅做一次操作，还要等待按键松开，也就是要再进行按键检测，有键按下则表示按键未松开，需要再继续检测，如果检测到没有按键按下，则表示按键已经松开，应该结束按键的处理。

按流程图所写的程序能够较好地实现按键消抖，但程序的主要时间消耗在等待按键松开，不宜用于具有其他需要实时处理的系统中，如动态显示。但如果系统为"按键+数码管静态显示"或"按键+LCD 显示"，使用这样的消抖程序则是可以的。

三、独立按键接口电路

在很多单片机控制系统中，往往只需要几个功能键，此时，可采用独立式按键结构。独立式按键电路如图 4-1-5 所示。

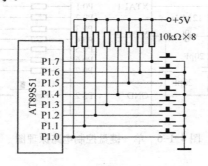

图 4-1-5　独立式按键电路

图中按键输入均采用低电平有效，上拉电阻保证了按键断开时 I/O 口线有确定的高电平。当 I/O 口线内部有上拉电阻时，外电路可不接上拉电阻。

独立式按键的处理程序通常采用查询式软件结构。先逐位查询每根 I/O 口线的输入状态，如某一根 I/O 口线输入为低电平，则可确认该 I/O 口线所对应的按键已按下，然后再转向该键的功能处理程序。

除了使用整个端口读入并消抖处理外，还可以按照单个按键进行检测。在定义单片机引脚后，可对每个引脚分别进行检测和消抖处理。

另外，还可以使用中断的方式实现对按键的检测，不过需要将独立式按键的每根输入线采用与门处理后连接到单片机的外部中断引脚上，外部中断相关的内容参看项目五。

 任务实施

一、硬件设计

根据任务分析，本任务的硬件由单片机最小系统、数码显示电路和按键电路组成。单片机的最小系统电路由复位电路和振荡电路等组成，本任务中选择 12MHz 的晶振为系统振荡器件。

任务中只需要显示一个数码，故选择一只数码管的静态显示电路，数码管选择共阳型，通过限流电阻连接到单片机的 P0 口，数码管的公共端直接接系统电源。

由于 51 单片机除 P0 口之外的其他端口都是弱上拉结构，在输出 1 时端口的电平为高电平，在作为独立按键使用时可以省略上拉电阻，直接将按键连接到端口与地之间（如图 4-1-6 中按键接于 P3.2 就是如此），当按键按下时端口将为低电平，而没有按键时端口引脚将为高电平，故通过读取端口引脚可以知道按键是否按下。按键控制显示数码的硬件电路如图 4-1-6 所示。

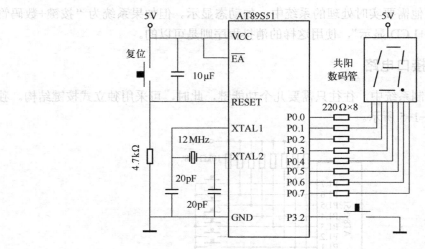

图 4-1-6 单一键盘控制电路原理图

二、软件设计

根据任务目标，本任务采用数码管静态显示电路，并用端口直接驱动数码管，故在程序中仅当需要改变显示数据时才会修改单片机端口的数据。所以在程序中可以不断检测按键的状态，在完全确认按下按键时，修改端口输出数据，达到修改显示数码的目的。

在示例程序中，使用全局变量来记录显示的数据，将该变量命名为 num。

键盘输入参数，使用 8 个元素的全局数组对应存储 8 只数码管的显示内容。为此，在程序前面定义全局变量时，使用语句 "uchar disp[8];" 定义显示内容存储数组 disp。

在显示函数中，将 disp[0]～disp[7] 的数据依次送到 8 只数码管，就能实现 8 只数码管将所存内容逐个显示一遍。

当按下按键时，控制数码管显示内容左移，并把按键的值显示在最后一只数码管上。在程序中，当检测到有按键按下时，将数码管显示对应的数组元素依次向左赋值，同时将按键的编号赋值给最后一个数组元素，就能实现新的一次显示任务。也就是将 disp[1] 赋值给 disp[0]后，再将 disp[2] 赋值给 disp[1]……直到将 disp[7] 赋值给 disp[6]，最后将按键的值赋值给 disp[7]。

根据上述分析，并结合图 4-1-4 所示按键消抖流程，实现任务的示例源程序如下：

```c
#include "reg51.h"
char    num=0;
sbit key1=P3^2 ;                            // 声明按键所用的引脚

void delay10ms(void)
  {
     unsigned char i,k;
     for(i=20;i>0;i—)
       for(k=250;k>0;k—);
  }
void display(char   n)
  {
     unsigned char dispcode[]={0xc0,0xf9,0xa4,0xb0,0x99,0x92,0x82,0xf8,0x80,0x90};
     P0=dispcode[n];                        //把参数 n 的七段码输出，显示数码 n
  }
void main(void)
  {
     display(num);
     while(1)
       {
         if (key1==0)                       //检测 key1 是否为 0，即是否按下
           {
             delay10ms();
             if (key1==0)                   // 延时 10ms，再检测 key1 是否为 0
               {
                 num++;                     // 将 num 的值加 1
                 if(num>9)   num=0;         // 如果 num 超过 9 则返回 0
                 display(num);              // 显示更新后的数据
                 while(key1==0) { ; }       //等待按键释放
               }
           }
       }
  }
```

三、Proteus 仿真

① 打开 Proteus ISIS 软件，按照硬件原理图绘制 Proteus 仿真电路，仔细检查，保证线路连接无误。

② 在 Keil 软件开发环境下，创建项目，编辑源程序，编译生成 HEX 文件，并装载到 Proteus 虚拟仿真硬件电路的 AT89C51 芯片中。

③ 运行仿真，仔细观察运行结果，如果有不完全符合设计要求的情况，调整源程序并重复步骤①和②，直至完全符合本项目提出的各项设计要求。

如图 4-1-7 所示是单片机按键控制数码显示的仿真效果图。

单片机技术基础与应用

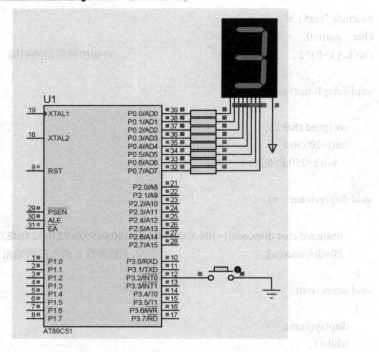

图 4-1-7 按键控制数码显示的仿真效果图

任务二 键盘输入数码

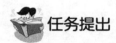任务提出

在单片机应用控制系统中，一些控制常需要用多只按键实现不同的控制，如果采用简单的独立式按键将会占用较多的单片机端口，因此学习和使用矩阵键盘是单片机应用的基本内容。本任务是用键盘输入数据，并用数码管显示输入的数据，具体要求为：

① 使用 16 键的矩阵键盘作为系统输入。

② 使用 8 只数码管作为键盘控制输出功能显示设备。为简便起见，用数码管显示出键盘编号。

③ 按键编号为 0～F，每次按下按键时，数码管的显示内容左移一位，将按键编号显示在最右边的数码管上。

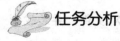任务分析

根据任务目标，使用 8 只数码管动态显示电路作为系统输出。数码动态显示需要段码的锁存驱动电路和位码的锁存驱动电路。

使用 16 只键的矩阵键盘作为系统输入，就是要将矩阵键盘连接到单片机的输入端口。整个系统的框图如图 4-2-1 所示。

PAGE | 94

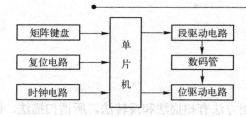

图 4-2-1 键盘输入数码系统电路框图

若直接使用机械开关，其输出电平有抖动，与普通按键处理方法相同，需要硬件或软件消除抖动后控制系统工作；若使用输出信号没有抖动的电路、器件、设备，则可以直接用其输出信号的电平或边沿作为动作点来控制系统工作。

在数码管显示中，使用全局变量来存储显示内容，8 只数码管对应有 8 个元素的数组，修改数组元素的内容将使数码管的显示内容相应更改。

根据任务要求，当按下按键时，控制数码管显示内容左移，并把按键的值显示在最后一只数码管上。因此在程序中检测到有按键按下时，应将数码管显示对应的数组元素依次向左赋值，同时将按键的编号赋值给最后一个元素即能实现任务目标。

相关知识

一、矩阵键盘扫描与译码的原理

单片机控制系统中，当要求按键数目较多时，通常采用矩阵键盘。

1. 矩阵键盘的结构及原理

矩阵键盘由行线和列线组成，按键位于行、列线的交叉点上，其结构如图 4-2-2 所示。

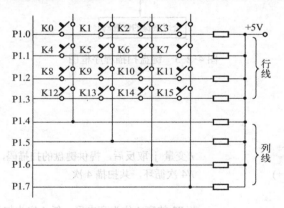

图 4-2-2 矩阵式键盘结构

用一个端口（图示中为 P1 口）就可以构成 4×4=16 只按键，键数比直接将端口线连接按键多出了一倍，而且线数越多，区别越明显，比如再多加一条线就可以构成 20 键的键盘。如果有 m 条行线，n 条列线，最大可实现 $m×n$ 个键盘。显然，在按键数量较多时，由于每一行共用一根 I/O 口线，每一列也共用一根 I/O 口线，矩阵键盘较之独立式按键键盘要节省

单片机技术基础与应用

很多 I/O 口线。

2．键盘处理的步骤

（1）扫描键盘

行列式键盘的具体识别方法有扫描法和反转法。所谓扫描法，即用列线输出，行线输入（可交换行线和列线的输入、输出关系）。其中，列线逐列输出 0，某行有键按下，行线有 0 输入，若无键按下，行线输入全部为 1。当有键按下时，根据为 0 的行线和列线可最终确定哪个按键被按下，对应的程序框图如图 4-2-3 所示。另外，还可以采用反转法，也就是行线和列线交换输入、输出，分两步获取按键的位置码，同学们可以自行练习。

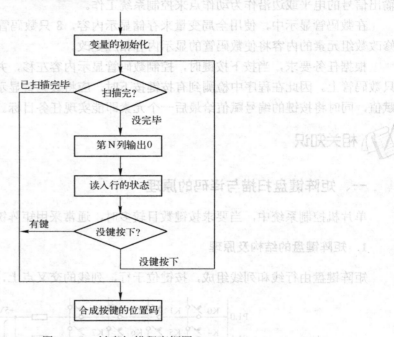

图 4-2-3　键盘扫描程序框图

对应程序示例为：

```
uchar inkey()
{
    uchar i,j=1,k;                //变量 j 取反后，提供键盘的扫描码，同时为行码
    for (i=0;i<4;i++)             //4 次循环，共扫描 4 次
    {
        P3=~j;                    // P3 的高 4 位为高电平，低 4 位为扫描码（其中只有一位为低）
        k=~P3;                    //k 中的值为 P3 各位取反，如果没键按下，其高 4 位将为 0
        if (k!=j) break;          //如果 k 不等于 j，意味着有键按下，就退出循环
        j=j<<1;                   //j 指向下一位
    }
    return k;                     //返回位置码
}
```

（2）键译码

通过上述步骤获得按键的行号和列号，但按键所在物理位置的变化将引起位置码的不一致，或者由于按键功能的不同规定也将影响位置码所对应的功能的执行。如图4-2-4所示的键盘，就是两种典型的键盘布局，键盘的编号与键盘的位置码没有直接的运算关系，造成程序编写困难。

7	8	9	A
4	5	6	B
1	2	3	C
E	0	F	D

0	1	2	3
4	5	6	7
8	9	A	B
C	D	E	F

图4-2-4 键盘示意图

为了使键盘读入程序有一个规范的编码输出，即不管按键的物理位置和人为规定按键功能的变化，通过一段程序将键号转换为一个标准的数值。如将键盘的16个按键编号为0至F，那么在后续程序的编写时将简单许多。

将键盘的位置码转换为有象征意义的键盘编号，这个过程就是键的编码转换。至于按下某个按键时要执行什么操作，是按键的功能设置决定的，在程序中可以根据键盘读入函数的返回值去执行相应的操作。

因此，要完成图4-2-4所示键盘布局编号，就要进行键盘译码。我们可以将键盘函数inkey()进行修改，增加键译码功能，使其输出的数字为键盘的逻辑编号。对应示例程序为：

```
uchar inkey()
{
  uchar i,j=1,k;        //变量 j 取反后，提供键盘的扫描码，同时为行码
  /*下面是按键的位置码数组*/
  uchar code keytab[16]={
                0x81,0x41,0x21,0x11,
                0x82,0x42,0x22,0x12,
                0x84,0x44,0x24,0x14,
                0x88,0x48,0x28,0x18};
  for (i=0;i<4;i++)       // 4 次循环，共扫描 4 次
  {
      P3=~j;             // P3 的高 4 位为高，低 4 位为扫描码
      k=~P3;             //k 中的值为 P3 各位取反，如果没键按下，其高 4 位将为 0
      if (k!=j) break;    // 如果 k 不等于 j，意味着有键按下，就退出循环
      j=j<<1;            //j 指向下一位
  }
  for (i=0;i<16;i++)
  {
      if (keytab[i]==k) break; //在 keytab 中搜索与 k 相同的编码，获得是第 i 号键
  }
  return i;               //返回键的编号(0～16)
}
```

如果键盘布局不同，我们可以再加入 keycode 转换数组，可以方便地实现任意键盘布局，对应示例程序为：

```c
uchar inkey()
{
    uchar i,j=1,k;
    uchar code keytab[16]={          //按键的位置码数组
        0x81,0x41,0x21,0x11,
        0x82,0x42,0x22,0x12,
        0x84,0x44,0x24,0x14,
        0x88,0x48,0x28,0x18};
    uchar code keycode[]={           //实现任意键盘布局的转换数组
        7,8,9,10,
        4,5,6,11,
        1,2,3,12,
        14,0,15,13,16};
    for(i=0;i<4;i++)
    {
        P3=~j;
        k=~P3;
        if(k!=j)break;
        j=j<<1;
    }
    for(i=0;i<16;i++)
    {
        if(keytab[i]==k)break; //在 keytab 中搜索与 k 相同的编码
    }
    return keycode[i];               // 返回经 keycode 数组转换后键的编号(0~16)
}
```

（3）按键功能

对于键盘上的每一个键具体完成什么功能，是由具体任务和程序设计来决定的，在后面程序中，key_action()函数将作为程序的具体按键功能函数，每个按键对应的功能都可以写在这个函数里面。

（4）键盘处理

对于键盘处理来说，首先要做的事情是要消除抖动，矩阵键盘的消抖原理与单键的消抖原理是一致的，但在程序的编写上略有不同。

为了同时兼顾动态显示，而动态显示函数调用一次需要几毫秒，因此可以用动态显示函数代替消抖用的延时函数。手按动键盘的时间为零点几秒到几秒之间，远大于动态显示函数所消耗的时间，所以可以用每调用一次显示函数后再判断一次是否有键按下的方法进行消抖和键盘功能处理。具体的消抖功能的键盘处理程序框图如图 4-2-5 所示。

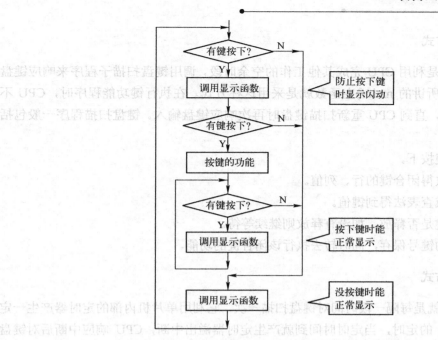

图 4-2-5 带动态显示的键盘消抖程序框图

下面是带动态显示的键盘消抖程序的程序段：

```
void main()
{
    uchar key;
    while(1)                           // 死循环，重复显示
    {
        key=inkey();                   // 读入键盘编码
        if(key<16)                     // 有按键按下
        {
            display();                 // 延时消抖并显示
            if(key==inkey())           // 第二次检测按键
            {
                key_action(key);       // 执行按键功能
                while(key==inkey()) display(); // 按住按键时能正常显示
            }
        }
        display();                     // 没按键时正常显示
    }                                  //while(1)的花括号
}
```

二、键盘状态的检测方式

在单片机应用系统中，常采用键盘作为系统输入。单片机对键盘状态的检测方式有三种，即编程扫描、定时扫描和中断扫描。

1．编程扫描方式

编程扫描方式是利用 CPU 完成其他工作的空余时段，调用键盘扫描子程序来响应键盘输入的要求。前面所讲的 main()主函数就是采用这种方式。在执行键功能程序时，CPU 不再响应键输入要求，直到 CPU 重新扫描键盘时再次响应键盘输入。键盘扫描程序一般包括以下内容：

① 判别有无键按下。
② 键盘扫描取得闭合键的行、列值。
③ 用计算法或查表法得到键值。
④ 判断闭合键是否释放，如没有释放则继续等待。
⑤ 将闭合键的键号保存，同时转去执行该闭合键的功能。

2．定时扫描方式

定时扫描方式就是每隔一段时间对键盘扫描一次，它利用单片机内部的定时器产生一定时间段（如 10ms）的定时，当定时时间到就产生定时器溢出中断，CPU 响应中断后对键盘进行扫描，并在有键按下时识别出该键，再执行该键的功能程序。定时扫描方式的硬件电路与编程扫描方式相同，只是在主程序中进行了定时扫描时间段设置。

3．中断扫描方式

采用上述两种键盘扫描方式时，无论是否按键，CPU 都要定时扫描键盘，而单片机应用系统工作时，并非经常需要键盘输入，因此，CPU 经常去处理判断是否有键按下，键盘扫描工作处于无键按下的空扫描状态，为提高 CPU 工作效率，可采用中断扫描方式。

中断扫描方式要求当任何一个按键按下都会给单片机中断提供低电平。独立键盘将所有口线接到多输入与门，与门输出送单片机中断引脚。而行列式键盘必须将作为输出的行或列置为低电平，把输入的所有线接与门，与门输出送单片机的中断引脚。

当单片机中断引脚出现低电平时，单片机暂停正在运行的程序，进入中断服务程序，单片机转去执行键盘扫描子程序，并识别键号与完成按键功能；键盘处理完毕后，单片机回到被暂停的程序继续运行，这种方式运行效率高。

任务实施

一、硬件设计

根据任务分析，本任务的硬件由单片机最小系统、数码管动态显示电路和矩阵键盘三大部分组成。

本任务中要实现 16 只按键的输入，选择使用 4 行 4 列的键盘连接到单片机的 P3 口。

动态显示采用共阴数码管，段码直接采用 P0 驱动，用 1kΩ的电阻提供上拉。位驱动信号采用 NPN 三极管来反相驱动（或采用反相器 7406，如仿真电路图 4-2-7 所示），每只三极管的基极与单片机 P2 口的各个引脚之间采用 10kΩ 电阻限流，确保输出高电平时三极管饱和，输出低电平时三极管截止。

键盘输入数码的硬件电路如图 4-2-6 所示。

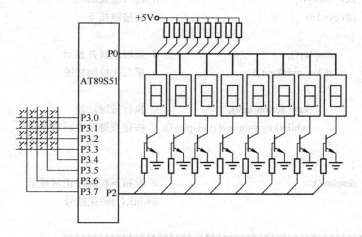

图 4-2-6　键盘输入数码的电路原理图

二、软件设计

根据任务目标，本任务采用数码管显示键盘输入数码，就是在动态显示的键盘程序的基础上，增加具体的键盘读取和功能处理程序。

使用 8 个元素的全局数组对应存储 8 只数码管的显示内容。为此，在程序前面定义全局变量时，使用语句"uchar disp[8];"定义显示内容存储数组 disp。

根据任务分析可知，当按下按键时，控制数码管显示内容左移，并把按键的值显示在最后一只数码管上。在程序中，当检测到有按键按下时，可以将数码管显示对应的数组元素依次向左赋值，同时将按键的编号赋值给最后一个数组元素，就能实现任务中的要求。具体的操作中，也就是将 disp[1]赋值给 disp[0]后，再将 disp[2]赋值给 disp[1]……直到将 disp[7]赋值给 disp[6]，最后将按键的值赋值给 disp[7]。

根据上述分析，实现任务的示例源程序如下：

```
#include <AT89X51.H>
#define uchar unsigned char

void display();              //显示函数
uchar inkey();               //键盘扫描函数
void key_action(uchar key);  //按键功能函数

uchar disp[8];               //显示数组，依次对应 8 只数码管

void main()
```

```
        uchar key;
        while(1)                            // 死循环
        {
            key=inkey();                            // 读入键盘编码
            if(key<16)                              // 有按键按下
            {
                display();                              // 延时消抖并显示
                if(key==inkey())                        // 第二次检测按键
                {
                    key_action(key);                        // 执行按键功能
                    while(key==inkey()) display(); // 按住按键时能正常显示
                }
            }
            display();                              // 没按下按键时正常显示
        }                                           //while(1)的花括号
    }
    /****************************************************
    函数名称: display()
    函数功能: 实现 8 位数码管动态显示, 约占用 4.2ms 时间（12MHz）
    输入参数: 无
    返回参数: 无
    函数说明: P0 为段码（共阴）端口, P2 为位码（反相驱动）端口
    ****************************************************/
    void display()
    {
        uchar code dispcode[]={0x3F,0x06,0x5B,0x4F,0x66,0x6D,0x7D,
                0x07,0x7F,0x6F,0x77,0x7C,0x39,0x5E,0x79,0x71};//0～F
        uchar i,j,k;
        k=0x80;
        for(i=0;i<8;i++)
        {
            P0=dispcode[disp[i]];       //输出十位数的段码
            P2=k;                       //输出位码, 并置位显示标志 t
            k=k>>1;                     //下一位
            for(j=250;j>0;j--);         //延迟一段时间
            P2=0;                       //关闭显示
        }
    }
    uchar inkey()                       //键盘扫描函数
    {
        uchar i,j=1,k;
        uchar code keytab[16]={         //按键的位置码数组
```

```
        0x81,0x41,0x21,0x11,
        0x82,0x42,0x22,0x12,
        0x84,0x44,0x24,0x14,
        0x88,0x48,0x28,0x18};
    uchar code keycode[]={              // 实现任意键盘布局的转换数组
        7,8,9,10,
        4,5,6,11,
        1,2,3,12,
        14,0,15,13,16};
    for(i=0;i<4;i++)
      {
        P3=~j;
        k=~P3;
        if(k!=j)break;
        j=j<<1;
      }
    for(i=0;i<16;i++)
      {
        if(keytab[i]==k)break;          //在 keytab 中搜索与 k 相同的编码
      }
    return keycode[i];                  // 返回转换后键的编号(0~16)
}
//下面是具体按键功能函数
void key_action(uchar key)
{
    uchar i;
    for(i=0;i<7;i++)                    //前 7 位等于其右边一位
    {
      disp[i]=disp[i+1];               //左移一位
    }
    disp[7]=key;                        //将当前按键的值放在数组末位
}
```

三、Proteus 仿真

① 打开 Proteus ISIS 软件，按照硬件原理图绘制 Proteus 仿真电路，仔细检查，保证线路连接无误。

② 在 Keil 软件开发环境下，创建项目，编辑源程序，编译生成 HEX 文件，并装载到 Proteus 虚拟仿真硬件电路的 AT89C51 芯片中。

③ 运行仿真，仔细观察运行结果，如果有不完全符合设计要求的情况，调整源程序并重复步骤①和②，直至完全符合本项目提出的各项设计要求。

如图 4-2-7 所示是单片机键盘输入显示电路仿真效果图。

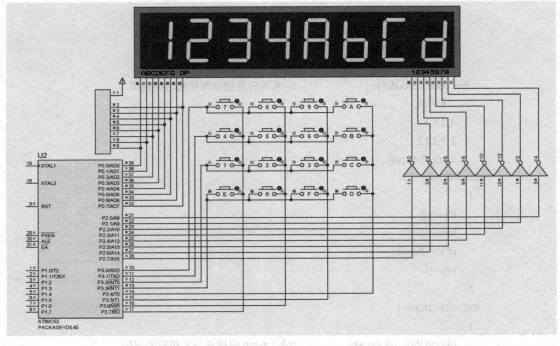

图 4-2-7　键盘输入显示电路仿真效果图

思考与练习

1. 键盘抖动是什么？简述消除键盘抖动的具体方法。
2. 用按键调节跑马灯的快慢。
3. 将上一项目中数字钟程序，按变通电子手表的方式增加三个按键实现调时功能。
4. 用矩阵键盘控制简易数字钟。
5. 按自己的想法，设计并完成一个有多位数码显示的按键控制系统。

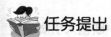

项目五

键控彩灯

在单片机与外部设备之间进行数据交换时，有程序控制的无条件数据传送方式、查询方式和中断方式。

无条件数据传送方式中，外部设备在任何时刻都处在"准备好"的状态，如 LED、按键，只要在程序中加入访问外部设备的指令，就实现了数据的传送。

查询方式是解决外部设备速度较慢时，单片机与外部设备的数据交换的处理方式。在这种方式中，需要单片机不断检测外部设备的状态，根据状态的结果决定数据的传送，如 AD 转换、LCD 显示模块等，只有在外部设备处于"空闲"或"准备好"状态时，才可以进行数据传送。单片机把大量的时间用于等待外部设备的状态，效率较低。

中断方式则是采用硬件电路监测低速设备，当外部"准备好"时，由硬件控制单片机中断程序运行，转入指定的处理程序，完成与外部设备的数据交换，处理完毕后回到原程序中断处继续执行。中断方式比查询方式的处理效率高，但单片机需要特定的硬件系统配合才能实现。

单片机有多种中断控制信号源，本项目介绍的中断信号源来自外部电路，通过单片机的中断引脚输入中断信号，触发单片机中断，实现中断控制。MCS-51 单片机具有两个外部中断引脚，在这两个引脚上出现低电平或下降沿，可以引起单片机中断。

任务提出

本任务用按键（采用外部中断方式）控制彩灯的运行状态。通过按动按键，彩灯在三种闪亮方式（左移、右移、自定义花样）之间切换。

任务分析

本任务的目标是用按键控制彩灯的显示规律的变化，就是在彩灯显示的基础上增加按键控制程序，实现几种不同显示花样的切换。实现彩灯显示的电路及方法在项目二中已进行过介绍，按键的功能特点在项目四中也已介绍，需要把二者有机结合起来实现本任务目标。

在项目四中，对按键的处理有两种方法，一种方法是采用不断查询按键，有键按下时就进行消抖处理，判断是否真有按键按下，这种方法按键查询期间单片机不能做任何其他操作；第二种方法是采用每间隔一段时间，抽样检测一次对按键进行判别处理，这种方法对具体的按键能够适用，但对于时间较短的脉冲输入方式可能无效，由于输入脉冲较短，会造成漏检。

可以看出，这两种方法都是有缺陷的，为了解决实时检测和其他程序的运行之间的矛盾，常采用单片机的外部中断方式实现按键的控制功能，本任务也是应用单片机的外部中断功能，利用按键实现控制彩灯。

为了使用单片机的外部中断来检测按键，因而将按键连接在外部中断所对应的引脚（AT89S51 的 P3.2：$\overline{INT0}$，为外部中断 0 输入；P3.3：$\overline{INT1}$，为外部中断 1 输入）上，单片机的外部中断可以由引脚上的低电平或下降沿引起中断，所以将按键的另一端连接到地线上，同时将单片机的外部中断引脚置为高电平。

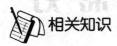 相关知识

一、中断的概念

所谓"中断"，是指 CPU 在正常执行程序时，系统中出现特殊请求，CPU 暂时中止当前运行程序，转去处理更紧急的事件，处理完毕后，CPU 返回被中止的源程序的过程，如图 5-1-1 所示为中断程序执行顺序示意图。

通俗地讲，对于单片机，中断服务程序的执行相当于一种特殊的程序调用，而中断源是产生这种调用的条件。作为 MCS-51 系列单片机，中断源有外部中断、内部定时器/计数器和串口中断三种，后两种中断在后续模块的任务中介绍。对应的产生中断的条件可能是一段时间、脉冲个数、高电平变为低电平及异步串行数据发送/接收完毕等。

图 5-1-1　中断响应过程

中断调用与子程序调用的最主要区别：子程序的调用是程序中预先安排好的，在程序中写有调用子程序的命令。中断调用是随中断源的产生而出现的，中断是随机发生的。当中断事件发生后，CPU 自动中止正在运行的程序，保护好现场数据，转去执行中断服务程序，中断服务程序执行完毕后才回到原断点所在位置继续执行其后的程序。在中断服务程序的执行过程中，还可被优先级别更高的中断请求所中断，处理完毕级别更高的中断源，再返回到被中断了的中断服务程序继续执行，这个过程就是中断嵌套。

MCS-51 系列单片机的外部中断利用单片机的 $\overline{INT0}$ 和 $\overline{INT1}$ 两条外部中断输入引脚获得中断信号，$\overline{INT0}$、$\overline{INT1}$ 的非号表示该信号的低电平有效。外部中断源有两种触发方式：低电平和下降沿触发。

二、常用中断控制寄存器

要完成中断调用，在程序中必须对相应的中断控制寄存器进行设置，即中断的初始化。设置好中断初始条件后，当系统检测到中断信号，硬件自动保护好正在执行程序的现场，转而执行中断服务程序。中断初始化就是对定时器控制寄存器 TCON、中断允许控制寄存器 IE、中断优先级寄存器 IP 等进行设置。这些寄存器在单片机内部，它们是单片机内部存储器的一部分，称为特殊功能寄存器（SFR），这些寄存器可以用命令对寄存器的各位进行设置（置 0 或置 1）或随工作状态变化。这里先介绍外部中断用到的相关寄存器及其初始设置方法。

作为 MCS51 系列单片机，针对中断的内部特殊功能寄存器如表 5-1-1 所示。

表 5-1-1　中断寄存器

寄存器名称		D7	D6	D5	D4	D3	D2	D1	D0
定时器控制寄存器	TCON(88H)	TF1	TR1	TF0	TR0	IE1	IT1	IE0	IT0
中断允许控制寄存器	IE(A8H)	EA		ET2	ES	ET1	EX1	ET0	EX0
中断优先级寄存器	IP(B8H)			PT2	PS	PT1	PX1	PT0	PX0

1. 定时器控制寄存器 TCON

定时器控制寄存器 TCON，芯片内部存储器地址为 88H。8 个位的功能定义如下。

TF1（TCON.7）：定时器/计数器 1（T1）溢出标志位。当 T1 计数溢出时，由硬件自动置 1。TF1=1 时，向 CPU 提出中断请求，在 CPU 响应中断后（执行过相对应的中断服务程序），由硬件自动复位，使 TF1 清 0。TF1 也可以由软件置 1 或清 0，与硬件置位的作用相同；也可以不使用中断而使用软件查询 TF1 判断是否有定时器溢出，作为指定计数控制。

TR1（TCON.6）：定时器/计数器 1（T1）启停控制位。当 TR1=1 时，T1 启动计数；当 TR1=0 时，T1 停止计数。TR1 可以由软件来设定或清除。

TF0（TCON.5）：定时器/计数器 0（T0）溢出标志位，其作用与 TF1 类似。当 T0 计数溢出时，由硬件自动置 1。TF0=1 时，向 CPU 提出中断请求，在 CPU 响应中断后（执行过相对应的中断服务程序），由硬件自动复位，使 TF0 清 0。

TR0（TCON.4）：定时器/计数器 0（T0）启停控制位。当 TR0=1 时，T0 启动计数；当 TR0=0 时，T0 停止计数。TR0 与 TR1 一样可由软件来设定或清除。

IE1（TCON.3）：外部中断 1 动作标志位。当外部中断被检测出来时，由硬件自动置为 1，在执行过中断服务程序后，则清除为 0。

IT1（TCON.2）：外部中断 1 触发形式选择位。当 IT1=1 时，由下降沿触发外部中断；当 IT1=0 时，则为低电平触发中断。

IE0（TCON.1）：外部中断 0 动作标志位。当外部中断被检测出来时，由硬件自动置为 1，在执行过中断服务程序后，则清除为 0。

IT0（TCON.0）：外部中断 0 触发形式选择位。当 IT0=1 时，由下降沿触发外部中断；当 IT0=0 时，则为低电平触发中断。

2. 中断允许控制寄存器 IE

MCS-51 系列单片机中断的开启和关闭是通过中断允许控制寄存器 IE 的设置来实现控制的。中断允许控制寄存器 IE，芯片内部存储器地址为 A8H。

IE 的各个位控制单片机相应的中断是否发生，即设置为开中断时能执行相应的中断服务程序，设置为关中断时则不执行相应的中断服务程序。

每个中断控制位为 1 时为开中断，为 0 时为关中断。在关中断时，相应的中断标志依然会被置位，可以用查询的方式来判断中断事件是否发生，用程序代码清除中断标志以便于下一次的判断。

IE 各位的具体说明如下。

EA（IE.7）：总中断控制位。当 EA=0 时，禁用所有中断（中断不产生）；当 EA=1 时，允许中断，但各中断的开启和关闭由各自的启用位决定。

— （IE.6）：保留，未定义。

ET2 （IE.5）：定时器/计数器 2 中断允许控制位（8052 使用）。

ES　（IE.4）：串行通信口的中断允许控制位。

ET1 （IE.3）：定时器/计数器 1 的中断允许控制位。

EX1 （IE.2）：外部中断 1 的中断允许控制位。

ET0 （IE.1）：定时器/计数器 0 的中断允许控制位。

EX0 （IE.0）：外部中断 0 的中断允许控制位。

3. 中断优先级寄存器 IP

中断优先级寄存器 IP，内部存储器地址为 B8H。MCS-51 系列单片机优先级的控制比较简单，所有中断都可设为高、低两层优先级。用 IP 中某一位代表不同中断源，值为 1 表示高优先级，值为 0 则为低优先级。CPU 在响应中断时，如果同时有两个不同层级的中断源向 CPU 提出中断申请，CPU 将先响应优先级高的中断请求，然后再响应优先级低的中断请求。对于同一层优先级别，则按默认顺序执行中断，优先级从高到低依次为 $\overline{INT0}$、T0、$\overline{INT1}$、T1、SIO（串口中断）、T2。

IP 的各二进制位的功能如下：

— （IP.7）：保留。

— （IP.6）：保留。

PT2 （IP.5）：定时器/计数器 2（T2）的中断优先级控制位（8052 使用）。

PS　（IP.4）：串行端口的中断优先级控制位。

PT1 （IP.3）：定时器/计数器 1（T1）的中断优先级控制位。

PX1 （IP.2）：外部中断 1（$\overline{INT1}$）的中断优先级控制位。

PT0 （IP.1）：定时器/计数器 0（T0）的中断优先级控制位。

PX0 （IP.0）：外部中断 0（$\overline{INT0}$）的中断优先级控制位。

三、中断源和优先次序

在中断优先级寄存器 IP 中，由 PX1（IP.2）位来设定外部中断 $\overline{INT1}$ 的优先顺序，当 PX1（IP.2）=1 时，优先中断 $\overline{INT1}$。中断优先位为 0 时，对应该中断源为低优先级中断。同一优先级中有多个中断申请时，按"外部中断 0（$\overline{INT0}$）→定时器/计数器 T0→外部中断 1（$\overline{INT1}$）→定时器/计数器 T1→串行接口"顺序执行中断，如表 5-1-2 所示。

表 5-1-2　中断源和优先次序

中断源	入口地址	中断号	优先级别	说　明
外部中断 0	0003H	0	最高	来自 P3.2 引脚（$\overline{INT0}$）的外部中断请求
定时器/计数器 0	000BH	1		定时器/计数器 T0 溢出中断请求
外部中断 1	0013H	2		来自 P3.3 引脚（$\overline{INT1}$）的外部中断请求
定时器/计数器 1	001BH	3		定时器/计数器 T1 溢出中断请求
串行口	0023H	4		串行口完成一帧数据的发送或接收中断
定时器/计数器 2	002BH	5	最低	只有 8052 或 AT89S52 才有定时器/计数器 2

四、外部中断的实现过程

51 系列单片机有两个外部中断信号输入端 P3.2 和 P3.3，P3.2 称为外部中断 0（$\overline{INT0}$）请求输入引脚，P3.3 称为外部中断 1（$\overline{INT1}$）请求输入引脚。两个外部中断输入信号是低电平起作用还是下降沿起作用，由中断控制寄存器 TCON 外部中断动作形式选择位的 IT0（TCON.0）和 IT1（TCON.2）决定。当 IT0（IT1）=1 时，由下降沿产生外部中断；当 IT0（IT1）=0 时，则为低电平产生中断。当 CPU 检测到引脚出现有效中断信号时，中断标志寄存器 IE0（TCON.1）或 IE1（TCON.3）置 1，即向 CPU 申请中断。

在中断允许控制寄存器 IE 中，当 EX0（IE.0）=1 时，启用外部中断 INT0 的中断；当 EX1（IE.2）=1 时，启用外部中断 INT1 的中断。当 EA（IE.7）=0 时，所有中断禁用；当 EA=1 时，设置所有中断允许，各中断的产生和控制由各自的启用位决定。

为了说明外部中断时各寄存器的设置和工作过程，图 5-1-2 给出了外部中断 0（$\overline{INT0}$）设置和工作示意图。外部中断 1 也是如此。

图 5-1-2　外部中断设置和工作示意图

五、C51 中的中断函数

1．中断源和中断号

从表 5-1-2 可以看出，MSC51 系列单片机有 5 个中断源，对应有 5 个中断号。在 C51 中规定，中断服务程序必须指定对应的中断号，用中断号确定该中断服务程序是哪个中断所调用的功能程序。

2．中断服务程序的格式

C51 中的中断服务程序的格式如下：

```
void  函数名（void） interrupt  中断号  [using  寄存器组号]
{
      中断服务程序的函数体；
}
```

其中，"using　寄存器组号"是可选项，一般情况下都不使用。寄存器组号取值为 0～3。

3．中断服务程序的执行

中断服务程序的执行过程如图 5-1-1 所示。在程序执行过程中，当发生了中断的同时，如果该中断又是允许中断的，那么中断就发生了，正在执行的程序被暂时中断执行，转而去执行对应的中断服务程序。当中断服务程序执行结束后，自动返回到被中断的程序，继续从中断点执行原来的程序。

从上面的叙述可以看出，中断服务程序的执行必须要有以下条件：中断源有中断申请，对应的中断是允许的，有对应的中断服务程序。

 任务实施

一、硬件设计

根据任务分析，本任务硬件系统是在单片机最小系统的基础上增加彩灯输出和外部中断上接入按键。

在本任务中，单片机选择 AT89S51 单片机芯片为系统控制芯片，其最小系统较为简单，包括复位电路和时钟电路，其参数选择原则见项目一相关说明，本任务中选择系统晶振频率为 12MHz。按键 K 选择连接在外部中断 0 的输入引脚（即 P3.2），按键另一端连接到地，当按键 K 按下时使 P3.2 为低电平，引起单片机中断，在中断服务程序中修改系统的运行状态，改变彩灯的显示花样。

根据系统分析和电路及元器件选择，整个硬件电路如图 5-1-3 所示。

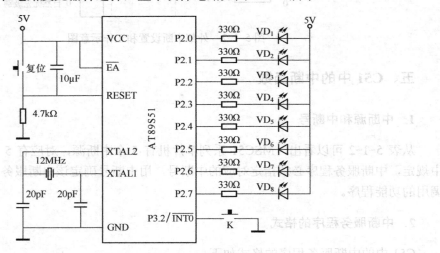

图 5-1-3　键控彩灯的电路原理图

二、软件设计

如图 5-1-4 所示，在整个程序中，设置了一个用于判断的标志变量 flag，规定 flag 的值为 1 时系统处于彩灯左移模式，flag 的值为 2 时系统处于彩灯右移模式，flag 的值为 3 时系统处于自定义花样模式。

在主程序中，按照设置的 flag 的值的规定，对 flag 的值执行相应的程序，实现相应的功能。当没有中断发生时，标志 flag 的值没有被改变，主程序保持运行使彩灯按其中某一种花样闪亮显示。

如果按下按键后，使单片机产生中断，中断函数被调用，标志 flag 的值将发生一次改变（这里的中断函数就是修改 flag 的值）。在退出中断后，主程序再次执行到判断标志 flag 时，由于标志 flag 的值已是新的值，所以将执行另一个彩灯控制子程序，彩灯将按另一种花样进行显示。

　　需要说明一点，如果产生中断的低电平不是由按键产生的，而是由其他电路产生的没有抖动的信号，在中断程序中则不需要消抖处理。

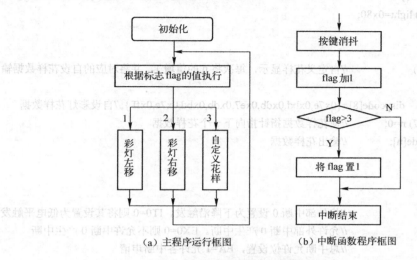

（a）主程序运行框图　　　　　（b）中断函数程序框图

图 5-1-4　键控彩灯程序框图

对应的源程序如下：

```
#include <reg51.h>
#define uchar unsigned char
uchar flag;              //定义标志变量 flag,1:左移；2：右移；3：自定义花样
uchar light,n;           //定义彩灯花样对应的位置变量
void delay05s(void)      //延时 0.5s，用于控制彩灯速度
{
unsigned char i,j,k;
for(i=5;i>0;i--)
    for(j=200;j>0;j--)
        for(k=250;k>0;k--){;}
}
void delay10ms(void)     //延时 10ms，用于按键消抖
{
  unsigned char i,k;
  for(i=20;i>0;i--)
  for(k=250;k>0;k--){;}
}

void left()              //左移显示，每次将 light 左移一位并输出到单片机端口
{
```

```
        light=light<<1;
        if (light==0) light=0x01;
        P2=~light;
    }
    void right()                    //右移显示，每次将 light 右移一位并输出到单片机端口
    {
        light=light>>1;
        if (light==0) light=0x80;
        P2=~light;
    }
    void assume()                   //自定义花样显示，每次将 n 的值增 1，并将对应的自设花样数据输出
    {
        uchar code   dispcode[8]={0x7e,0xbd,0xdb,0xe7,0xdb,0xbd,0x7e,0xff};//自设彩灯花样数据
        n++; if(n>7) n=0;           //使花样数据指针指向下一个花样数据
        P2=dispcode[n];             //输出花样数据
    }
    void main()
    {
        IT0=1;                      //将外部中断 0 设置为下降沿触发。IT0=0 则将其设置为低电平触发
        EX0=1;                      //允许外部中断 0 产生中断。EX0=0 则不允许中断 0 产生中断
        EA=1;                       //总中断允许位设置，EA=1 允许各中断申请
        flag=1;
        light=0x01;   n=0;          //彩灯初始位置设置
        while(1)
        {
            switch(flag)
            {
                case 1: left();   break;    //flag 的值为 1 时，调用左移显示函数
                case 2: right(); break;     //flag 的值为 2 时，调用右移显示函数
                case 3: assume();break;     //flag 的值为 3 时，调用自定义花样显示函数
            }
            delay05s();
        }
    }
    void int_0() interrupt 0         //外部中断 0 的中断服务函数
    {
        delay10ms();    //等 10ms，如果不是有抖动的按键，则不需要延时和再次判断引脚状态
        if(INT0==0)     //判断 INT0（P3.2）引脚是否为低电平，即按键为按下状态如何
        {
            flag++;     //按下按键时，将 flag 的值指向下一花样对应的数值
            if(flag>3) flag=1;
        }
    }
```

三、Proteus 仿真

① 打开 Proteus ISIS 软件，绘制 Proteus 仿真电路，如图 5-1-3 所示。仔细检查，保证线路连接无误。

② 在 Keil 软件开发环境下，创建项目，编辑源程序，编译生成 HEX 文件，并装载到 Proteus 虚拟仿真硬件电路的 AT89C51 芯片中。

③ 运行 Proteus ISIS 软件，仔细观察运行结果，如果有不完全符合设计要求的情况，调整源程序并重复步骤①和②，直至完全符合本项目提出的各项设计要求。

如图 5-1-5 所示为键控彩灯的仿真效果图，在按下按键后，彩灯的运行情况会依次出现左移、右移和自定义花样三种不同的情况。

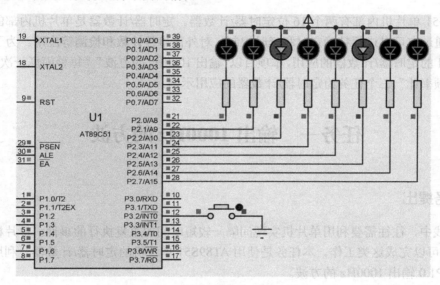

图 5-1-5　键控彩灯仿真效果图

思考与练习

1. 什么叫中断？中断有什么特点？
2. MCS-51 系列单片机有哪几个中断源？如何设定它们的优先级？
3. 外部中断有哪两种触发方式？如何设定中断控制寄存器？
4. 采用外部中断的方式实现数字钟的小时和分钟的调节。
5. 采用中断的方式模拟十字街口交通信号灯，东西、南北各有红、黄、绿灯。要求两组红、绿色灯控制时间任意可调，在绿灯转为红灯前，黄灯闪烁 4 次（2s）。

三、Proteus 仿真

项目六

简易频率计

MCS-51 单片机内部有两个 16 位定时器/计数器。定时器/计数器是单片机内部的基本功能单元，通过它可以进行精确定时和延时控制、对外部事件计数和检测等应用。为了便于理解 MCS-51 的定时器/计数器的应用，本项目以"输出 1000Hz 的方波""每秒闪烁一次的 LED"和"简易频率计"三个任务为定时器/计数器的应用示例。

任务一　输出 1000Hz 的方波

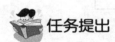 **任务提出**

在实践中，往往需要利用单片机实现间隔一较短时间的重复执行的事件。单片机的定时器/计数器可以完成这类工作。本任务是使用 AT89S51 单片机的定时器/计数器，利用定时中断实现从 P1.0 输出 1000Hz 的方波。

通过本任务，学习利用单片机输出指定周期的脉冲。使用单片机输出不同频率的方波，既可以作为其他电路的信号源，也可以作为报警器、简易音乐等信号的供电路，直接驱动发声器件，发出对应的声音。

 **任务分析**

根据任务目标，要实现从 P1.0 输出 1000Hz 的方波，实际上就是要求从 P1.0 连续输出周期为 1ms 的方波，或者说按标准时间间隔改变 P1.0 引脚的高、低电平。由于单片机的定时器/计数器属于单片机内部功能模块，所以整个系统的硬件仅需要单片机的最小系统即可。

要完成标准时间间隔，可以采用空循环指令的方式实现延时，其缺点是单片机在定时期间，不能进行其他操作，使单片机的工作效率极低；也可以采用执行其他任务来兼顾延时，但执行其他任务的耗时与期望定时的时间不尽相同，因此不能实现精确定时。

为了解决精确定时与执行其他任务之间的矛盾，常采用单片机"定时器/计数器"的定时中断方式来实现精确定时。

采用定时中断时，定时的任务由单片机的定时器/计数器硬件单独完成，而单片机可以正常地执行其他程序任务，只有当定时时间到了才中断正在执行的程序，转去执行中断服务程序，中断服务程序执行完成后自动回到断点，继续执行被中断的程序。

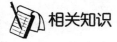 相关知识

一、定时器/计数器简介

在 8051 系列单片机中有两个可编程的定时器/计数器，分别为 T0 和 T1。在 8052 系列单片机中除了上述两个定时器/计数器外，还有一个定时器/计数器 2（T2），它的功能更强一些。它们既可以编程作为定时模式，也可以编程作为计数器使用。T1 和 T2 还可以作为串行接口的波特率发生器。

定时器/计数器实质上就是一个加 1 计数器，定时器实际上也是以计数方式工作，只是它对固定频率的脉冲进行计数，由于脉冲周期固定，由计数值可以计算出定时时间，由此实现定时功能。

当定时器/计数器工作于定时器方式时，它对具有固定时间间隔的内部机器周期进行计数，每个机器周期使定时器的值增加 1。而每个机器周期是等于 12 个系统石英晶体振荡器的振荡周期，故计数频率为系统振荡器工作频率的 1/12。当采用 12MHz 的晶振时，计数频率为 1MHz，计数周期为 1μs。

定时器/计数器的计数脉冲还可以从单片机外部引入，这就是定时器/计数器工作于外部计数方式，计数脉冲来自相应的外部输入引脚 T0（P3.4）或 T1（P3.5，注意这里的 T0 和 T1 指的是单片机外部引脚，与前面所说的定时器/计数器所指不同）。当引脚输入信号产生 1 到 0 的跳变时，计数寄存器的值增加 1。注意一点：识别 T0 或 T1 引脚上的跳变需要一个机器周期以上的时间，即识别一个外部脉冲最少 24 个振荡周期。当对外部输入脉冲进行计数时，最高能计数的外部频率为单片机的振荡频率（系统晶振频率）的 1/24，高于此频率时单片机定时器的计数值将是不准确的。

定时器/计数器的寄存器是一个 16 位的寄存器，由两个 8 位寄存器组成。对应定时器 T0 的寄存器由 TL0 和 TH0 组成，对应定时器 T1 的寄存器由 TL1 和 TH1 组成。定时器/计数器的初始值通过计数寄存器进行设置，定时或计数的脉冲个数也可以从计数寄存器读出。

T0 和 T1 由模式控制寄存器 TMOD 来设置工作方式，由控制寄存器 TCON 来控制 T0、T1 的启动、停止和设置溢出标志。

当计数溢出（计数器计数到所有位全为"1"时，再来一个计数脉冲，使计数各位全部回到零）时，使定时器控制寄存器 TCON 的 TF0 或 TF1 位置 1，向 CPU 发出中断请求，在定时器/计数器中断允许的情况下，引起定时中断。当发生溢出时，如果定时器/计数器工作于定时模式，则表示定时时间已到；如果工作于计数模式，则表示外部脉冲个数已超过定时器/计数器设置的工作方式允许的最大计数值。

二、定时器/计数器的模式控制寄存器 TMOD

模式控制寄存器 TMOD，是对定时器 0 和定时器 1 的计数方式和计数器控制方式进行设置的寄存器，低 4 位用于 T0，高 4 位用于 T1。TMOD 位于内部特殊寄存器区的 89H 单元，

TMOD 不能位寻址，即只能对其整体赋值或读取。CPU 复位时 TMOD 所有位清 0。TMOD 寄存器的 8 位控制功能如下所示：

D7	D6	D5	D4	D3	D2	D1	D0
GATE	C/$\overline{\text{T}}$	M1	M0	GATE	C/$\overline{\text{T}}$	M1	M0

定时器 1 控制位   定时器 0 控制位

GATE：定时器动作开关控制位，也称门控位。

当 GATE=1 时，需要 $\overline{\text{INT0}}$ 或 $\overline{\text{INT1}}$ 引脚为高电平，并且单片机内部的定时器中断控制寄存器 TCON 中的 TR0 或 TR1 控制位为 1 时，定时器/计数器 0 或定时器/计数器 1 才会工作。利用这个特性可以用来测量 $\overline{\text{INT0}}$ 或 $\overline{\text{INT1}}$ 引脚信号为高电平宽度。

当 GATE=0 时，只要将 TOCN 寄存器的 TR0 或 TR1 控制位设为 1，就可以启动定时器/计数器 0 或定时器/计数器 1 工作。

C/$\overline{\text{T}}$：定时器/计数器模式选择位。

当 C/$\overline{\text{T}}$=1 时，为计数器模式，定时器/计数器对来自外部引脚 T0（P3.4）或 T1（P3.5）的外部输入脉冲进行计数。

当 C/$\overline{\text{T}}$=0 时，为定时器模式，定时器/计数器的计数脉冲输入来自单片机内部系统时钟提供的工作脉冲（系统晶振输出脉冲经 12 分频），计数值乘以机器周期就是定时的时间。

M1、M0：定时工作方式选择位。

定时器/计数器有 4 种工作方式，由 M1、M0 位进行设置。工作方式的设置如表 6-1-1 所示。

表 6-1-1　定时器/计数器工作方式

M1、M0	工 作 方 式	说　明
00	方式 0	13 位定时器/计数器
01	方式 1	16 位定时器/计数器
10	方式 2	8 位自动重装定时器/计数器
11	方式 3	T0 分成两个独立的 8 位定时器/计数器；T1 此方式停止计数

三、定时器/计数器的工作方式

1. 方式 0

工作于方式 0 的定时器/计数器是一个 13 位的定时器/计数器，其最大计数值为：$M=2^{13}=8192$。以定时器 0 为例（下同，定时器基本相同），TH0 的高 8 位和 TL0 的低 5 位构成 13 位定时器/计数器。如图 6-1-1 所示是以定时器 0 为例的方式 0 的结构图。

对于不同的定时或计数要求，计数器的初始值设置命令为：

$$TH0=(8192-t\cdot f/12)/32;$$
$$TL0=(8192-t\cdot f/12)\%32;$$

表达式中，如果为定时方式，则 t 为需要定时的时间，单位为 μs；f 为单片机的工作频率，单位为 MHz。如果为计数方式，则 t 为需要计数的次数，f=12。

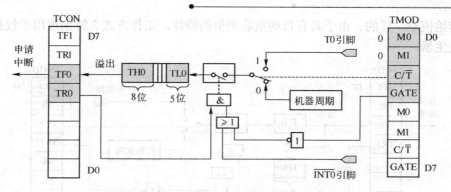

图 6-1-1　定时器/计数器工作方式 0 的结构图

上述设置命令在程序编译时，编译程序自动将表达式进行计算，换算成对应的数值并赋值给 TH 和 TL，与手动计算出对应的数值给 TH、TL 赋值一样。

2．方式 1

在方式 1 中，由 TH0 的高 8 位和 TL0 的低 8 位构成全 16 位定时器/计数器，其最大计数值为：$M=2^{16}=65536$。如图 6-1-2 所示是以定时器 0 为例的方式 1 的结构图。

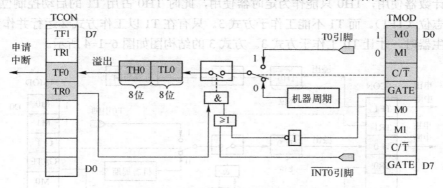

图 6-1-2　定时器/计数器工作方式 1 的结构图

其初始值设置命令为：

$$TH0=(65536-t \cdot f/12)/256;$$
$$TL0=(65536-t \cdot f/12)\%256;$$

式中，t 和 f 的说明与方式 0 相同。在实际中这种方式应用较多。

3．方式 2

方式 2 的定时器/计数器为能自动重置初值连续工作的 8 位定时器/计数器，其最大计数值为 256。如图 6-1-3 所示是以定时器 0 为例的方式 2 的结构图。

其初始值设置命令为：

$$TH0=TL0=256-t \cdot f/12;$$

式中，t 和 f 的说明与方式 0 相同。

在方式 2，在中断后，硬件将自动把 TH0 中的值装入 TL0 中，所以在初始化时，这两个单元的初始值是一样的。由于具有自动重装初值的特性，工作方式 2 特别适用于较精确的脉冲信号发生器。

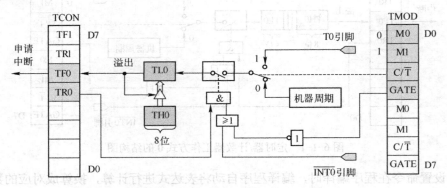

图 6-1-3　定时器/计数器工作方式 2 的结构图

4．方式 3

定时器/计数器 T0 被分成两个独立的 8 位计数器 TL0 和 TH0。其中 TL0 既可作为定时器，又可作为计数器使用，TH0 只能作为定时器使用，此时 TH0 占用 T1 的启动控制位（TR1）和溢出标志位（TF1）。而 T1 不能工作于方式 3。只有在 T1 以工作方式 2 运行并作为串口的波特率发生器时，才让 T0 工作于方式 3。方式 3 的结构图如图 6-1-4 所示。

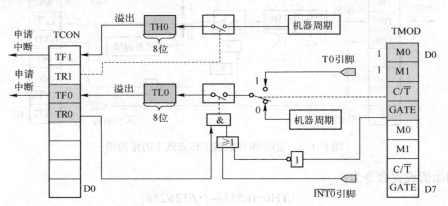

图 6-1-4　定时器/计数器工作方式 3 的结构图

方式 3 的初始化与方式 2 类似，不同的是在中断服务程序中需要再次重装初始值。

四、定时器/计数器中断的实现过程

在外部中断模块中已介绍过中断控制寄存器 TCON，TCON 的低 4 位用于外部中断控制，而 TCON 的高 4 位则用于定时器/计数器的启动和中断申请，TCON 位于内部特殊寄存器区的 88H 单元，高 4 位功能如下所示：

8FH	8EH	8DH	8CH	8BH	8AH	89H	88H
TF1	TR1	TF0	TR0	IE1	IT1	IE0	IT0

当定时器/计数器 T0 或 T1 溢出时，定时器控制寄存器 TCON 的 TF0(TCON.5)或 TF1(TCON.7)由硬件自动置为 1，并向 CPU 申请中断。CPU 响应中断后，硬件使 TF0 或 TF1 自动清零。所以，CPU 工作时，随时查询 TF0 和 TF1 的工作状态，TF0 和 TF1 是查询测试的标志。TF0 和 TF1 也可以用软件置 1 或清 0，效果与硬件控制一样。

TR1（TCON.6）和 TR0（TCON.4）是定时器/计数器 T1、T0 的运行控制位。当 TR1（或 TR0）=1 时，定时器/计数器开始工作；当 TR1（或 TR0）=0 时，定时器/计数器停止工作。TR1、TR0 位也可以用软件设置，所以用软件改变 TR1 或 TR0 的值，就可以实现控制定时器/计数器的启动和停止。

程序设置定时器/计数器中断时，设置中断允许寄存器 IE 中的 ET0=1，启用定时器/计数器 T0 的中断，在 EA=1 的情况下，T0 溢出时能使 TF0 标志置 1，而 ET0=0 时，则 TF0 不可能被置 1；设置 ET1（IE.3）=1，启用定时器/计数器 T1 的中断，情况与 T0 相同。

同外部中断一样，定时器/计数器中断要对中断允许寄存器 IE 进行设置，当 EA（IE.7）=0 时，所有中断禁用；当 EA=1 时，设置所有中断允许，各中断的产生和控制由各自的启用位决定。

另外，要在中断优先级寄存器 IP 中设置优先顺序，用 PT0（IP.1）位来设定内部中断 T0 的优先顺序，当 PT0（IP.1）=1 时，优先中断 TF0。同样，由 PT1（IP.3）位来设定外部中断 T1 的优先顺序。

为了说明定时器/计数器中断时各寄存器的设置和工作过程，图 6-1-5 给出了定时器/计数器 T0 中断设置和工作示意图。

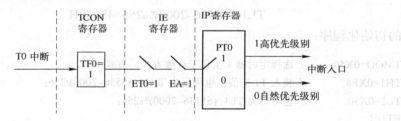

图 6-1-5　定时器/计数器 T0 中断设置和工作示意图

五、定时器/计数器的初始化设置

定时器/计数器的初始化是非常重要的，以定时器 0 为例，初始化编程格式如下：

```
TMOD=方式字;          //选择定时器的工作方式，高 4 位为 T1 的设置
TH0=高 8 位初始值;     //装入 T0 时间常数
TL0=低 8 位初始值;     //对于 T1 则为 TH1 和 TL1
ET0=1;                //开 T0 中断，对于 T1 则为 ET1=1
EA=1;                 //总中断允许，如果有其他中断，可共用本条指令
TR0=1;                //启动 T0 定时器，对于 T1 则 TR0=1
```

具体举例说明如下。

【例】 设系统晶振频率为 6MHz。若定时器 T0 工作于方式 1，要求定时 1ms 中断，试计算 TH0 和 TL0 初值为多少？当作为计数器要求 T1 计数 2000 次时中断，TH1 和 TL1 初值为

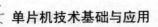
多少？并写出具体的初始化程序。

解：首先当定时器工作于方式 1 时，T0（或 T1）为 16 位计数器，要求计数个数为 1 个时，初值应为 65535，当要求计数个数为 65536 时，初值应为 0，所以方式 1，计数器初值的可设范围为 0～65535，计数有效范围为 1～65536。

（1）T0 作定时

设定时器/计数器工作于方式 1，选用计数器 T0。由于题中给出晶振频率为 6MHz，所以机器周期为 2μs，作为定时 1ms，计数器只需计数 500 次，定时器的初值为：

$$TH0=(65536-1000\times6/12)/256=254=FEH$$

$$TL0=(65536-1000\times6/12)\%256=12=0CH$$

具体的初始化程序：

```
TMOD=0X01;      // 选择定时器 0 的工作方式 1
TH0=0XFE;       // 装入 T0 初始值，也可直接写为 TH0=(65536-1000×6/12)/256
TL0=0X0C;       // 也可直接写为 TL0=(65536-1000×6/12)%256
ET0=1;          // 开 T0 中断
EA=1;           // 总中断允许
TR0=1;          // 启动 T0 定时器
```

（2）T1 作计数

T1 作计数器，且要求实现计数 2000 次，计数器初值为：

$$TH1=(65536-2000)/256=248=F8H$$

$$TL1=(65536-2000)\%256=48=30H$$

具体的初始化程序：

```
TMOD=0X50;      // 选择定时器 1 工作于计数方式，方式 1
TH1=0XF8;       // 装入 T1 初值；也可写为 TH1=(65536-2000)/256；
TL1=0X30;       // 也可写为 TL1=(65536-2000)%256；
ET1=1;
EA=1;
TR1=1;
```

六、定时器/计数器的中断服务程序编写

在对定时器/计数器进行初始化设置好后，程序运行过程中当定时器/计数器达到定时时间或计数次数时，CPU 会执行定时器/计数器的中断服务程序。因此在编写中断服务程序时，应该完成此时相应的操作处理，根据不同的任务，具体的操作处理也不相同，但通常情况下需要重设定时器/计数器的初值（工作方式 2 除外），以完成下一轮定时或计数的任务。

 任务实施

一、硬件设计

根据任务分析，实现任务的硬件电路仅需要单片机最小系统即可。在本任务中，选择

AT89S51 单片机芯片为系统控制芯片，其最小系统较为简单，包括复位电路和时钟电路，其参数选择原则见项目一相关说明，这里选择系统晶振频率为 11.0592MHz。具体的硬件电路略。

在实践中，可以通过示波器、频率计等仪器仪表测量单片机从 P1.0 引脚输出的脉冲，也可以将这个脉冲送扬声器上，通过声音感受单片机的输出频率。

当然，因为单片机输出口的驱动能力有限，无法直接驱动扬声器，所以需要将单片机引脚输出的脉冲信号通过功率放大电路放大后再送给扬声器。具体的功率放大电路有多种选择，这里不进行介绍。

二、软件设计

从 P1.0 输出 1000Hz 的方波，实际上就是要求从 P1.0 输出周期为 1ms 的方波。为了简化程序，将输出的方波的占空比设定为 50%，则高电平和低电平的时间各为 1ms 的一半，即各为 500μs。也就是在单片机中实现 500μs 的定时，每次定时时间到了，将 P1.0 的电平改变就可以了。一个引脚的电平的改变，使用取反指令就可以完成，具体的指令为"P10=～P10;"。

完成 500μs 的定时，可以采用指令延时的方式，用循环指令很容易实现，具体实现方式如图 6-1-6 所示程序框图。但这种方案中，单片机在定时期间不能进行其他操作，利用率极低，为了解决这个矛盾，可以采用定时中断的方式来实现。

使用单片机内部的定时器/计数器进行定时 500μs，需要对定时器/计数器进行初始化。启动定时器之后，由硬件对固定频率的脉冲进行计数，达到 500μs 后，出现计数溢出，产生中断，执行中断服务程序。具体的中断服务程序的程序框图如图 6-1-7 所示。

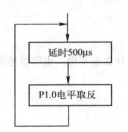

图 6-1-6　采用指令延迟程序框图

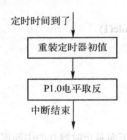

图 6-1-7　中断服务程序的程序框图

采用定时中断时，在定时期间单片机可以执行其他程序，定时任务由内部硬件进行，只有当定时时间到了才中断正在执行的主程序，转去执行中断服务程序，中断服务程序执行完成后自动回到主程序的断点继续执行被中断的程序。相对于指令延迟的定时方式，采用中断可以极大地提高单片机的利用率。

在演示的单片机系统中，采用了 11.0592MHz 的晶振，1 个机器周期为 12 个振荡周期，即 $12\times(1/11.0592)$μs。单片机的内部定时器以机器周期为单位进行计数，为了定时 500μs，需要对 $500/(12/11.0592)=500\times110592/120000$ 个机器周期计数。本任务中选择定时器/计数器 0 来完成 500μs 的定时，设置其为定时方式，采用方式 1 计数。具体的初始化程序如下：

```
TMOD=0X01;                        //设置定时器/计数器 0 为工作于定时方式、方式 1
TH0=(65536-500*110592/120000)/256;  //高 8 位的初始值
```

```
    TL0=(65536-500*110592/120000)%256;    //低 8 位的初始值
    ET0=1;                                  //允许定时器 0 产生中断
    EA=1;                                   //开中断
    TR0=1;                                  //开始计数
```

需要说明的是，在编译源程序时，计算机会将表达式(65536-500*110592/120000)/256 和 (65536-500*110592/120000)%256 自动转换为对应的数值，不需要人为计算，也不会占用单片机的资源进行计算。如果要定时为其他时间，可将这两个算术表达式中的 500 改为对应的时间值（单位为μs）即可。

对应的源程序如下：

```
    /* 说明:在 MCS-51 系列单片机的 52 系列中，另一种方式是采用 T2 产生脉冲，请参见任务三中
源程序中相关的注释部分。*/
    #include <reg51.h>
    sbit CLK=P1^0;//定义输出引脚
    void main()
    {
        TMOD=0X01;                          //设置定时器 0 为方式 1;
        TH0=(65536-500*110592/120000)/256;  //高 8 位的初始值
        TL0=(65536-500*110592/120000)%256;  //低 8 位的初始值
        ET0=1;                              //允许定时器 0 产生中断
        EA=1;                               //开中断
        TR0=1;                              //开始计数

        while(1)
        {
            ;                               //主程序，什么也不做，也可以是其他程序
        }
    }

    /* 下面是定时器 0 的中断服务程序   */
    void time0() interrupt 1
    {
        TH0=(65536-500*110592/120000)/256;  //高 8 位的初始值
        TL0=(65536-500*110592/120000)%256;  //低 8 位的初始值
        CLK=~CLK;   /*每次中断为 500μs，一个周期为 1000μs，产生的频率就为 1000Hz*/
    }
```

三、Proteus 仿真

① 因本任务中的电路仅单片机最小系统，故在 Proteus ISIS 软件中放置一片 AT89C51 即完成电路的绘制。

当然，为了观察和体会单片机输出的方波的频率，可以在电路中增加一个扬声器（speaker），以及增加频率计。扬声器在电路中仅为一个输出模型，其实质是利用计算机的声

卡将加在该模型上的信号输出，可以通过音箱听见单片机输出频率所对应的声音。

由于同时要测量输出信号的频率，扬声器的阻抗太小，其上的电压太低，不能被频率计检测到，因此需要对单片机输出的信号放大或在扬声器上串接电阻，以保证电路中有较大的信号幅度。

在 Proteus 中，频率计可以检测信号周期、对信号测量频率及对信号计数等，故需要将其设置为测量频率的模式，如图 6-1-8 所示。

② 在 Keil 软件开发环境下，创建项目，编辑源程序，编译生成 HEX 文件，并装载到 Proteus 虚拟仿真硬件电路的 AT89C51 芯片中。

③ 运行仿真，仔细观察运行结果。图 6-1-8 是输出 1000Hz 方波的仿真效果图，从图中可以看到，实际的输出频率并不是 1000Hz，而是比预期的频率低。其原因是每次中断响应需要时间，以及定时中断服务程序的执行本身也要时间，故两次中断之间的间隔时间比预期的时间多了几个机器周期。在实践中，可以通过逐步调节定时寄存器的初始值不断检测输出信号频率的方式进行修正。

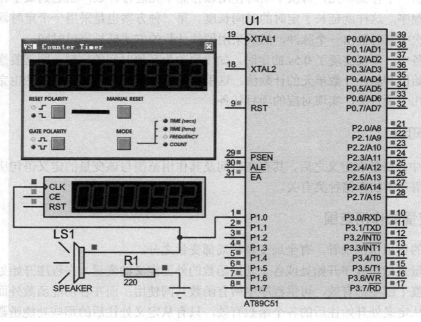

图 6-1-8　输出 1000Hz 方波的仿真效果图

任务二　每秒闪烁一次的 LED

 任务提出

MCS-51 的定时器最长能够计数 65536 个脉冲，在 12MHz 的工作频率下，定时方式最长的定时时间约为 65ms。

在实际应用中，常需要长时间的较精确定时，可以利用定时中断实现较长时间的定时。为了简单容易理解，本任务用定时方式使 LED 每秒闪烁一次。通过此例，介绍如何解决实现长时间定时的问题，实现长时间定时的方法。

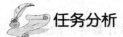 **任务分析**

与项目二相似，要使 LED 每秒闪烁一次，按 LED 的点亮时间和熄灭时间相同进行处理，则只需要进行 0.5s 的定时。具体处理是，每过 0.5s，将 LED 的状态取反就可以实现目标了。与本项目中的任务一相比较，只不过是本任务频率变得很低了，需要实现定时的周期更长了。

在单片机中，由于定时器/计数器最多只能计数 65536 次，所以在晶振频率较高时，不能一次产生 1s 的定时时间。如晶振为 12MHz 时，机器周期为 1μs，最大定时时间为 65536μs，远小于 1s。而本例中所采用的晶振为 11.0592MHz，当然也不够定时 0.5s。

为了完成 0.5s 的定时，一般来说，有两种方案可以实现。第一种方案是采用硬件定时的基础上，增加一个存储单元，每次中断时使用该存储单元进行计数，当达到某个计数值时再执行对应的程序，这样就延长了定时的时间长度。第二种方案也是采用一个定时器进行硬件定时，在每次中断时输出一个脉冲，然后采用硬件计数的方式延长定时时间。

在本任务中，仅仅实现了 0.5s 的定时，如果要改为其他时间的定时，则需要修改其中的定时器的初始值和软件计数单元的计数值。这里介绍的定时器和计数器的方法也完全可以应用到前面的几个项目中，实现对应的项目任务。

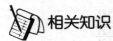 **相关知识**

在 C51 中，变量在定义之后，其存在时间及其作用范围与该变量的定义语句所在的位置和定义变量语句中的存储种类有关。

一、变量的作用范围

从变量的作用范围来看，有全局变量和局部变量之分。

全局变量是指在程序开始处或各个功能函数的外面定义的变量。在程序开始处定义的全局变量对于整个程序都有效，可供程序中所有函数共同使用；而在各功能函数外面定义的全局变量只对从定义处开始往后的各个函数有效，只有从定义处往后的那些功能函数才可以使用该变量，定义处之前的函数则不能使用它。

局部变量是指在函数内部或以花括号 { } 围起来的功能块内部所定义的变量。局部变量只在定义它的函数或功能块以内有效，在该函数或功能块以外则不能使用它。局部变量可以与全局变量同名，但在这种情况下局部变量的优先级较高，而同名的全局变量在该功能块内被暂时屏蔽。

二、变量的生存期

变量的生存期即该变量存在的时间。从变量的存在时间来看又可分为静态存储变量和动态存储变量。静态存储变量是指该变量在程序运行期间其存储空间固定不变；动态存储变量是指该变量的存储空间不确定，在程序运行期间根据需要动态地为该变量分配存储空间。

在定义变量时，可以指定变量的存储种类。在C51中，变量的存储种类有4种：自动（auto）、外部（extern）、静态（static）和寄存器（register）。

1. 自动变量（auto）

用关键字 auto 作存储类型说明的局部变量（包括形参）称为自动变量。

自动变量的默认范围为定义它的函数体或复合语句内部，只有在定义它的函数被调用，或是定义它的复合语句被执行时，编译器才为其分配内存空间，开始其生存期。当函数调用结束返回，或是复合语句执行结束时，自动变量所占用的内存空间就被释放，其生存期结束，占用的内存空间有可能分配给其他函数中定义的自动变量。

当函数被再次调用或复合语句被再次执行时，自动变量所对应的内存空间的值将不确定，有可能不是上次运行时的值，因而必须被重新赋值。

2. 外部变量（extern）

按照默认规则，凡是在所有函数之前，在函数外部定义的变量都是外部变量，定义时可以不写 extern 说明符。但是，在一个函数体内说明一个已在该函数体外或别的程序模块文件中定义过的外部变量时，则必须使用 extern 说明符。一个外部变量被定义后，它就被分配了固定的内存空间。

外部变量的生存期为程序的整个执行时间，即在程序执行期间外部变量可以被随意使用，当一条复合语句执行完毕或是某一函数返回时，外部变量的存储空间并不被释放，其值也仍然保留。因此外部变量属于全局变量。

C51 允许将大型程序分解为若干独立的程序模块文件，各个模块可分别进行编译，然后再将它们连接在一起。在这种情况下，如果某个变量需要在所有程序模块文件中使用，只要在一个程序模块文件中将该变量定义成全局变量，而在其他程序模块文件中用 extern 说明该变量是已经被定义过的外部变量就可以了。

3. 静态变量（static）

静态变量不像自动变量那样只有当函数调用它时才存在，退出函数时就消失，静态变量所分配的内存空间是独占的，始终都是存在的。静态变量只能在定义它的函数内部进行访问，退出函数时，变量的值仍然保持但是不能进行访问。使用静态变量需要占用较多的内存空间，而且降低了程序的可读性。

4. 寄存器变量（register）

编译器给使用 register 定义的变量分配单片机的通用寄存器空间，有较快的运行速度。寄存器变量可以被认为是自动变量的一种，它的有效作用范围也与自动变量相同。

由于单片机中的寄存器是有限的，不能所有变量都定义成寄存器变量。C51 编译器能够识别程序中使用频率最高的变量，在可能的情况下，即使程序中并未将该变量定义为寄存器变量，编译器也会自动将其作为寄存器变量处理。

一般来说，全局变量为静态存储变量，局部变量为动态存储变量。

 任务实施

一、硬件设计

为了实现控制 LED 每秒闪烁一次的显示，由于定时器是在单片机内部，不需要外部的具体硬件电路，而只需要有驱动 LED 的电路即可。本任务选择的硬件与项目二的任务一一致，即本任务采用的硬件电路如图 2-1-1 所示。

二、软件设计

1．采用硬件定时+软件计数的示例程序

在本示例程序中，采用硬件定时+软件计数的方式完成定时 0.5s。程序中用 T1 定时 10ms，再用软件计数 50 次就是 0.5s。

程序中使用静态变量 count 作为软件计数的单元。该变量仅能在定时中断服务程序中使用，且单独占用一个字节的存储空间。与全局变量或自动变量相比，既能保证计数的连续性，也能保证不会被其他函数所修改。

对应的源程序如下：

```c
#include <reg51.h>
#define uchar unsigned char

sbit light=P2^0;                              //定义灯的引脚
void main()
{
    TMOD=0x10;                                //设置定时器1为方式1；
    TH1=(65536-10000*110592/120000)/256;      //高8位的初始值
    TL1=(65536-10000*110592/120000)%256;      //低8位的初始值
    ET1=1;                                    //允许定时器1产生中断
    EA=1;                                     //开中断
    TR1=1;                                    //开始计数
    while(1)
    {
        ;                                     //主程序，什么也不做，也可以是其他程序
    }
}

void time1() interrupt 3
{
    static uchar count;                       //声明count为静态变量，作为软件计数的变量
    TH1=(65536-10000*110592/120000)/256;      //高8位的初始值
    TL1=(65536-10000*110592/120000)%256;      //低8位的初始值
```

```
        count++;
        if (count==50)                  //判断是否到 0.5s
          {
            count=0;                    //软件计数清 0
            light=~light;               //将输出取反
          }
}
```

2. 采用硬件定时+硬件计数的示例程序

本示例程序中，采用硬件定时+硬件计数的方式完成定时 0.5s。用 T0 定时 100μs，在每次中断时在 P3.5（第二功能 T1）上形成一个脉冲，引起 T1 计数。0.5s 定时需要 T1 计数 0.5s/100μs=5000。

为了达到要求，T0 设置为定时方式、方式 2，T1 设置为计数方式、方式 0。

对应的源程序如下：

```
#include <reg51.h>
#define uchar unsigned char
sbit light=P2^0;                        //定义灯的引脚
void main()
{
    TMOD=0X42;                          //设置定时器 1 为方式 0 计数方式，定时器 0 为方式 2 定时方式

    // 定时器 1 的初始值，计数 5000 次
    TH1=(8192-5000)/32;                 //高 8 位的初始值
    TL1=(8192-5000)%32;                 //低 8 位的初始值

    // 定时器 0 的初始值，定时 100μs
    TH0=256-100*110592/120000; //高 8 位的初始值
    TL0=256-100*110592/120000; //低 8 位的初始值

    ET0=1;                              //允许定时器 0 产生中断
    ET1=1;                              //允许定时器 1 产生中断
    EA=1;                               //开中断

    TR0=1;//开始计数
    TR1=1;//开始计数
    while(1)
    {
        ;                               //主程序，什么也不做，也可以是其他程序
    }
}
void time0()      interrupt 1           //定时器 0 的中断号为 1
{
```

```
        T1=0;   T1=1;                //在定时器 1 的引脚 P3.5 上产生脉冲
    }
    void time1()     interrupt 3      //定时器 1 的中断号为 3
    {
        TH1=(8192−5000)/32;          //高 8 位的初始值
        TL1=(8192−5000)%32;          //低 8 位的初始值
          light=~light;              //将输出取反
    }
```

三、Proteus 仿真

① 打开 Proteus ISIS 软件，绘制 Proteus 仿真电路。仔细检查，保证线路连接无误。

② 在 Keil 软件开发环境下，创建项目，编辑源程序，编译生成 HEX 文件，并装载到 Proteus 虚拟仿真硬件电路的 AT89C51 芯片中。

③ 运行 Proteus ISIS 软件，仔细观察运行结果，如果有不完全符合设计要求的情况，调整源程序并重复步骤①和②，直至完全符合本项目提出的各项设计要求。

本任务的仿真电路及仿真效果与项目二任务一的完全一致，这里不再附图。

任务三　简易频率计

任务提出

在对各种非电学物理进行测量时，常通过传感器将其他物理量转换为电学量，为了便于信号的传输，往往将这些电学量调制为频率信号，通过测量这些频率可以间接测量相关的其他物理量。

本任务的具体目标是利用 MCS-51 单片机的 T0、T1 的定时器/计数器功能，完成对低于 200kHz 的脉冲信号的频率的测量，测量的结果通过数码管显示出来。

任务分析

频率计的功能是测出 1s 内的输入信号的周期个数，再用数字的方式显示出来，也就是需要完成定时 1s、对输入的脉冲计数和数字显示的硬件电路和相应的程序。

MCS-51 单片机有两个定时器，可分别作为定时和对单片机外部的脉冲计数，这两个定时器是单片机内部功能电路，不需要外部的硬件电路。需要说明的是，在实际的频率测量电路中，往往需要对输入的被测量信号进行放大、整型等各种处理，同时还有高阻输入等要求。本任务作为单片机功能演示，直接从单片机引脚输入被测量的信号。

要显示高达 200kHz 的频率，即显示的数据达到 6 位数，选择数码管动态显示电路具有较好的性价比。

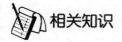 **相关知识**

一、定时器的计数方式

当定时器/计数器工作在计数状态下，是对来自 P3.4 或 P3.5 引脚输入的脉冲信号进行计数。单片机内工作在计数状态下的定时器的最大计数的频率值为 $f_{osc}/24$。例如，单片机的工作频率 $f_{osc}=12MHz$，则定时器对外部脉冲的最大计数频率为 12MHz/24=500kHz。对于频率大于此值的脉冲，需要在计数前面加上分频器，分频后再进行计数。

若应用中需要得到脉冲的计数值，可将定时器/计数器的初始值赋为 0。同时，由于定时器/计数器的最大计数值为 65536，若需要计数的值很大，完全有可能产生溢出，可使用变量来记录计数器有几次溢出。若溢出了 A 次，最后一次的计数值为 B，则脉冲的计数值为：

$$count = A \times 65536 + B$$

对于较高的频率，也可以减小定时器的计数时间，使其最大计数小于 655536，在计算频率时应该按计数值除以计数时间得到标准频率。

若应用中需要对一个已知计数次数的脉冲计数，则可将定时器/计数器的初始值设定为这个已知计数次数，如计数 2000 次的计数器初始值设为：

$$TH0=(65536–2000)/ 256$$
$$TL0=(65536–2000)\%256$$

二、定时器 T2 简介

8052 是 8051 的增强版本。在 8052 中，除了 RAM 扩展到 256B、ROM 扩展到 8KB 外，还增加了定时器 T2。

定时器 T2 由特殊功能寄存器 T2CON 设置其工作于定时、计数、波特率发生及可编程时钟等不同方式，由 T2MOD 设置其启动（停止）和向上/向下计数的工作模式。

定时器 T2 工作在可编程时钟方式时，将从 P1.0 引脚输出占空比为 50%方波，其工作框图如图 6-3-1 所示。

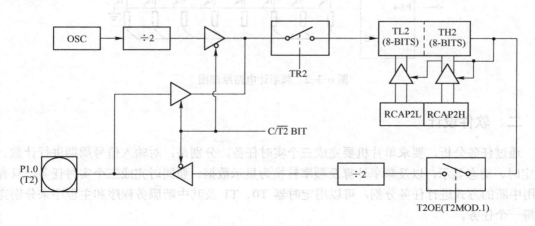

图 6-3-1 定时器 T2 设置为可编程时钟输出方式的电路框图

其中，输出频率 $= \dfrac{\text{单片机的晶振频率}}{4 \times [65536 - (\text{RCAP2H,RCAP2L})]}$ Hz。

任务实施

一、硬件设计

根据任务分析，频率计由单片机内的两个定时器分别完成定时和对外部脉冲计数，以及单片机控制 6 位数码的显示电路。

为了系统的功能测试，选择 AT89S52 单片机为系统控制芯片，使用其中的定时器 T2（标准 51 芯片没有 T2）输出脉冲作为系统的测试信号，由于 T2 可工作在硬件自动重装的可编程时钟输出方式，即设置其工作方式后，只需要将重装的初始值加在 RCAP2H 和 RCAP2L 中并启动其工作就完成脉冲输出的全部设置。T2 工作所涉及的所有电路都在单片机 AT89S52 内部，不需要增加额外的硬件电路。

因定时和计数都不需要单片机外部的硬件电路，即整个频率计的硬件电路由单片机最小系统和 6 位数码的动态显示电路构成。

在本任务中选择 AT89S52 单片机芯片为系统控制芯片，其最小系统包括复位电路和时钟电路，其参数选择原则见项目一相关说明，本任务中选择系统晶振频率为 11.0592MHz。

本任务中选择两只 4 位共阴数码管构成动态显示电路，采用 P2 输出电平控制三极管反相驱动各位数码管的公共端，用 1kΩ 的排阻作为数码管各段的上拉电阻且用 P0 驱动。本任务对应的硬件电路如图 6-3-2 所示。

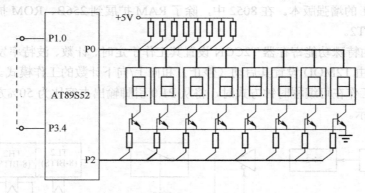

图 6-3-2　频率计电路原理图

二、软件设计

通过任务分析，要求单片机要完成三个实时任务，分别是：对输入信号周期进行计数、1s 定时、动态显示，以及频率计算及频率转换为显示数据。要同时完成三个实时任务，只有使用中断的方式进行任务分割，可以用定时器 T0、T1 及其中断服务程序和主程序来分别完成每一个任务。

其中，动态显示因人的视觉的不敏感，对实时要求最低，因而使用主程序完成，同时将数据的运算也放在主程序中。剩下的两个任务分别用 T0 完成输入信号的计数和 T1 完成 1s

的定时。

1. 定时 1s

由本项目中的任务二可知，T1 工作在定时状态下，最大定时时间约为 65ms，达不到 1s 的定时，所以采用定时 50ms，共定时 20 次，即可完成 1s 的定时功能。

因实验电路晶振 $f_{osc}=11.0592\mathrm{MHz}$，所以 T1 的初值设置语句如下：

```
TH1=(65536–5*110592/12)/256;        //高 8 位的初始值
TL1=(65536–5*110592/12)%256;        //低 8 位的初始值
```

每定时 1s 时间到了，就停止 T0 的计数，而从 T0 的计数单元中读取计数的数值，然后进行数据处理，送到数码管显示出来。

2. 输入的脉冲计数

T0 是工作在计数状态下，对输入的频率信号进行计数。在本任务中，由于单片机的工作频率 $f_{osc}=11.0592\mathrm{MHz}$，工作在计数状态下的 T0，最大计数值为 $f_{osc}/24$，因此 T0 能计数的脉冲的最大计数频率为 11.0592MHz/24=460.8kHz。对于频率大于此值的脉冲，需要在计数前面加上分频器，分频后再进行计数。作为本任务中要求最大计数范围为 200kHz，则是足够了。

作为定时器 T0，为了得到 1s 内的频率值，需要在定时 1s 之前将其初始值赋为 0。同时，由于 T0 的最大计数值为 65536，小于要求计数的频率的最大值，所以，在 1s 内完全有可能产生溢出，对此采用与定时 1s 类似的方法，使用软件来记录计数器有几次溢出。若 1s 内有 A 次溢出，最后 T0 的计数值为 B，则输出信号的频率为：

$$f = A \times 65536 + B$$

3. 主程序

由于将定时 1s 和对外部脉冲进行计数的任务都由定时器及中断服务程序完成，所以在主程序中，除了对定时器/计数器及相关变量初始化外，主要就是将计数的结果进行显示。

对于动态显示程序，P0 口接七段显示器的段码输入端，P2 口接位码控制端，电路连接与项目三相同，所以显示方法和显示程序与项目三中的动态显示一致。

将频率 f 以十进制方式显示时，f 每一位数码可以采用整除 10^{n-1} 后再除以 10 的余数得到，其中 n 为十进制数从个位开始起往左的第几位数。例如，变量 f 的百位数可以用通过 f 整除 10^{3-1} 后再除以 10 的余数得到，即可以用表达式 $f/100\%10$ 表示变量 f 的百位。

对应的源程序如下：

```
/* 程序功能：完成对 P3.4 脚输入的脉冲频率计数并显示*/
#include <AT89X52.H>          // 包含头文件，AT89S52 对应的头文件
#define uchar unsigned char
#define Fout    1000           //定时器 T2 从 P1.0 输出脉冲的频率
uchar T0count,T1count;         //定时器 T0 和 T1 的中断次数计数变量
long frequency;                //定义变量 frequency 为长整型，用来保存测量到的频率值
```

```
void display()
{
    uchar i,j,k=0x20;        //变量 k 为位码，初始值指向第三只数码管
    unsigned long m=1e5;     //十进制数中各个数字的权，初始值为最高位的权
    uchar code dispcode[]={0x3F,0x06,0x5B,0x4F,0x66,0x6D,0x7D,0x07,0x7F,0x6F};
    for(i=0;i<6;i++)         //计数的最高频率为 6 位数，故只循环 6 次
        {
            P0=dispcode[frequency/m%10]; //输出 frequency 的第几位数的段码
            P2=k;                        //输出位码，数码管开始显示
            for(j=250;j>0;j—);           //延迟一段时间，数码管显示
            k=k>>1;                      //位码指向下一只数码管
            m=m/10;                      //取出下一位数的权的值
            P2=0;                        //关闭显示
        }
}
void main()
{
    TMOD=0X15;                          //将 T1 设置为方式 1 定时方式，T0 为方式 1 计数方式
    TH1=(65536−5*110592/12)/256;        //定时 50ms 的初始值
    TL1=(65536−5*110592/12)%256;
    ET1=1;
    ET0=1;
    EA=1;
    T0count=T1count=TH0=TL0=0;          //计数的初始值
    TR1=1;
    TR0=1;
    /*  下面 4 条语句的作用是在 P1.0 引脚上形成 Fout(1000)Hz 的脉冲，用导线连接到 P3.4 作为测
        试程序用。如果单片机是 AT89S51，或者仿真中，这 4 条指令无用。将其中的高 8 位和
        低 8 位的初始值更改后可输出不同频率的脉冲。*/
    T2MOD=0X02;  // 设置 T2 为自动频率发生方式，从 P1.0 上输出占空比 50%的脉冲
    RCAP2H=(65536−11059200/4/Fout)/256;   // 设置 T2 自动重装的高 8 位初始值
    RCAP2L=(65536−11059200/4/Fout)%256;   // 设置 T2 自动重装的低 8 位初始值
    TR2=1;                                // T2 开始工作，即从 P1.0 输出脉冲
    while(1)
    {
        display();                       // 一直调用显示函数
    }
}
void time0() interrupt 1                 //定时器 0 的中断服务程序
{
    T0count++;                           // 计算 T0 在 1s 内中断了几次
}
void time1() interrupt 3                 //定时器 1 的中断服务程序
{
```

```
    TH1=(65536-5*110592/12)/256;                //高 8 位的初始值
    TL1=(65536-5*110592/12)%256;                //低 8 位的初始值
    T1count++;
    if (T1count==20)                            //1s 是否到了
    {
        frequency=TL0+TH0*256+T0count*65536;    //计算频率值
        T0count=T1count=TH0=TL0=0;              //计数的初始值
    }
}
```

三、Proteus 仿真

① 打开 Proteus ISIS 软件，按照硬件原理图绘制 Proteus 仿真电路，仔细检查，保证线路连接无误。

② 在 Keil 软件开发环境下，创建项目，编辑源程序，编译生成 HEX 文件，并装载到 Proteus 虚拟仿真硬件电路的 AT89C51 芯片中。

③ 运行仿真，仔细观察运行结果，如果有不完全符合设计要求的情况，调整源程序并重复步骤①和②，直至完全符合本项目提出的各项设计要求。

在 Proteus 中，AT89C52 采用 MCS8051 的仿真模型，故 T2 在仿真中不能实现功能，因此在仿真电路中，用 CLOCK 信号源产生脉冲，这里将其输出频率设置为 1000Hz。当然，在实践中也可以将其设置为其他频率，在数码管上将显示对应的数字。频率计的仿真效果如图 6-3-3 所示。

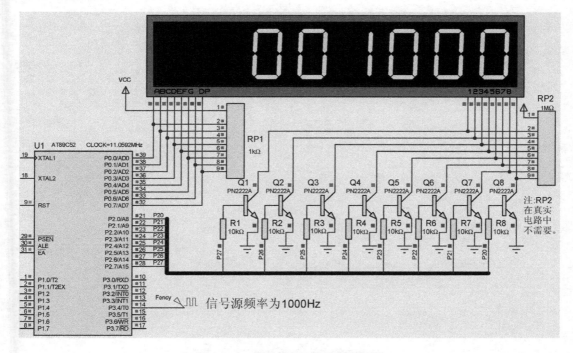

图 6-3-3　简易频率计的仿真效果图

思考与练习

1. MCS-51 系列单片机定时器/计数器的定时功能和计数功能有什么区别？分别应用在什么场合？

2. 软件定时和硬件定时有何异同？

3. 当定时器/计数器工作于方式 1，晶振频率为 6MHz，请计算最短定时时间和最长定时时间分别是多少？

4. 设系统晶振频率为 11.0592MHz。若定时器 T0 工作于方式 0，要求定时 2ms，试计算 TH0 和 TL0 的初值应为多少？当作为计数器要求计数 5000 次时，TH0 和 TL0 的初值又为多少？

5. 设置单片机的定时器，使单片机输出指定的频率（如制作电子钢琴）。

6. 利用定时器/计数器和已学知识，实现能显示秒、分、小时的时钟设计。

7. 针对任务三进行适当修改，分别实现下列要求：

① 延长闸门时间（每一次对外部脉冲的计数时间），实现较低频率的测量。

② 在硬件电路上外加分频器，测量更高频率。

③ 使用测量周期的方法，测量较低频率的信号。

④ 综合使用测量周期和频率的方法，实现高精度的频率测量。

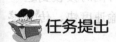

项目七

单片机双机通信

在电子应用系统中，往往需要对分布在各处的各种数据进行收集并统一处理，处理后的数据也可能送往各处实现某种特定的控制，这一过程即是在各处理器之间进行数据通信。

MCS-51 单片机具有一个全双工异步通信端口，使用 MCS-51 单片机的串行通信口进行数据收发，可以精简通信线路和通信协议，较为方便地实现远程数据通信的需要。

任务一 单片机与 PC 通信

任务提出

本任务的目的是实现单片机通过串口电缆与 PC 实现通信，将 PC 输出的字符全改为小写，并发回 PC。规定通信的硬件协议为 9600bps；信息格式为 8 个数据位，1 个停止位，无奇偶校验位。

任务分析

在较远距离传送数据时，为了简化通信线路、降低系统成本，往往采用串行通信。在本任务中，根据 MCS-51 单片机的功能，采用全双工异步通信方式来完成任务的数据传送要求。

PC 方面的软件编程主要是对异步通信适配器 8250 进行编程，从而来控制串行数据的传送格式和传送速率，一般对 PC 编程常常采用高级语言实现，也可以采用各种串口调试程序实现输入/输出，在本项目中不进行讨论，仅对单片机方面的程序进行讲解。

根据任务目标，单片机与 PC 通信系统采用全双工异步通信方式，故整个系统的框图如图 7-1-1 所示。

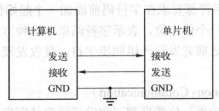

图 7-1-1 单片机与 PC 通信系统框图

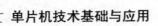
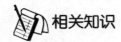 相关知识

一、串行通信基础

数据通信就是两个电路系统之间的数据相互传送。数据可以是指令、符号、文字、数值等信息。通信的两个电路系统均可以是单片机应用系统、计算机、电子设备或各种数字电路系统，甚至也可以是集成电路。

按通信的数据码元和时间的关系把通信方式分为并行通信和串行通信两种。如图 7-1-2 所示为这两种通信方式的示意图。

图 7-1-2　两种通信方式的示意图

并行通信是指在数据传输过程中，多个数据位使用多条数据线同时在两个设备间进行传送。发送设备将这些数据位通过对应的数据线传送给接收设备，接收设备可同时接收到这些数据，不需要做任何变换就可直接使用。并行通信的特点是控制简单、传输速度快、传输线较多。并行方式主要用于近距离通信。并行通信如图 7-1-2（a）所示。

串行通信是指在数据传输过程中，多个数据位逐位通过同一条线路在两个设备间依次进行传送。发送设备将并行数据经过内部的并—串转换电路转换为串行数据后再从串行接口输出，经过串行通信线路传送到接收设备，接收设备把串行端口接收的串行数据经过其内部的串—并转换电路转换为并行数据后才能使用。串行通信的特点是传输线路少、通信系统成本低、比并行通信传送速度慢，通信控制电路比并行通信复杂。较长距离的数据通信主要采用串行通信。串行通信如图 7-1-2（b）所示。

1. 串行通信的同步技术

串行通信为了保证数据正常接收，要求发送端与接收端以同一种速率在相同的起止时间内接收数据，否则可能造成收发之间的失衡，使传输的数据出错。这种统一发送端和接收端动作协调一致的数据传输技术称为同步技术。常用的同步技术有两种：异步传输方式和同步传输方式。

异步传输：每传送一个字符都要求在字符码前面加一个起始位，以表示字符代码的开始，在字符代码和校验码后面加一个停止位，表示字符结束。这种方式适用于低速终端设备。

同步传输：在发送字符之前先发送一组同步字符，使收发双方进入同步。这种方式适用于高速传输数据的系统。

（1）同步通信（Synchronous Communication）

在同步通信中，接收端的每一位数据都要和发送端保持同步。实现每位数据同步的方法可分为外同步法和自同步法两种。

在外同步法中，接收端的同步信号事先由发送端送来，而不是自己产生也不是从信号中提取出来。即在发送数据之前，发送端先向接收端发出一串同步时钟脉冲，接收端按照这一时钟脉冲频率和时序锁定接收端的接收频率，以便在接收数据的过程中始终与发送端保持同步。外同步法常用于串行移位寄存器模式，如 MCS-51 串口工作方式 0。

自同步法是指能从数据信号波形中提取同步信号的方法，如曼彻斯特编码。自同步法常用于红外遥控等无线通信的信号调制。

同步通信格式中，发送器和接收器由同一个时钟源控制，在异步通信中，每传输一帧字符都必须加上起始位和停止位，占用了传输时间，若要求传送数据量较大，数据传输速度就比较慢；而同步传输方式去掉了这些起始位和停止位，只在传输数据块时先送出一个同步头（字符）标志即可。

同步通信传送信息的位数几乎不受限制，通常一次通信传送的数据有几十到几千个字节，比异步传输方式通信效率更高，速度更快，通常可达 56kbps，这是它的优势。但同步传输方式也有其缺点，即要求在通信中保持精确的同步时钟，它必须要用一个时钟来协调收发器的工作，所以它的设备也较复杂，成本也较高。

（2）异步通信（Asynchronous Communication）

在异步通信中，数据通常是以字符为单位组成字符帧传送的。发送端一帧一帧地发送字符帧，每一帧数据是低位在前，高位在后，通过传输线被接收端一帧一帧地接收。发送端和接收端可以由各自独立的时钟来控制数据的发送和接收，这两个时钟彼此独立，互不同步。

在异步通信中，接收端是依靠字符帧格式来判断发送端是何时开始发送、何时结束发送的。起始位指示字符的开始，并启动接收端对字符中位同步；而停止位则是作为字符间的间隔位设置的，若没有停止位，下一字符的起始位下降沿便可能丢失而造成失步。异步通信的缺点是字符帧中因包含起始位和停止位而降低了有效数据的传输速率。但异步通信的优点是不需要传送同步时钟，故设备简单，易于实现，广泛地应用于各种工业控制系统中。字符帧和波特率是异步通信的两个重要指标。

（3）字符帧（Character Frame）

字符帧也叫数据帧，由起始位、数据位、奇偶校验位和停止位 4 部分组成，如图 7-1-3 所示。

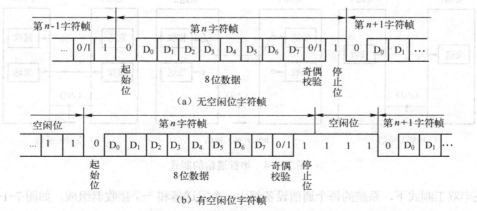

图 7-1-3　异步通信的字符帧格式

起始位：位于字符帧开头，只占一位，为逻辑 0 低电平，用于向接收设备表示发送端开始发送一帧信息的开始。

数据位：紧跟起始位之后，用户根据情况可取 5 位、6 位、7 位或 8 位，低位在前、高位在后。

奇偶校验位：位于数据位之后，仅占一位，用来表征串行通信中采用奇校验还是偶校验，由用户决定。校验位为可选择位，可以有，也可以没有这一位。

停止位：位于字符帧最后，为逻辑 1 高电平。通常可取 1 位、1.5 位或 2 位，用于向接收端表示一帧字符信息已经发送完毕，也为发送下一帧做准备。

在串行通信中，两相邻字符帧之间可以没有空闲位，也可以有若干空闲位，由用户来决定。图 7-1-3 (b) 表示有 3 个空闲位的字符帧格式。

（4）波特率（Baud Rate）

波特率为每秒钟传送二进制数码的位数，也叫比特数，单位是 bps（bit per second），即位/秒（bit/s）。

$$波特率 = 1 \div （二进制位的持续时间）$$

例如，每位的传输时间为 0.417ms，则波特率为 $=1/(0.417 \times 0.001) \approx 2400\text{bps}$。

波特率用于表征数据传输的速度，波特率越高，数据传输速度越快。但波特率和字符的实际传输速率不同，字符的实际传输速率是每秒内所传字符帧的帧数，与字符帧格式有关。例如，波特率为 2400 bps 的通信系统，若采用如图 7-1-3 (a) 所示的字符帧，则字符的实际传输速率为 2400/11，即 218.2 帧/秒；若改用如图 7-1-3 (b) 所示的字符帧，则字符的实际传输速率为 2400/14＝171.4 帧/秒。

2. 串行通信的制式

串行通信中数据是在两个系统之间进行传送的，按照信号传送方向与时间的关系，串行通信可分为三种制式，即单工（simplex）通信方式、半双工（half duplex）通信方式和全双工（full duplex）通信方式。

在单工制式下，通信线的一端接发送器，一端接接收器，数据只能按照一个固定的方向传送，如图 7-1-4 (a) 所示，图中的箭头方向表示数据传输方向。

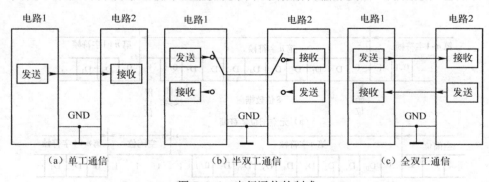

图 7-1-4　串行通信的制式

在半双工制式下，系统的每个通信设备都由一个发送器和一个接收器组成，如图 7-1-4 (b) 所示。半双工是一种切换方向的单工通信，在这种通信制式下，某一时刻，一方处于发送模式，另一方处于接收模式；而另一时刻，其收发关系将互换，完成数据的反向传送。半双工数据传送方向往往是由软件控制的。

全双工允许数据同时在两个方向上传输，每个通信端都具有发送器和接收器，由两个方向相反的单工组成，它要求发送设备和接收设备都有独立的接收和发送能力。全双工通信如图 7-1-4 （c）所示。

3. 串行通信的接口电路

串行接口电路的种类和型号有很多。其中，通用异步串行接收器/发送器（Universal Asynchronous Receiver/Transmitter，UART）是能够完成异步通信的硬件电路。通用同步串行接收器/发送器（Universal Synchronous Receiver/Transmitter，USRT）是同步串行收发电路，可工作在主控同步时钟或从机时钟同步（根据同步信号控制时钟与主机的时钟完全同频同相）模式，两个同步收发器可以组成同步串行通信电路。通用同步/异步串行接收器/发送器（Universal Synchronous/Asynchronous Receiver/Transmitter，USART）是一个全双工通用同步/异步串行收发电路，可灵活切换于同步和异步通信方式。

二、串行通信总线标准及其接口

在单片机应用系统中，数据通信主要采用异步串行通信。在异步通信中，直接使用导线连接通信双方，其有效的传输距离往往小于 0.5m，一般只在同一个电路系统内部才使用。在不同的设备之间进行通信，需要选择相应的通信接口。

在设计通信接口时，必须根据需要选择标准接口，并考虑传输介质、信号电平转换等问题。采用标准接口后，能够方便地把单片机和外设、测量仪器等有机地连接起来，从而构成一个测控系统。例如，当需要单片机和 PC 通信时，通常采用 RS-232 接口进行电平转换。

异步串行通信接口主要有 RS-232 接口、RS-422 接口和 RS-485 接口及 20mA 电流环。在实际使用中，根据成本、数据的传输距离、波特率及工作环境等因素综合考虑选择接口类型。

RS-232、RS-422 与 RS-485 都是电子工业协会（EIA）制定并发布的串行数据接口标准。RS-232 是 1962 年发布的工业标准。RS-422 由 RS-232 发展而来，是为弥补 RS-232 的不足而提出的。为改进 RS-232 通信距离短、速率低的缺点，RS-422 定义了一种平衡通信接口，将传输速率提高到 10Mbps，传输距离延长到 1000m，并允许在一条平衡总线上连接最多 10 个接收器。RS-422 是一种单机发送、多机接收的单向、平衡传输规范标准。为扩展应用范围，EIA 又于 1983 年在 RS-422 的基础上制定了 RS-485 标准，增加了多点、双向通信能力，即允许多个发送器连接到同一条总线上，同时增加了发送器的驱动能力和冲突保护特性，扩展了总线共模范围。

RS-232、RS-422 与 RS-485 标准只对接口的电气特性做出规定，而不涉及接插件、电缆或协议，在此基础上用户可以建立自己的高层通信协议。

三、MCS-51 单片机的串口相关寄存器

在 51 系列单片机内部有三个与串口工作有关的特殊寄存器，即串行口控制/状态寄存器 SCON（内部地址 98H）、电源控制寄存器 PCON（内部地址为 87H）和串口缓冲寄存器 SBUF

（内部地址 99）。

1. 串行口控制/状态寄存器 SCON

SCON 是可编程控制的，修改 SCON 的值，就可改变串口工作方式和工作状态，各位定义如下：

SCON:	位	D_7	D_6	D_5	D_4	D_3	D_2	D_1	D_0
	名称	SM0	SM1	SM2	REN	TB8	RB8	TI	RI

SM0、SM1：串口模式设定位。00：方式 0；01：方式 1；10：方式 2；11：方式 3。

方式 0 为同步移位寄存器工作方式。其波特率是固定的，为 $f_{osc}/12$，数据由 RXD（P3.0）端发送或接收，同步脉冲由 TXD（P3.1）端输出。发送或接收 8 位数据是低位在先。

方式 1 为 8 位数据通用异步接收和发送（UART）工作方式。在这种工作方式下，一帧信息为 10 位，1 位起始位（0），8 位数据低位在前，1 位停止位（1）。TXD 为发送端，RXD 为接收端。波特率是可变的，由定时器 1 的溢出速率决定。

方式 2 和方式 3 为 9 位数据通用异步接收和发送工作方式。发送或接收一帧数据由 11 位组成，1 位起始位（0），8 位数据低位在前，1 位可编程位（第 9 位数据），1 位停止位（1）。方式 2 的波特率为 $f_{osc}/32$ 或 $f_{osc}/64$，而方式 3 的波特率是可变的。

SM2（SCON.5）：8051 连接多重处理器通信的控制位。即在工作方式 2、3 中允许多机通信的控制位。

REN（SCON.4）：串行通信接收允许位。REN=1 时允许接收，REN=0 时禁止接收。该位可以由软件来设定。

TB8（SCON.3）：在串行通信方式 2 和方式 3 操作时的第 9 个传送数据位。

RB8（SCON.2）：在串行通信方式 2 和方式 3 操作时的第 9 个接收数据位。

TI（SCON.1）：串行通信传送的中断处理标志位。在方式 0 中，发送完第 8 位数据时，由硬件自动置位，其他方式中，在发送停止位之初，由硬件自动置位。TI=1 时，申请中断，CPU 响应中断后，发送下一帧数据。注意：在任何方式中，TI 都必须由软件先清零。

RI（SCON.0）：串行通信接收的中断处理标志位。

2. 电源控制寄存器 PCON

PCON 是电源控制寄存器，它是不可位寻址的特殊功能寄存器，其最高位与串口相关，即 PCON 的 D_7 位 SMOD 作为串行口的波特率控制位。

PCON 的各位定义如下：

PCON:	位	D_7	D_6	D_5	D_4	D_3	D_2	D_1	D_0
	名称	SMOD	…	…	…	GF1	GF0	PD	IDL

当 SMOD=1 时，对应的 C 指令为 "PCON |= 0x80;"，波特率加倍；当 SMOD=0 时，对应的 C 指令为 "PCON &= ～0x80;"，则波特率不加倍。

GF1、GF0：通用标志位。

PD：掉电模式控制位。当 PD=1 时，单片机进入掉电模式工作。在掉电模式下，单片机维持 RAM 数据和端口电平，时钟振荡停止，不响应中断。只有外部复位才使单片机离开掉电模式。

IDL：休眠模式控制位。当 IDL=1 时，单片机进入空闲工作方式。在休眠模式下，单片机的 CPU 停止工作，但 RAM、定时器、串行口和中断系统维持其功能。休眠模式可以用中断唤醒。休眠模式在电池供电的系统中较为常用。

$D_4 \sim D_6$：保留位，用户不能对其进行写操作。

3. 串口缓冲寄存器 SBUF

SBUF 由发送缓冲寄存器和接收缓冲寄存器两个单元组成，在单片机中占用同一个字节地址（99H），可同时发送和接收数据。单片机在处理时，由读/写指令来区别两个单元，因而不会出现读写冲突和错误。

在程序中给 SBUF 赋值即可实现串行数据的输出，否则使用 SBUF 就是读出其中的数据，当然必须在 RI 标志被置为 1 时数据才会有效。

四、串口工作方式

1. 方式 0

方式 0 为同步移位寄存器方式，主要用于扩展并行 I/O 接口，也可用于单片机之间的数据传送。一帧数据共 8 位，无起始位和停止位。

RXD 作为数据输入/输出端，TXD 作为同步脉冲输出端，每个脉冲对应一个数据位。每个移位脉冲占一个机器周期，如 f_{osc} =12MHz，每位二进制数据占 1μs，则其波特率 B=1MHz。所以，方式 0 的波特率 $B = f_{osc} /12$。

具体的发送过程是，写入 SBUF，启动发送，一帧发送结束，TI 标志被置 1。接收过程则是当 REN=1 且 RI=0 时，启动接收，一帧接收完毕，RI 被置 1。需要注意的是，字节输出的二进制位的顺序是低位在前，高位在后，时序如图 7-1-6 中"方式 0"所示。

方式 0 主要应用于同步移位寄存器方式。例如，利用 74164 这样的同步移位寄存器，单片机输出串行数据到 74164 中，在 74164 中将数据移位锁存并输出，最终实现数据的并行输出。也可以采用 74165 将并行数据转换为串行数据，通过方式 0 输入单片机，用于扩展单片机的并行输入。

如图 7-1-5 所示是使用串行数据输出的静态显示电路，电路中采用 74164 将单片机输出的串行数据转换为并行数据，并送到数码管显示。需要注意的是，串口工作在方式 0 模式时，

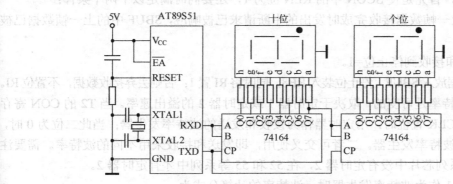

图 7-1-5　方式 0 输出应用示例电路

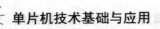

RXD 是串行数据输出端，TXD 是移位脉冲输出端。

由于该电路在单片机输出数据后，不需要重复输出数据，显示的数据会一直维持，因而属于静态显示电路，同时其后的 74164 还可以继续串接（注意：后一块 74164 的串行数据输入端是接在前一块 74164 的最后一个寄存器的输出端，所有 74164 的移位脉冲连接在一起接单片机的移位脉冲输出端），达到显示多位数据的目的。

图 7-1-5 对应的驱动程序如下：

① 发送一个字节数据的函数。

```
void sendchar(unsigned char ch) {          //通过串口发送一个字节
        SBUF=ch;
        while(TI==0);
        TI=0;
    }
```

② 显示数据示例。

```
// 要显示的数在参数中，如使用命令 "display(x);" 将两位数 x 显示在两个数码管上。
void display(unsigned char    num)
{
    unsigned char code dispcode[]={0xC0,0xF9,0xA4,0xB0,0x99,0x92,0x82,
    0xF8,0x80,0x90};                      //定义共阳数码管七段显示编码
    sendchar (dispcode[num%10]) ;          //输出最后一位数，即个位
    sendchar (dispcode[num/10]) ;          //输出前面一位数，即十位
}
```

2. 方式 1

方式 1 是 8 位数据异步通信方式（UART），一帧数据共 10 位：1 个起始位（0），8 位数据位，1 个停止位（1）。RXD 作为接收数据端，TXD 作为发送数据端。起始位和停止位在发送时是自动插入的，其输出时序如图 7-1-6 所示。

类似于方式 0，发送过程是由执行任何一条以 SBUF 为目的的寄存器指令（在 C 程序中就是给 SBUF 赋值）引起的。发送条件是 TI=0，发送完成后 TI 位置 1，其发送程序与方式 0 的输出函数一致。

作为接收时，首先是使 SCON 中的 REN 位为 1，还要同时满足以下两个条件：

① RI=0，上一帧数据接收完成时发出的中断请求已被响应，SBUF 中的上一帧数据已被取出。

② SM2=0 和接收到停止位=1。

接收到的数据放入 SBUF，停止位装入 RB8，同时将 RI 置 1；否则丢弃接收数据，不置位 RI。

方式 1 的波特率是可变的，取决于定时器 1 或定时器 2 的溢出速率。当 T2 的 CON 寄存器中 RCLK 和 TCLK 置位时，用定时器作为接收和发送的波特率发生器；当此二位为 0 时，用定时器 1 作为波特率发生器。二者可交叉使用，即发送和接收采用不同的波特率。需要注意的是，在 51 系列芯片中没有定时器 2，在 52 和 55 等系列中才有定时器 2。

当用定时器 1 作为波特率发生器时，波特率的计算公式为：

$$波特率 B=(2^{SMOD}/32)\times T1\ 溢出率$$

其中，定时器/计数器 1 的溢出速率取决于计数速率和定时器 1 的预置值（SMOD）。

当用定时器 2 作为波特率发生器时，波特率取决于定时器 2 自身的溢出速率，与 SMOD 位的状态无关。当计数时钟来自内部（即设置为定时器，T2 对应的C/$\overline{T}$=0）时，定时器/计数器 T2 产生的波特率为：

$$波特率\ =f_{osc}/32/(2^{16}-(RCAP2H，RCAP2L))$$

其中，（RCAP2H，RCAP2L）为定时器 2 的 16 位寄存器的初值（定时常数）。

当计数时钟来自外部（即设置为计数器，T2 对应的C/$\overline{T}$=1）时，波特率的计算公式为：

$$波特率\ =\ 外部时钟频率/16/(2^{16}-(RCAP2H，RCAP2L))$$

3．方式 2

方式 2 是 9 位数据异步接收/发送方式。一帧数据共 11 位：1 个起始位（0），8 位数据位，1 位可编程位（第 9 位数据）和 1 个停止位（1）。发送时，可编程位（第 9 位数据位）对应为 TB8，可用程序置 1 或清 0；接收时，接收到的可编程位自动存入 RB8 中。

发送过程由执行任何一条以 SBUF 为目的寄存器的指令而启动。具体操作时，先将第 9 位数据装入 TB8，然后将 8 位数据装入 SBUF，开始数据的发送。当数据发送完毕后，将 TI 置 1。

接收时的前提是 REN=1。当第 9 位数据接收到后，若 RI=0 且 SM2=0（或者接收到的第 9 位数据位=1）时，接收到的数据装入 SBUF 中，第 9 位数据装入 RB8 中，同时置位 RI。若这两个条件任一个不满足，则接收的数据被丢弃，不再恢复，RI 仍为 0。

方式 2 和方式 1 的不同之处就在于第 9 位数据。在方式 1 中，RB8 装入的是停止位；而在方式 2 中，RB8 中装的是第 9 位数据。这一特点可以用在多处理机通信中。如可以把第 9 位数据作为奇偶校验位，数据与地址帧的区别位等。

在方式 2 中，RXD 作为接收数据端，TXD 作为发送数据端。方式 2 的波特率为：

$$B=(2^{SMOD}/64)\times f_{osc}$$

即波特率取决于晶振频率和 SMOD 位的状态。

4．方式 3

方式 3 也是 11 位异步串行接收/发送方式。它的工作方式与方式 2 一样，但方式 3 的波特率与方式 1 的波特率的设置相同。

为了更好地理解串口的数据传送，图 7-1-6 为几种方式中数据组成的示意图，但需要注意几种方式的波特率不同。

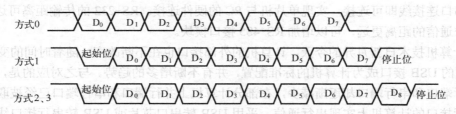

图 7-1-6　串口数据波形

五、波特率设置

为了便于使用，表 7-1-1 给出了常见波特率设置参数（本表只列出了方式 1 和方式 3 使用定时器 1 作为波特率发生器的情况）。

表 7-1-1　定时器 1 产生的常用波特率

串口模式	波特率	f_{osc}	SMOD	定时器 1		
				C/$\overline{T}$	模式	重装载值
方式 0	1Mbps	12MHz	×	×	×	×
方式 2	375kbps	12MHz	1	×	×	×
方式 1 和方式 3	62.5kbps	12MHz	1	0	2	FFH
	57.6kbps	11.0592MHz	1	0	2	FFH
	19.2kbps	11.0592MHz	1	0	2	FDH
	9.6kbps	11.0592MHz	0	0	2	FDH
	4.8kbps	11.0592MHz	0	0	2	FAH
	2.4kbps	11.0592MHz	0	0	2	F4H
	1.2kbps	11.0592MHz	0	0	2	E8H
	600bps	11.0592MHz	0	0	2	D0H
	300bps	11.0592MHz	0	0	2	A0H
	110bps	6MHz	0	0	2	72H
	110bps	12MHz	0	0	1	FEEBH

 任务实施

一、硬件设计

实现两个电路系统的通信和数据的可靠传输，要对双方通信进行约定，保证双方按相同的协议工作。首先，要确定双方的数据是如何表示的，即二进制位的电平、数据格式和时间长度。

单片机与 PC 的数据交换，单片机输入/输出采用 TTL 电平，PC 串口采用 RS-232 标准电平，二者的电平标准不同，因而需要电平转换电路。其中，MAX232 芯片就是这类电路中的一种，具体电路如图 7-1-7 所示。单片机应用系统中使用标准的 DB9 插座，和 PC 之间使用标准的串口连接线即可连接，实现单片机与 PC 的硬件连接。RS-232 的传输距离可达 10m，如果要求通信的距离更远，可以增加 RS-485 接口模块。

在计算机技术日新月异的今天，计算机的外部接口也在不断改变。随着时间的变化，高速、方便的 USB 接口成为计算机的标准配置，并有不断增多的趋势。与之对应的是，计算机上的并行端口和串行端口却逐渐减少，在部分计算机上并行端口和串行端口已经被取消。在没有串行接口的计算机上实现串行通信，采用 USB 转串口芯片或 USB 转串行接口线是较好的选择。

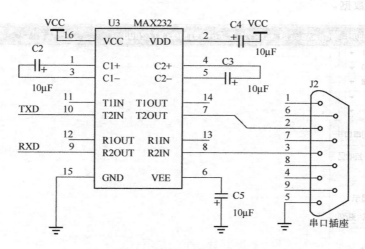

图 7-1-7　串口电平转换电路

USB 转 UART 的芯片型号很多，如 CP2102、CH341、PL2303、FT2232C 等型号，这些芯片在本书中不进行详细介绍，有兴趣的读者可查找相关资料。需要注意的是，这些芯片输出的 UART 数据是 TTL 电平，如果需要使用 RS-232 或 RS-485 等电平通信，要使用相应的电平转换电路。

在市场上有 USB 转串行的接口线，把接口线插入计算机 USB 接口，安装上该接口线对应的驱动程序，在计算机的设备管理器中可以看见增加了一个串行接口（如 COM3），该串行接口与计算机原有串口（COM1 或 COM2）功能相当，可以很方便地让单片机与计算机进行串行通信。

为了保证数据的良好通信，在程序中要设置串口工作在相应的工作方式和相应的波特率上。同时，为了保证产生标准的波特率，单片机的晶振频率选择为 11.0592MHz。

二、软件设计

计算机要通过串行通信口收发数据，则需要在操作系统中有相应的软件来实现，工业控制中往往把计算机作为系统控制的上位机，配有相应的控制软件，如采用各种组态软件、VC 开发的控制软件，或者一些通用控制软件。在本任务中，可选择串口调试助手作为计算机的上位机控制软件。

为了能够在计算机端看到单片机发出的数据，发送数据到单片机系统，可以借助各种 WINDOWS 串口操作软件进行观察，这里介绍一个计算机串口调试软件"串口调试助手"。这是一个绿色的软件，无须安装，可以直接在当前位置运行这个软件。软件界面如图 7-1-8 所示。

使用"串口调试助手"软件，要根据计算机的配置、数据通信的约定设置软件所用串行口的参数，如图 7-1-8 所示。单片机应用系统的串口要和计算机的 COM1 连接，则软件上的"串口"选择为 COM1，如果使用了 USB 转串口电路，则应选择对应的 COM3 等其他串口。根据串行通信的约定，将"波特率"设置为 9600，选择数据宽度为 8 位（"数据位"设置为 8）。校验位（也就是在 MCS-51 异步通信的第 9 位数据）要根据需要设置，在这里选择"NONE"

表示没有第 9 位数据。

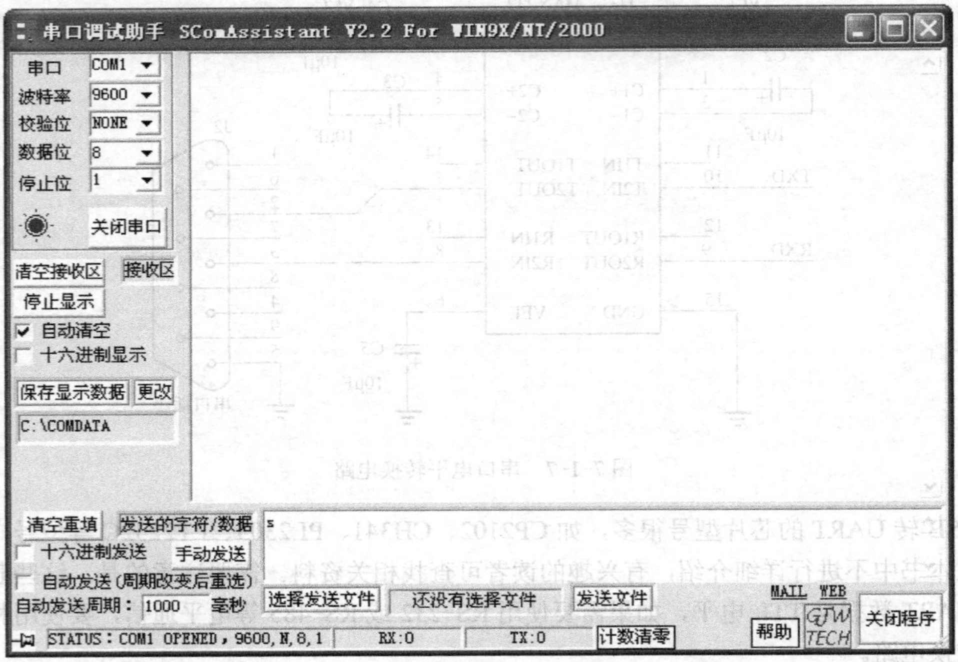

图 7-1-8 串口调试软件窗口

当需要从计算机发送数据到单片机应用系统时，在下面的发送区输入对应的内容，单击"手动发送"按钮即可发送。当单片机应用系统通过串口发送数据到计算机时，在调试软件的列表框内对应显示计算机接收到的数据。

根据本任务的目标，要求单片机每接收到一个字符时，先进行字符判断并转换，然后将字符通过串口发回 PC。

本任务的附加条件，要求单片机本身需要设置串行口波特率为 9600，选择方式 1（无附加的奇偶校验位），即 SCON 需要设置的值为 0X50，对应的 T1 应设置为方式 2 且 TH1 的值设置为 0XFD。

将字符中的大写字母转换为小写，首先应判断字符是否为大写字母，然后根据 ASCII 码的方式，加上小写字母与大写字母的差值就能完成转换，如下所示：

```c
if ((ch>='A')&&(ch<='Z')) ch=ch+'a'-'A';
```

对应的源程序如下：

```c
#include <reg52.h>
#define uchar unsigned char

void send_char(uchar ch)   //通过串口发送一个字符
{
    SBUF=ch;             //将输出的内容送到串口缓冲寄存器，就相当于输出
    while(TI==0);        //等待输出完毕
```

```
    TI=0;                          //将输出中断标志清 0（必须手动清 0）
}
void main()
{
    /*   串行口设置在 9600 波特率、方式 1，允许接收   */
    SCON=0X50;
    PCON=0X00;
    TMOD=0X20;
    TL1=0XFD;
    TH1=0XFD;
    ES=1;                          //允许串口中断，采用中断方式处理串口接收
    EA=1;
    TR1=1;
    while(1)   { ;  }
}
void serial() interrupt 4          //串口中断号为 4
{
    uchar ch;
    if(RI==1)
    {
        ch=SBUF;                   //读入数据
        //将大写转换为小写
        if ((ch>='A')&&(ch<='Z')) ch=ch+'a'-'A';
        send_char(ch);            //发送处理后的数据
        RI=0;                     //清接收中断
    }
}
```

三、Proteus 仿真

① 打开 Proteus ISIS 软件，绘制 Proteus 仿真电路，如图 7-1-9 所示。仔细检查，保证线路连接无误。

🔈 注意:

在 ISIS 软件中，使用虚拟串口终端 Virtual Terminal 来实现计算机与单片机的通信。虚拟终端的接口电平是 TTL 电平，所以仿真中不需要 MAX232 的电平转换电路。

② 在 Keil 软件开发环境下，创建项目，编辑源程序，编译生成 HEX 文件，并装载到 Proteus 虚拟仿真硬件电路的 AT89C51 芯片中。单片机的晶振频率选择为 11.0592MHz。

③ 运行 Proteus ISIS 软件，仔细观察运行结果，如果有不完全符合设计要求的情况，调整源程序并重复步骤①和②，直至完全符合本项目提出的各项设计要求。

仿真中，右键单击虚拟串口终端，选择 Echo Typed Characters，可显示 PC 键盘输入的字符，如图 7-1-9 所示，当 PC 端输入 a 时，从串口发送至单片机，单片机经判断是小写字符，未做处理直接发送 a 给虚拟终端显示。当 PC 端输入 A 时，从串口发送至单片机，单片机经

判断是大写字符，改为小写 a 再发送给虚拟终端显示。

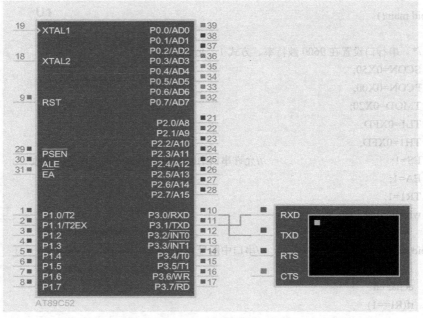

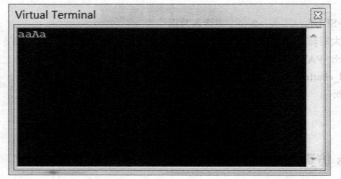

图 7-1-9　仿真效果图

任务二　双机通信

 **任务提出**

要求在单片机系统中通过键盘输入数据，通过单片机的串口传输到另一个单片机系统的串口，在串口接收另一个单片机发送的数据并在数码管上显示。

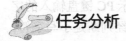 **任务分析**

任务要求通过串口传输，串口电路选择直接连接的插座，RXD、TXD 与 GND 直接通过

导线与另一单片机系统相连；键盘电路选择行列式矩阵键盘接在 P1 口（由于 P3 端口的 RXD、TXD 引脚已被串口使用）；显示电路选择 LED 数码管动态显示电路，显示段码接 P0 口、位码接 P2 口。

对于单片机系统而言，要求程序要完成的功能一是将本机的按键通过串口用异步通信的方式发送出去，二是将接收到另一单片机传送到串口的数据先保存下来，再送 LED 数码管依次显示出来。

整个双机通信的系统框图如图 7-2-1 所示。

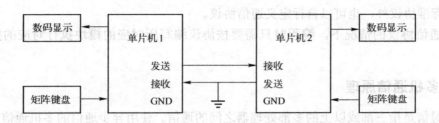

图 7-2-1 双机通信系统框图

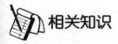 相关知识

一、通信协议

通过通信信道和设备互连起来的多个不同地理位置的数据通信系统，要使其能协同工作实现信息交换和资源共享，它们之间必须具有共同的语言。交流什么、怎样交流及何时交流，都必须遵循某种互相都能接受的规则。

通信协议（Communications Protocol）是指双方实体完成通信或服务所必须遵循的规则和约定。约定包括对数据格式、同步方式、传送速度、传送步骤、检纠错方式及控制字符定义等问题做出统一规定，通信双方必须共同遵守。因此，它也称为通信控制规程，或称传输控制规程。通信协议定义了数据单元使用的格式、信息单元应该包含的信息与含义、连接方式、信息发送和接收的时序，从而确保网络中数据顺利地传送到确定的地方。

通信协议包括三个要素：

① 语法：即"如何讲"，指数据的格式、编码和信号等级（电平的高低）。

② 语义：即"讲什么"，指数据内容、含义及控制信息。

③ 定时：速率匹配和排序。

语法是通信的基础，保证双方能够进行二进制数据的传送。二进制位的传送的有效性，就是要求在发送方发送出一个逻辑电平时，在接收方必须能够接收到对应的逻辑电平。作为单片机的串行通信接口，一般采用异步通信。在较远的数据通信过程中，传输逻辑电平的具体电路在应用电路系统中可有多种选择，如采用光耦进行电气隔离，采用无线方式对高、低电平的二进制信号调制、解调实现无线通信等。对单片机输出的 TTL 数据进行信号调制或电平变换，使信号可靠传输，在接收端对信号解调或电平变换，还原为 TTL 数据信号再送至接收端的单片机。

所谓语义，就是规定传送的数据的含义。为了简化程序，便于理解两台单片机系统之间数据的传递，将本任务中的主机功能定义为：将按键输入的数据通过串口发送出去，将串口接收到的数据在数码管上依次显示。这里制定了通信协议中以字节为单位的数据的协议，作为实验的两个单片机系统通信协议的最高层。当然，一个实用系统的语义往往是比较复杂的，是整个通信协议的核心。

所谓定时，就是规定传输的波特率和数据的先后次序。

通俗地说，通信协议就是通信双方进行协商而制定的具体的通信标准。当然，除了可以采用一些标准协议外，也可以自行定义通信协议。

在有通信协议的情况下，编程时只需要按协议编写所对应的模块执行对应的操作就可以了。

二、多机通信原理

多机通信是指三部或以上的多部处理器之间的通信。使用异步通信的多机通信系统，一般采用如图 7-2-2 所示的电路框架，图中 RXD 是异步串行通信的接收端，TXD 是异步串行通信的发送端。

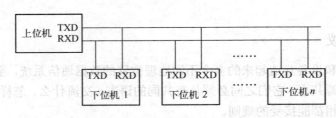

图 7-2-2 多机异步通信系统框图

在图 7-2-2 中，上位机发送地址、指令和数据，可以传送到各下位机或指定下位机，各下位机发送的数据只能被上位机接收。下位机仅在上位机要求发送数据时才向上位机发送数据，保证各下位机发送的数据不出现时间冲突。

MCS-51 单片机使用串口方式 2 或方式 3 进行数据通信，其中第 9 位数据确定上位机输出的是地址还是数据。当 TB8=1 时，地址帧，即发送的字节数据代表下位机的地址；当 TB8=0 时，数据帧，即发送的字节数据是向对应下位机传送的数据。

各下位机串行口与上位机工作在相同的方式下（方式 2 或方式 3）。标志 SM2（SCON.5）设置为 1，这时下位机仅能接收第 9 位数据为 1 的内容，如果上位机发送的是数据帧，则下位机串口硬件自动将该数据丢弃，不能接收。

当上位机发送的是地址帧时，所有单片机都能接收到这个数据。下位机每次接收到数据时，都要判断接收的第 9 位数据，第 9 位数据在 RB8（SCON.2）中。当 RB8=1 时，表示上位机传送过来的是地址帧，比较该地址是否与本机内置相符。若相符，则将该下位机的 SM2 清 0（即可以接收数据帧数据和地址帧数据），准备接收其后传送来的数据；否则将该下位机的 SM2 置 1（即只能接收地址帧数据），等待上位机再次发送地址帧。

至于具体的通信过程，是采用"依次查询/回答"，还是"上位机广播"等方式进行，要根据具体的情况制定相应的通信协议。

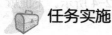

任务实施

一、硬件设计

根据任务分析，本任务主要实现在单片机系统中通过键盘输入数据，通过单片机的串口传输，将接收的数据显示在数码管上。

在本任务中，两部单片机应用系统之间的串口通信，采用最简单的无 Modem 调整的三线制通信，RXD、TXD 与 GND 直接通过导线与另一单片机系统相连，如果要求通信的距离更远，可以增加 RS-485 接口模块。

键盘电路选择行列式矩阵键盘接在 P1 口（由于 P3 端口的 RXD、TXD 引脚已被串口使用）。

显示电路选择 LED 数码管动态显示电路，显示段码接 P0 口、位码接 P2 口。键盘扫描和动态显示的原理及电路，这里不再重复叙述。

根据硬件电路和元器件的选择，本任务中单片机应用系统的硬件电路如图 7-2-3 所示。

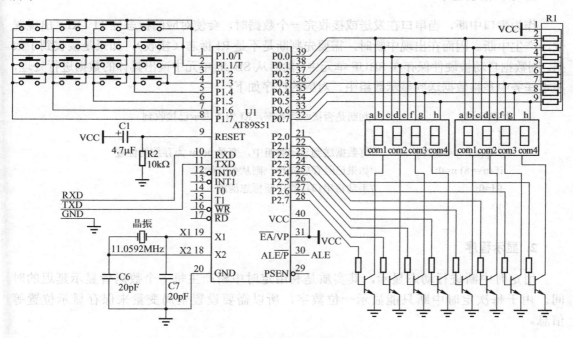

图 7-2-3　双机通信系统电路原理图

二、软件设计

根据任务分析，程序将分为三个部分，其一是随时扫描键盘，如果有键按下，则调用串口发送程序；其二是串口接收程序，只要有数据到了，就执行数据接收程序，并把数据送到显示数组里；其三是动态显示程序。为了完成这三个并行任务，最简单的方法是采用中断进行任务分配，将串口接收程序使用串口中断对输入的数据进行检测和接收，将动态显示程序使用定时中断完成，而键盘扫描则采用主程序实时检测，程序框图如图 7-2-4 所示。下面就这三个部分的程序进行具体分析。

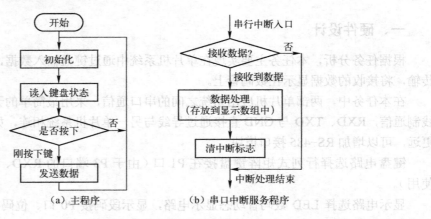

图 7-2-4　单片机程序框图

1. 串口接收程序

作为串口中断，当串口在发送或接收完一个数据时，会使对应的标志位 TI（RI）出现置位，产生中断。因而在出现中断时，需要先判断是不是 RI 标志（接收），如果是接收到了数据，则数据自动被硬件保存在 SBUF 单元中，然后从 SBUF 单元中读出具体的数据进行处理，在本任务中是将数据送到显示数组中。对应的程序如下：

```
if (RI==1)              //判断是否接收到数据，RI 为 1 表示已接收到
{
disp[n++]=SBUF;         //将数据送到显示数组中，变量 point 为存放的位置
if (n==8) n=0;          //如果已经存放完毕，则从头开始
RI=0;                   //手动将串口接收中断标志清除
}
```

2. 显示程序

用定时中断进行动态显示，其实质是利用定时中断产生每一个数码管显示延迟的时间。由于每次定时中断只能显示一位数字，所以需要设置全局变量来保存显示位置等信息。

3. 键盘处理

作为键盘扫描程序，在前面的项目中已经有较详细的说明，在此不做过多的说明。但是，使用串口发送数据，需要将发送的数据送至 SBUF 单元，如果发送完毕，则 TI 自动置位，需要将其手动清除，发送一个字符的程序如下：

```
void sendchar(unsigned char ch)    //使用参数的方式传递准备发送的数据
```

```
    {
        SBUF=ch;                    //将数据送到 SBUF 单元
        while(TI==0);               //等待发送完毕，如果没有发送完毕，则 TI 不为 1
        TI=0;                       //手动清除 TI 标志
    }
```

对应的源程序如下：

```c
/*双机通信系统 */
#include <AT89X55.H>
unsigned char code dispcode[]={0x3F,0x06,0x5B,0x4F,0x66,0x6D,0x7D,
    0x07,0x7F,0x6F,0x77,0x7C,0x39,0x5E,0x79,0x71};  //定义七段码的数组
unsigned char disp[8]={0,0,0,0,0,0,0,0};            //定义显示数组
unsigned char display_bit=0x80;                     //定义数码管的位码
unsigned char display_point=0;                      //要显示的位置
unsigned char n=0;                                  //接收数据存放的位置

void delay()                                        //延迟一段时间，用于键盘消抖
{
    int i=5000;
    while(--i);
}

void sendchar(unsigned char ch)                     //通过串口发送一个字符
{
    SBUF=ch;
    while(TI==0);
    TI=0;
}
unsigned char inkey()          //键盘扫描程序，返回为 0~15，返回 16 表示未按下键
{
    unsigned char i,j=1,k;
    unsigned char code keytab[16]={          //按键的位置码数组
            0x81,0x41,0x21,0x11,
            0x82,0x42,0x22,0x12,
            0x84,0x44,0x24,0x14,
            0x88,0x48,0x28,0x18};
    for (i=0;i<4;i++)
    {
        P1=~j;
        k=~P1;
        if (k!=j) break;
        j=j<<1;
    }
```

```
    for (i=0;i<16;i++)                      //将扫描码转换为键盘编码
    {
        if (keytab[i]==k) break;
    }
    return i;            //返回键盘编码
}
void main()
{
    unsigned char key;

    SCON=0X50;    //定义串口为工作方式 1，使 SCON 的 REN 位等于 1，串行通信接收启用
    TMOD=0X21;    //定义定时器 T1 工作于方式 2，用于产生串口波特率；
                  //定义定时器 T0 工作于方式 1，用于动态显示
    TH1=0XFD;     //波特率为 9600（单片机工作于 11.0592MHz）
    TL1=0XFD;
    ES=1;            //允许串口中断

    TH0=(65536-2000)/256;
    TL0=(65536-2000)%256;
    ET0=1;

    EA=1;

    TR0=1;
    TR1=1;

    while(1)
    {
        key=inkey();         //读入键盘状态
        if(key!=16)          //判断是否按下键盘
        {
            delay();              //延迟一段时间，跳过键盘抖动时间
            key=inkey();         //再次读入键盘状态
            if (key!=16)         //再次判断，如果键盘依然按下，则表示真实按下键，否则不是
            {
                sendchar(key);           //发送键盘编码
                while(key==inkey());     //等待键盘松开
            }
        }
    }
}

void time0() interrupt 1
{
```

```
        TH0=(65536−2000)/256;
        TL0=(65536−2000)%256;
        P2=0;                    //关闭显示
/*将 display_n 指向的数的七段码送到 P0 口显示*/
        P0=~dispcode[disp[display_point]]; //仿真中使用共阳型数码管
        P2=display_bit;          //输出位码，让对应的数码管点亮
        if(display_point==7)     //是否显示完毕
          {
            display_point=0;     //指向第一位数
            display_bit=0x80;    //指向第一只数码管
          }
        else
          {
            display_point++;     //指向下一个数字
            display_bit>>=1;     //指向下一只数码管
          }
}

void serial() interrupt 4        //串口中断
{
  if (RI==1)                     //判断是否接收到数据
  {
    disp[n++]=SBUF;              //存储到对应的单元，并指向下一个单元
    if (n==8) n=0;              //如果存储完毕，则指向第一位
    RI=0;                       //清除接收标志
  }
}
```

三、Proteus 仿真

① 打开 Proteus ISIS 软件，绘制 Proteus 仿真电路，如图 7-2-5 所示。仔细检查，保证线路连接无误。

📢 **注意：**

在本仿真中，动态显示电路采用共阳型数码管。

② 在 Keil 软件开发环境下，创建项目，编辑源程序，编译生成 HEX 文件，并装载到 Proteus 虚拟仿真硬件电路的 AT89C51 芯片中。注意：两块单片机加载的是相同的程序。两块单片机的晶振频率都选择为 11.0592MHz。

③ 运行 Proteus ISIS 软件，仔细观察运行结果，如果有不完全符合设计要求的情况，调整源程序并重复步骤①和②，直至完全符合本项目提出的各项设计要求。

左边的单片机系统输入了 ABCDEF12，通过串口传输数据，显示在右边的单片机系统的数码管上。

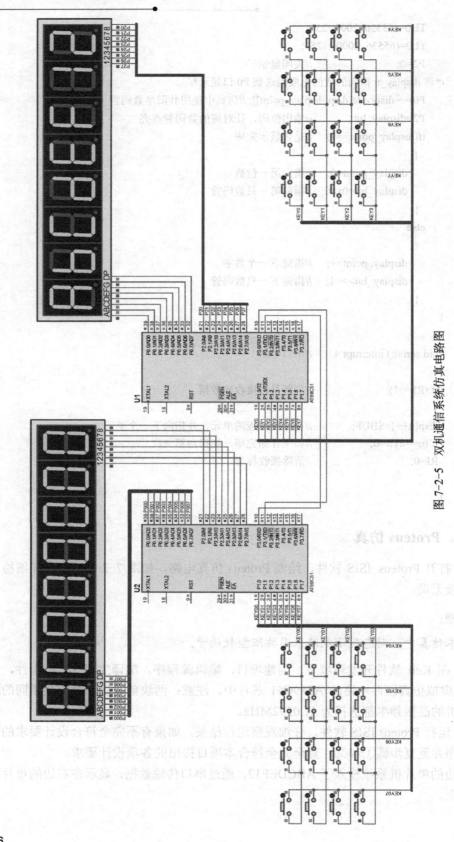

图 7-2-5 双机通信系统仿真电路图

思考与练习

1. 利用串行口设计 4 位静态数码管显示，画出电路图并编写程序，要求 4 位数码管每隔 1s 交替显示"1234"和"5678"。

2. 编写程序，实现 A、B 两个单片机进行点对点通信。A 机每隔 2s 发送一次"A"字符，B 机接收到以后，在 LCD1602 上显示出来。

3. 设计一交通灯远程控制系统，实现 PC 和单片机之间的通信。使用 PC 作为控制主机，单片机作为从机系统，从机控制交通灯。

其中，PC 与单片机之间的通信协议说明为：

① 通过 PC 键盘输入 01H 命令，发送给单片机；单片机收到 PC 发来的命令后，进入紧急情况状态，将东西和南北两个方向的交通灯都变为红灯，再发送 01H 作为应答信号，PC 收到应答信号并在屏幕上显示出来。

② 通过 PC 键盘输入 02H 命令，发送给单片机；单片机收到 PC 发来的命令后，恢复正常交通灯指示状态，并回送 02H 作为应答信号，PC 屏幕上显示 02H。

③ 设置主、从机的波特率均为 2400bps；帧格式为 10 位，包括 1 位起始位、8 位数据位、1 位停止位，无校验位。

试画出相应的控制电路，并编写程序。

4. 使用无线方式进行单信道数据单工传送，实现系统遥控。（提示：首先设计并制作红外遥控发射和接收部分，接收头可购买成品。）

项目八

简易波形发生器

在单片机的应用系统中，在某些特殊情况下需要使用模拟信号，作为输出信号或用来驱动各种器件实现系统功能。标准 MCS-51 单片机只能输出数字信号，需要使用 D/A 转换后才能输出模拟信号。本项目以 DAC0832 输出三角波和正弦波信号为示例说明单片机对模拟量的输出。

任务一　数控电压源

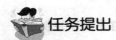

任务提出

本任务以按键控制单片机系统输出模拟电压为例，说明单片机输出模拟信号的控制电路和控制程序的设计方法。本系统的具体功能要求为：

① 输出电压范围：0～9.9V，步进为 0.1V，即每按下一次按键，电压值变化 0.1V。
② 输出电压值由数码管显示。
③ 由 "＋" "－" 两键分别控制输出电压步进增减。

任务分析

根据任务目标，需要输出 0～9.9V 的直流电压，步进为 0.1V。如果每个电压值对应一个数据，也就是要求输出 100 个数据。表示 100 个数据最少需要 7 位二进制，因此，在本任务中选择 8 位数/模转换器件 DAC0832 来实现数/模转换。

要实现按键输入和数据显示，系统硬件以单片机最小系统为控制核心，增加按键电路和显示器件的驱动电路，同时将单片机的数据连接到 DAC0832 的数据接口，即可形成数控电压源的基本硬件电路。整个系统的框图如图 8-1-1 所示。

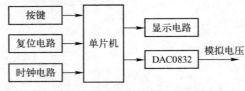

图 8-1-1　数控电压源硬件系统框图

由于单片机端口及 DAC0832 内部都有锁存器，在系统没有按键时，输出电压受锁存的数据控制，将一直维持设定数据。因此，编写控制程序时，可以不断检测按键，在确认有键按下时修改输出数据即能够实现输出电压的修改。

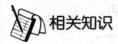相关知识

一、D/A 的基本概念

能将数字量转换成模拟量的电路，称为数/模转换器（Digital-Analog Converter），简称 DAC 或 D/A 转换器。

完成 D/A 转换的具体电路有多种，特别是单片大规模集成 D/A 转换器问世，为实现数/模转换提供了极大的方便，使用者借助于手册提供的器件性能指标及典型应用电路即可正确使用这些器件。目前市场上供应的 D/A 转换器芯片种类颇多，按数字位数分 8 位、10 位、12 位等，按转换速度有低速、高速之分，按照数据的传送方式有串行和并行之分。

D/A 转换芯片所需的基准电压 U_{REF} 有芯片内部电路提供和外部引脚接入两种方式，多数转换电路由片外提供基准电源。

为了使 D/A 转换器能连续输出模拟信号，CPU 送给 D/A 转换器的二进制数值通过锁存保持，然后再与 D/A 转换器相连接。有的 D/A 转换器芯片内部带有锁存器，此种芯片可作为 CPU 的一个外围设备端口挂在总线上。在需要进行 D/A 转换时，CPU 通过片选信号和写控制信号将数据写至 D/A 转换器。

二、D/A 的主要性能指标

1．分辨率

分辨率指 D/A 能分辨的最小输出模拟增量，取决于输入数字量的二进制位数。

2．建立时间

从数字信号输入 DAC 起，到输出电流（或电压）达到稳态值所需的时间为建立时间。建立时间的长短决定了模/数转换速度，是 DAC 最重要的指标之一。

3．转换精度

转换精度是指满量程时 DAC 的实际模拟输出值和理论值的接近程度。

4．偏移量误差

偏移量误差是指输入数字量为零时，输出模拟量对零的偏移值。

5．线性度

线性度是指 DAC 的实际转换特性曲线和理想直线之间的最大偏移差。

三、DAC0832 简介

DAC0832 是采用 CMOS 工艺制成的单片电流输出型 8 位数/模转换器。如图 8-1-2 所示是 DAC0832 的逻辑框图及引脚排列，表 8-1-1 是 DAC0832 的引脚功能说明。

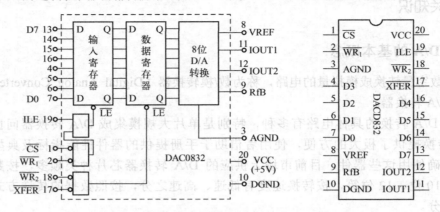

图 8-1-2　DAC0832 逻辑框图和引脚排列

表 8-1-1　DAC0832 的引脚功能

引脚符号	功能说明
D0～D7	数字信号输入端
ILE	输入寄存器允许，高电平有效
$\overline{CS}$	片选信号，低电平有效
$\overline{WR}_1$	写信号 1，低电平有效
$\overline{XFER}$	传送控制信号，低电平有效
$\overline{WR}_2$	写信号 2，低电平有效
IOUT1，IOUT2	DAC 电流输出端
RfB	反馈电阻，是集成在片内的外接运放的反馈电阻端
VREF	基准电压（−10～+10）V
VCC	电源电压（+5～+15）V
AGND	模拟地　可接在一起使用
NGND	数字地

DAC0832 是典型的 R-2R 电阻网络的 DAC，其输出电流与输入数据呈线性关系，需要经过外接的运算放大器将电流信号转换为电压信号输出，基本的应用电路如图 8-1-3 所示。图中 μA741 为运算放大器。

在图 8-1-3 所示电路中，DAC0832 工作于直通方式，DAC0832 的内部两级锁存组合起来还可工作于单缓冲工作方式和双缓冲工作方式。

在图 8-1-3 中，如果输入是以 D0～D7 组成的 8 位二进制数值 D，那么输出的模拟电压为：

$$U_{\text{OUT}} = -U_{\text{REF}} \times \frac{D}{2^N} = -5 \times D \div 256 = -0.01953125 \times D \text{ (V)}$$

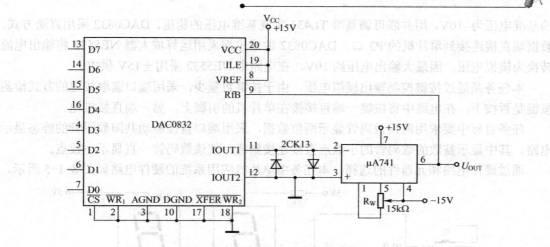

图 8-1-3 DAC0832 转换器应用电路

所以在需要输出某个具体的电压值时，通过上面的公式计算后对应输出相应的数值就可以达到要求。例如，需要输出-1.25V，则需要输入的数值为64。当然，如果需要输出正电压，则可以通过修改基准电压为负压，也可将输出负电压通过运算电路变为正压输出。

四、TL431 简介

德州仪器公司（TI）生产的 TL431 是一个有良好的热稳定性能的三端可调分流基准源。因其性能好、价格低，因此广泛应用在各种电源电路中，如数字电压表、可调压电源、开关电源等。

TL431 是一种并联稳压集成电路。其输出电压用两个电阻就可以任意设置 2.5～36V 范围内的任何值，如图 8-1-4（a）所示。图 8-1-4（b）相当于图 8-1-4（a）中的 R2 短路且 R3 开路，电路稳压值为固定的 2.5V。TL431 的典型动态阻抗为 0.2Ω，在很多应用中用它代替齐纳二极管。

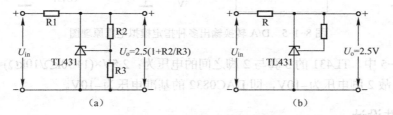

图 8-1-4 TL431 的典型应用电路

 任务实施

一、硬件设计

根据任务目标和任务分析，本任务要输出 0～9.9V 的模拟电压，采用 DAC0832 来实现数/模转换。DAC0832 是典型的 R-2R 网络的 DAC 器件，按 DAC0832 的典型应用电路，其输出电压与基准电压的极性相反，且输出的幅度略小于基准电压。在本任务中，选择 DAC0832

的基准电压为–10V，用并联可调基准 TL431 实现基准电压的稳压。DAC0832 采用直通方式，数据端直接连接到单片机的 P3 口。DAC0832 的输出端采用运算放大器 NE5532 将输出电流转换为模拟电压，因最大输出电压约 10V，在电路中 NE5532 采用±15V 供电。

本任务是通过按键控制输出模拟电压，由于按键数量少，采用端口读取按键的方式检测按键是否按下，在电路中将按键一端直接接在单片机的引脚上，另一端直接接地。

任务目标中要求用两只数码管显示两位数据，采用端口直接驱动共阳数码管的静态显示电路。其中显示整数的数码管的小数点直接连接到地，使该数码管一直显示小数点。

通过硬件电路和元器件的选择，本任务中单片机应用系统的硬件电路如图 8-1-5 所示。

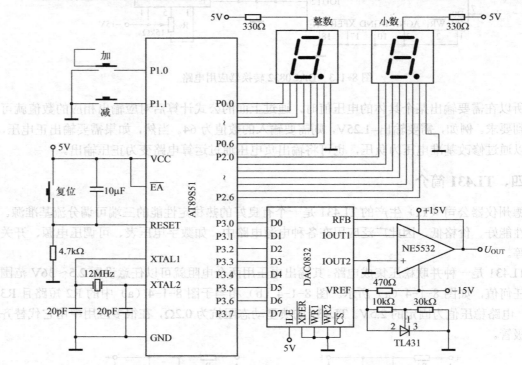

图 8-1-5 D/A 转换输出多种指定模拟电压原理图

在图 8-1-5 中，TL431 的 3 脚与 2 脚之间的电压为：2.5V×(1+30kΩ/10kΩ)=10V。TL431 的 3 脚接地，故 2 脚电压为–10V，即 DAC0832 的基准电压为–10V。

二、软件设计

本系统中 DAC0832 采用直通工作方式，所以只需向单片机 P3 端口直接赋值，就能从 DAC0832 的电流输出端所接运算放大器 NE5532 的输出引脚得到所需要的模拟电压信号。

在图 8-1-5 中，运放 NE5532 的输出电压与 DAC0832 所选取的基准电压满足关系：$U_{OUT}=-VREF \times D/256$。需要得到输出电压 U，则需要向 DAC0832 的数据端口写入的数据为：$-U \times 256/VREF$。在本任务中，通过 TL431 得到的基准电压为–10V，所以使用命令 "P3=u*256/100;" 可将单位为 0.1V 的电压 u 在电路的 NE5532 的输出端输出。

由于两只数码管是直接连接到单片机端口，只要将显示的段码通过端口输出之后，数码管将一直维持显示。同样，DAC0832 的数据在 P3 口一直锁存。因此，单片机的主要任务是检测按键，当有按键按下时，调整数据并输出一次数据即可更新显示和输出的模拟电压。对应的系统程序框图如图 8-1-6（a）所示。

对于每个按键，可以通过典型的软件消抖实现按键判断，如图 8-1-6（b）所示。

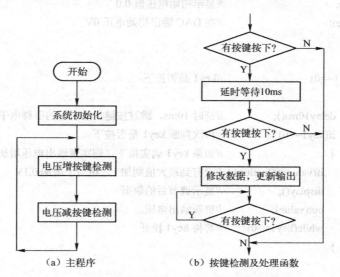

（a）主程序　　　　　（b）按键检测及处理函数

图 8-1-6　数控电压源系统程序框图

示例源程序如下：

```c
#include <AT89X51.H>
#define uchar unsigned char
sbit key1=P1^0;        //定义按键 1 的引脚
sbit key2=P1^1;        //定义按键 2 的引脚
uchar value;           //定义输出电压的变量，单位为 0.1V
void delay10ms()       //延时 10ms 函数
{
    uchar   i,k;
    for(i=20;i>0;i—)
    for(k=250;k>0;k—){;}
}
void display()         //显示函数
{
    uchar code dispcode[]={0xc0,0xf9,0xa4,0xb0,0x99,0x92,0x82,0xf8,0x80,0x90}; //共阳，0～9
    P2=dispcode[value%10];  //value 的个位，即输出电压的小数部分
    P0=dispcode[value/10];  //value 的十位，即输出电压的整数部分
}
void out(uchar u)      //电压输出函数，u 的单位为 0.1V
{
    P3=u*256/100;      //基准电压为—10V，将 u 转换为 DAC 所需数据并输出
```

```
    }
    void main()
    {
        value=0;                          //将输出电压初值置为 0
        display();                        //显示初始电压值 0.0
        out(value);                       //在 DAC 输出初始电压 0V
        while(1)
        {
          if(key1==0)                     //key1 是否按下
            {
                delay10ms();              //延时 10ms，跳过按键抖动引起的引脚电平变化时间
                if(key1==0)               //再次判断 key1 是否按下
                {                         //如果 key1 确实按下，则实现输出电压增加
                  if(value<99)value++;    //没有到最大值则加 1，相当于增加 0.1V
                  display();              //显示调节后的数据
                  out(value);             //更新输出电压
                  while(key1==0);         //等待 key1 松开
                }
            }
          if(key2==0)                     //判断 key2 是否按下
            {
                delay10ms();
                if(key2==0)
                {                         //如果 key2 确实按下，则实现输出电压减小
                  if(value>0)value--;     //不为 0，则减 1，相当于减小 0.1V
                  display();              //更新显示数据
                  out(value);             //更新输出电压
                  while(key2==0);
                }
            }
        }
    }
```

三、Proteus 仿真

① 打开 Proteus ISIS 软件，按照硬件原理图绘制 Proteus 仿真电路，仔细检查，保证线路连接无误。

② 在 Keil 软件开发环境下，创建项目，编辑源程序，编译生成 HEX 文件，并装载到 Proteus 虚拟仿真硬件电路的 AT89C51 芯片中。

③ 运行仿真，仔细观察运行结果，如果有不完全符合设计要求的情况，调整源程序并重复步骤①和②，直至完全符合本项目提出的各项设计要求。

在仿真时，通过按下"加"按键，将使显示的数字增加，同时使运放输出的模拟电压上

升；按下"减"按键，将使显示数字减小，同时使运放输出的模拟电压下降。如图 8-1-7 所示是通过按键设置输出电压为 2.5V 时的仿真效果图。

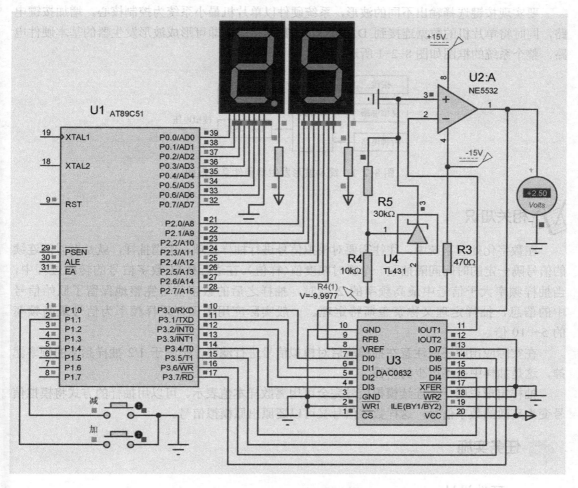

图 8-1-7 数控电压源仿真效果图

任务二 简易波形发生器

任务提出

在单片机应用系统中常需要用单片机作为信号源，为电路提供模拟信号。本任务以按键控制单片机系统通过 DAC0832 输出三角波和正弦波，输出频率为 100Hz。

任务分析

根据任务目标，需要控制 DAC0832 输出模拟电压形成正弦波和三角波。这两种不同的

单片机技术基础与应用

波形频率均为 100Hz，都是周期性波形，单片机能够实现一个完整的周期即可实现整个波形的输出。两个波形的区别是按指定顺序依次输出不同的模拟电压。

要实现按键选择输出不同的波形，系统硬件以单片机最小系统为控制核心，增加按键电路，同时将单片机的数据连接到 DAC0832 的数据接口，即可形成波形发生器的基本硬件电路。整个系统的框图如图 8-2-1 所示。

图 8-2-1　简易波形发生器硬件系统框图

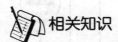

在数字化处理系统中，往往需要对模拟信号进行抽样处理。所谓抽样，就是对时间连续的信号隔一定的时间间隔抽取一个瞬时幅度值（样值）。在进行模拟/数字信号的转换过程中，当抽样频率大于信号中最高频率的 2 倍时，抽样之后的数字信号完整地保留了原始信号中的信息，抽样定理又称奈奎斯特定理。一般实际应用中保证采样频率为信号最高频率的 5～10 倍。

在实际应用中还应注意在抽样前后对模拟信号进行滤波，把高于 1/2 抽样频率的频率滤掉，这是抽样中必不可少的步骤。

抽样定理说明一个连续模拟信号完全可用离散样本值表示。可以用抽样的方式将模拟信号变为离散的数字信号，这样数字信号又可以还原出原模拟信号。

任务实施

一、硬件设计

根据任务目标和任务分析，本任务由单片机最小系统、按键及 DAC0832 相关电路组成。在本任务中，DAC0832 采用直通方式，即将其控制端 ILE 接高电平，且将 $\overline{CS}$、$\overline{WR1}$、$\overline{XFER}$ 和 $\overline{WR2}$ 均接地。数据端 D0～D7 直接连接到单片机的 P2 口，在程序中将数据送到 P2 即能改变 DAC 的输出电压。

在本任务中，选择 DAC0832 的基准电压为 5V，在 DAC0832 的输出端采用运算放大器 NE5534 将输出电流转换为模拟电压，故输出电压范围为–5～0V。在电路中 NE5534 采用 ±9V 供电。如果要得到纯交流信号，可以在运放的输出端串接一隔直流的电容即可。

本任务是通过两只按键控制输出波形，将按键直接接在单片机的外部中断引脚上，可使用外部中断检测按键。

通过硬件电路和元器件的选择，本任务中单片机应用系统的硬件电路如图 8-2-2 所示。

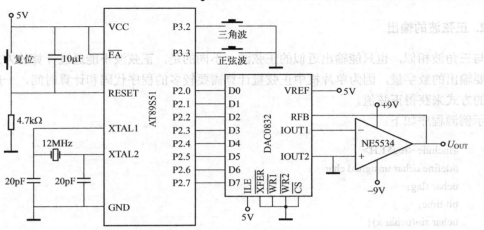

图 8-2-2　简易波形发生器电路原理图

二、软件设计

本系统中 DAC0832 采用直通工作方式，所以只需向单片机 P3 端口直接赋值，就能从 DAC0832 的电流输出端所接运算放大器 NE5532 的输出引脚得到所需要的模拟电压信号。

根据任务要求，由按键控制电路输出波形，所以在程序中必须要检测这两个按键。这两个键连接在外部中断的两个引脚上，最简单、有效的方法是使用外部中断的方式。同时，因为只要检测到键按下就转换到相应的状态，所以不需要按键的消抖，并且外部中断应使用边沿触发的方式。本任务中设置 P3.2 所接按键功能为输出三角波，设置 P3.3 所接按键功能为输出正弦波。

方式的切换使用一个全局变量作为波形标志，规定其值为 1 时为三角波状态，值为 2 时为正弦波状态。在系统初始化时，将波形标志初始化为 0，不输出信号，此时规定输出为零，则在外部中断 0 中将该标志设置为 1，在外部中断 1 中将该标志设置为 2 即可实现输出波形的切换。

对于输出信号的频率，这里只是一个演示程序，设置其输出为 100Hz，每个周期需要 10ms，为了方便，将每个周期的输出确定为 250 个点，则每两个不同的输出值之间就相差 40μs。对于这个固定的时间间隔，程序中采用定时中断完成。为了保证定时的准确，在定时中断服务程序设置一个标志。在主程序中，当时间标志出现时，根据波形标志的不同，输出不同的数值，以完成输出规定的波形。

要使用 DAC0832 输出三角波和正弦波，下面分析 DAC0832 的具体控制程序。

1. 三角波的输出

从单片机传输到 DAC 数字量的最小变化量为 1，当输入数字量变化 1 时，模/数转换器对应输出的模拟量的大小就是其分辨率，随着数字的增大或减小，模/数转换器输出的模拟量也随之增大或减小，因而从模/数转换器输出的三角波不是理想的线性变化三角波，只有当电压的变化量很小时，可以看作是线性增长（降低）的。

2. 正弦波的输出

与三角波相似，也只能输出近似的正弦波。不同的是，正弦波不能通过计算的方式来获得需要输出的数字量，因为单片机中正弦量计算需要较多的程序代码和计算时间，一般采用查表的方式来获得正弦值。

示例源程序如下：

```
#include <reg51.H>
#define uchar unsigned char
uchar flag;
bit time;
uchar sin(uchar x){
uchar code sin_tab[]={125, 128, 131, 134, 138, 141, 144, 147, 150,  153, 156, 159, 162,
    165, 168, 171, 174, 177, 180, 182, 185, 188, 191, 193, 196, 198, 201, 203, 206,
    208, 211, 213, 215, 217, 219, 221, 223, 225, 227, 229, 231, 232, 234, 235, 237,
    238, 239, 241, 242, 243, 244, 245, 246, 246, 247, 248, 248, 249, 249, 250, 250,
    250, 250, 250, 250, 250, 250, 249, 249, 248, 248, 247, 246, 246, 245, 244, 243,
    242, 241, 239, 238, 237, 235, 234, 232, 231, 229, 227, 225, 223, 221, 219, 217,
    215, 213, 211, 208, 206, 203, 201, 198, 196, 193, 191, 188, 185, 182, 180, 177,
    174, 171, 168, 165, 162, 159, 156, 153, 150, 147, 144, 141, 138, 134, 131, 128,
    125, 122, 119, 116, 112, 109, 106, 103, 100, 97, 94, 91, 88, 85, 82, 79, 76, 73,
    70, 68, 65, 62, 59, 57, 54, 52, 49, 47, 44, 42, 39, 37, 35, 33, 31, 29, 27, 25,
    23, 21, 19, 18, 16, 15, 13, 12, 11, 9, 8, 7, 6, 5, 4, 4, 3, 2, 2, 1, 1, 0, 0, 0,
    0, 0, 0, 0, 0, 1, 1, 2, 2, 3, 4, 4, 5, 6, 7, 8, 9, 11, 12, 13, 15, 16, 18, 19, 21,
    23, 25, 27, 29, 31, 33, 35, 37, 39, 42, 44, 47, 49, 52, 54, 57, 59, 62, 65, 68,
    70, 73, 76, 79, 82, 85, 88, 91, 94, 97, 100, 103, 106, 109, 112, 116, 119, 122};
    //正弦波一个周期，按250个点取值
    return (sin_tab[x]);             //直接查表，并返回对应的正弦值
}
void DAC0832(uchar x)
{
    P2=x;
}
void main()
{
    uchar i;
    TMOD=0X02;
    TH0=256-40;                  //晶振为12MHz时，定时为40μs
    ET0=1;
    IT0=1;  IT1=1;
    EX0=1;
    EX1=1;
    EA=1;
```

```c
    TR0=1;
    flag=0;
    i=0;
    while(1)
    {
        if(time==1)                  //时间到了
        {
        time=0;
        i++;    if (i>249) i=0;       //指向下一个点
        switch(flag)                 //判断标志
        {
          case 0:  DAC0832(0); break;
            case 1:                  //flag 值为 1，输出三角波
                  if(i<125)    DAC0832(i);
                        else   DAC0832(250-i);
                  break;
            case 2:                  //flag 值为 2，输出正弦波
                  DAC0832(sin(i));
                        break;
            default: ;
        }
        }
    }
    }
    void time0() interrupt 1
    {
      time=1;                        //置时间标志
    }
    void int0() interrupt 0
    {
      flag=1;                        //按下 S1，使波形标志为 1，让主程序执行三角波输出
    }
    void int1() interrupt 2
    {
      flag=2;                        //按下 S2，波形标志为 2，输出正弦波
    }
```

三、Proteus 仿真

① 打开 Proteus ISIS 软件，按照硬件原理图绘制 Proteus 仿真电路，仔细检查，保证线路连接无误。

② 在 Keil 软件开发环境下，创建项目，编辑源程序，编译生成 HEX 文件，并装载到 Proteus 虚拟仿真硬件电路的 AT89C51 芯片中。

③ 运行仿真，仔细观察运行结果，如果有不完全符合设计要求的情况，调整源程序并重复步骤①和②，直至完全符合本项目提出的各项设计要求。

在示例仿真电路中，用网络标号表示连接。

在仿真时，当按下与 P3.2 连接的按键，将使电路输出三角波；当按下与 P3.3 连接的按键时，电路将输出正弦波。如图 8-2-3 所示是电路输出正弦波时的仿真效果图，在示波器上明显可以看出输出波形。

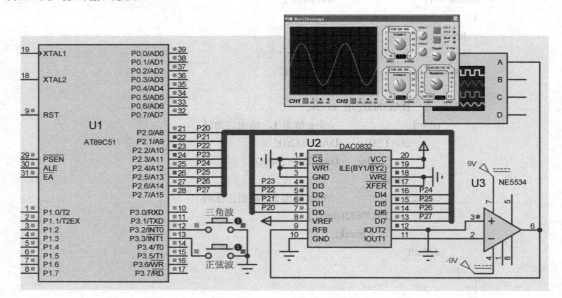

图 8-2-3　简易波形发生器输出正弦波时的仿真效果图

思考与练习

1. 什么是输出通道？
2. 使用 DAC0832 时，单缓冲方式如何工作？双缓冲方式又如何工作？
3. DAC0832 与 MCS-51 系列单片机接口时有哪些控制信号？作用分别是什么？
4. 试用串行 DAC 实现本项目的两个任务。

项目九

简易数字电压表

在单片机应用系统中，经常把声音、温度、湿度、压力、位移、气压等各种物理量作为系统的输入信号，根据这些物理量的变化值，通过单片机系统去实现某些功能控制。由于电子控制系统能够处理的信号均为电信号，所以要实现各种物理量的输入，就需要使用传感器将这些物理量转换为电量。传感器输出的信号一般是模拟信号。

单片机的输入信号和输出信号都是数字信号（数字量），因而还需要一种特殊的电路，将来自系统外围设备输出的模拟量转换为单片机能够识别的数字信号。在单片机外围接口电路中，常采用模/数转换器（A/D）来实现将模拟量转换为数字量。

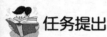

任务提出

本项目的任务是利用单片机和 A/D 转换器组成的系统，测量 0～5V 的模拟电压，并在数码管上显示出来。也就是做一个能测量 0～5V 模拟电压的简易数字电压表。

在电路中，电流和阻抗均可通过线性电路转换为电压信号，只要能够测量电压的系统即可测量电流和阻抗，在输出结果时按比例计算就能够得到相应的电量的值，由此可以做成相应的测量设备。

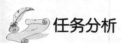

任务分析

任务要求是实现模拟电压表，测量输入 0～5V 的模拟电压，并用数字方式进行显示。

对单片机来说，能处理的输入量和输出量都是数字信号（数字量），因而首先必须将输入的模拟量变换为单片机能够识别的数字信号，常采用 A/D 转换电路来完成将模拟量转换为数字量。为了保证转换稳定，A/D 转换电路往往需要基准电压信号。

数字电压表以单片机为控制核心，读入 A/D 转换器输出的数字信号，将其在数码管上显示出来。因此需要在单片机的最小系统的基础上增加 A/D 转换电路和显示器件及其驱动电路，故整个系统的框图如图 9-1-1 所示。

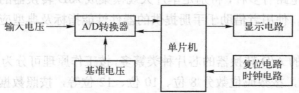

图 9-1-1　数字电压表硬件系统框图

📖 相关知识

一、输入通道概述

在机电控制系统中，单片机往往需要对控制对象的过程参数进行监测。被监测的过程参数通常是一种非电量的物理量，如温度、压力、载荷、位移等，这些物理量不能被单片机直接读取。

通常采用传感器将监测物理量转变为电量，传感器按输出信号的性质可分为输出模拟信号传感器和输出数字传感器两大类。

对于模拟信号传感器输出的电信号可以是电压，也可以是电流。输出不同时信号强度大小也不尽相同，往往需要对这些信号进行放大、滤波等处理，以便于单片机或模/数转换电路对信号的利用。

被测物理量是连续变化的，如声音、压力等，传感器往往输出为模拟电信号。模拟信号需要进行模/数转换后，才能送入单片机处理。数字量输出的传感器信号，经放大整形后可直接通过单片机引脚送入单片机。

在同一个测控系统中，被检测的参数有可能不止一个，考虑到单片机的工作速度快，物理量变化速度相对比较慢，对于多个模拟量的输入，可以使用一个 A/D 转换来轮流处理各个被测量，如图 9-1-2 所示。

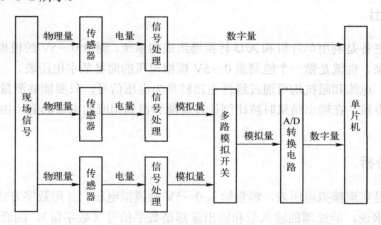

图 9-1-2　输入通道

二、A/D 转换器简介

能将模拟量转换成数字量的电路，称为 A/D 转换器（Analog-Digital Converter，ADC）。完成这种转换的具体电路有多种，特别是单片大规模集成 A/D 转换器的问世，为实现模/数转换提供了极大的方便，使用者借助于手册提供的器件性能指标及典型应用电路即可正确使用这些器件。

目前市场上供应的 A/D 转换器的芯片种类繁多，按工作原理可分为直接 A/D 转换器和间接 A/D 转换器两大类，按数码位数分 8 位、10 位、12 位等，按照数据的传送方式还可分为串行 A/D 和并行 A/D。

1. 直接 A/D 转换器

直接 A/D 转换器是通过一套基准电压与取样保持电压进行比较，从而直接转换成数字量。其特点是工作速度高，转换精度容易保证，使用也比较方便。

这类 A/D 的模拟电压与数字输出之间的转换关系是：

$$D = \frac{U_{IN}}{U_{REF}} \times 2^N$$

式中，N 为 A/D 转换器的位数；D 为 A/D 转换器输出的数值；U_{IN} 为 A/D 转换器输入的模拟电压；U_{REF} 为 A/D 转换器的基准电压。

直接 A/D 转换器的电路有并联比较型和反馈比较型，而反馈比较型又分为计数型和逐次逼近型。其中，逐次逼近型 A/D 转换器是目前集成 A/D 转换器产品中用得最广泛的一种电路。

并联比较型 A/D 转换器的转换速度很快，其转换速度实际上取决于器件的速度和时钟脉冲的宽度；但电路复杂，其转换精度将受分压网络和电压比较器灵敏度的限制。这种转换器适用于高速、精度较低的场合。

2. 间接 A/D 转换器

间接 A/D 转换器是将取样后的模拟信号先转换成时间 t（即电压-时间变换型，简称 V–T 变换型）或频率 f（电压-频率变换型，简称 V–F 变换型），然后再将 t 或 f 转换成数字量。

V–T 变换型 A/D 转换器中用得最多的是双积分型 A/D 转换器，如 CB7107、MC14433 等，这类转换器的成本低、速度慢、精度高。

V–F 变换型 A/D 电路由压控振荡器、计数器、时钟等组成。在单片机系统中，实际只需要外接一个压控电路就可以完成 A/D 转换，其余的计数、闸门时间控制等工作由单片机完成。同时，由压控电路传送到单片机的信号是一路脉冲信号，所以传送电路简单、要求低，特别适用于遥控测量等需要电气隔离的系统中。常见的压控集成电路有 LM331、AD650 等。

总体来说，间接 A/D 转换器的特点是工作速度较低，但转换精度可以做得较高，且抗干扰性强，一般在测试仪表中用得较多。

3. A/D 转换器的主要技术指标

（1）分辨率和量化误差

分辨率是指 A/D 转换器对输入模拟信号的分辨能力，是衡量 A/D 转换器分辨输入模拟量最小变化程度的技术指标。转换器的分辨率取决于 A/D 转换器的位数，通常以输出二进制数或 BCD 码数的位数来表示。分辨率越高，转换时对输入模拟信号变化的反应就越灵敏。从理论上讲，一个 N 位二进制数输出的 A/D 转换器应能区分输入模拟电压的 2^N 个不同量级，能区分输入模拟电压的最小差异为满量程输入的 $1/2^N$。

例如，A/D 转换器的输出为 12 位二进制数，即表示该转换器可以用 2^{12} 个二进制数对输入模拟量进行量化，其分辨率为 1 LSB，如用百分比表示时，其分辨率为 $(1/2^{12}) \times 100\% = 0.025\%$，若最大允许输入模拟信号为 10V，则能分辨出输出模拟电压的最小变化量为 $1/2^{12} \times 10V = 10V/4096 = 2.44mV$。

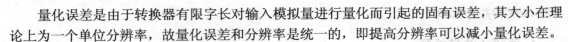

量化误差是由于转换器有限字长对输入模拟量进行量化而引起的固有误差，其大小在理论上为一个单位分辨率，故量化误差和分辨率是统一的，即提高分辨率可以减小量化误差。

（2）转换速度

转换速度是指 A/D 转换器在每秒钟内所能完成的转换次数。也可表述为转换时间，即完成一次 A/D 转换所需要的时间，两者互为倒数。转换时间是从接到转换启动信号开始，到输出端获得稳定的数字信号所经过的时间。若某 A/D 转换器的转换速度为 5MHz，则其转换时间是 200ns。A/D 转换器的转换速度主要取决于转换电路的类型，不同类型 A/D 转换器的转换速度相差很大。双积分型 A/D 转换器的转换速度最慢，需几百毫秒左右；逐次逼近式 A/D 转换器的转换速度较快，在几十微秒；并联型 A/D 转换器的转换速度最快，仅需几十纳秒的时间。

（3）转换精度

A/D 转换器的精度通常有两种表示形式：绝对精度和相对精度。绝对精度常用数字量的位数表示，如精度为最低位 LSB 的 ±1/2 位，即（±1/2）LSB。如果满量程为 10V，则 10 位 A/D 转换器绝对精度为 ±4.88mV。相对精度用相对于满量程的百分比表示，则 10 位 A/D 转换器的相对精度为 0.1%。

精度和分辨率是两个不同的概念，不能混淆。精度是指转换后所得结果相对于实际值的准确度，而分辨率指的是能对转换结果产生影响的最小输入量。如满量程为 10V 的 10 位 A/D 转换器的分辨率为 9.77mV。但是，即使分辨率很高，也可能由于温度漂移、线性不良等因素影响其转换精度。

三、ADC0809 简介

ADC0809 是 CMOS 8 路 8 位逐次逼近式 A/D 转换器，包括 8 位 A/D 转换器、8 通道多路转换器、三态输出锁存缓冲器及与微处理器兼容的控制逻辑。8 通道多路转换器能直接连通 8 个单极性模拟信号中的任何一个。

ADC0809 片内带有锁存功能的 8 位模拟多路开关，可对 8 路 0～5V 的输入模拟电压信号分时进行转换，片内具有多路开关的地址译码和锁存电路、比较器、256R 电阻 T 型网络、树状电子开关、逐次逼近寄存器 SAR、控制与时序电路等。输出具有 TTL 三态输出锁存缓冲器，可直接连到单片机数据总线上。ADC0809 的内部结构如图 9-1-3 所示。

1. ADC0809 的主要特性

① 8 路输入通道，8 位 A/D 转换器，即分辨率为 8 位。线性误差为 ±1 LSB。

② 单一 +5V 电源供电，模拟输入电压范围为 0～5V，不需要零点和满刻度校准。

③ 转换速度取决于芯片时钟频率，时钟频率范围为 10～1280kHz，转换需要 64 个时钟脉冲。当时钟频率为 640 kHz 时，转换时间为 100μs；当时钟频率为 500kHz 时，转换时间为 130μs。

2. ADC0809 芯片引脚功能

ADC0809 芯片的逻辑框图及引脚排列如图 9-1-3 所示，器件的核心部分是 8 位 A/D 转换器，它由比较器、逐次逼近寄存器、D/A 转换器及控制和定时 5 部分组成。

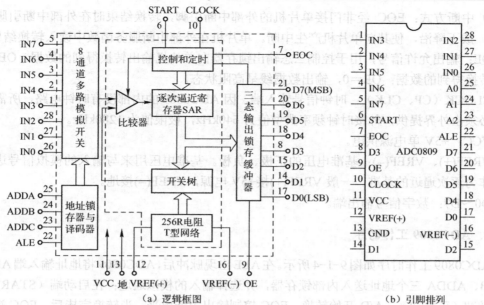

图 9-1-3 ADC0809 转换器逻辑框图及引脚排列

ADC0809 的引脚功能说明如下。

IN0~IN7：8 路模拟信号输入端。

ADDC（A2）、ADDB（A1）、ADDA（A0）：地址输入端。ADDC（A2）、ADDB（A1）、ADDA（A0）端输入 000~111 时，分别选通 8 路模拟信号中的任何一路进行 A/D 转换，地址译码与模拟输入通道的选通关系如表 9-1-1 所示。例如，若直接将 ADC0809 芯片 ADDC、ADDB、ADDA 接地（000），则选通 IN0。

表 9-1-1 ADC0809 模拟输入通道与地址译码的选通关系

被选模拟通道		IN0	IN1	IN2	IN3	IN4	IN5	IN6	IN7
地址	ADDC	0	0	0	0	1	1	1	1
	ADDB	0	0	1	1	0	0	1	1
	ADDA	0	1	0	1	0	1	0	1

ALE：地址锁存允许输入信号，在此脚施加正脉冲，上升沿有效，此时锁存地址码，从而选通相应的模拟信号通道，以便进行 A/D 转换。

START：启动信号输入端，应在此脚施加正脉冲，当上升沿到达时，内部逐次逼近寄存器复位；在下降沿到达后，开始 A/D 转换过程。在转换期间，应保持低电平。

EOC：转换结束输出信号（转换结束标志），高电平有效。根据读入转换结果的方式，EOC 信号和单片机有以下三种连接方式。

● 延时方式：EOC 悬空，启动转换后，延时 64 个脉冲（CLK 为 640kHz 时为 100μs），单片机直接读入转换结果。

● 查询方式：EOC 接单片机端口线，单片机在 EOC 为低时等待，当 EOC 为高时读入转换结果。

● 中断方式：EOC 经非门接单片机的外部中断引脚，转换结束时在外部中断引脚上形成下降沿，使其向单片机产生中断。单片机在外部中断服务函数中读入转换结果。

OE：输出允许信号，用于控制三态输出锁存器向单片机输出转换得到的数据。OE＝1，输出转换得到的数据；OE＝0，输出数据线呈高阻状态。

CLOCK（CP、CLK）：时钟信号输入端，因 ADC0809 的内部没有时钟电路，所需时钟信号必须由外界提供，外接时钟频率典型值为 640kHz，极限值为 1280kHz。

VCC：+5V 单电源供电。

VREF(+)、VREF(–)：基准电压的正极、负极。基准电压用来与输入的模拟信号进行比较，作为逐次逼近的基准。一般 VREF(+)接+5V 电源，VREF(–)接地。

D0～D7：数字信号输出端。

3．ADC0809 工作时序

ADC0809 工作时序如图 9-1-4 所示。在 ALE 出现脉冲后，ADC0809 将地址输入端 ADDC、ADDB、ADDA 三个地址送入内部锁存器，并选择输入的模拟通道；在启动端（START）加启动脉冲（正脉冲），A/D 开始转换，EOC 控制输出为低电平，当转换完毕后，EOC 端重新回到高电平；当在 OE 端加上高电平时，在数据端 D0～D7 输出 A/D 转换的结果。

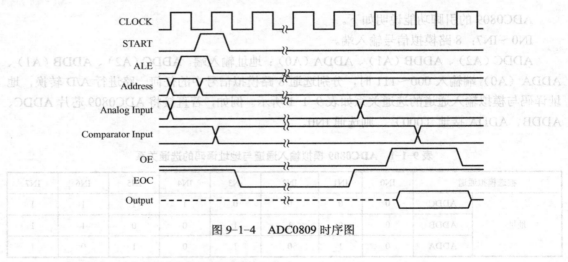

图 9-1-4　ADC0809 时序图

4．采用总线方式控制 ADC0809 的电路

在图 9-1-5 所示电路中，JK 触发器构成一个二分频器，使 ALE 的输出频率降低为 1MHz 后给 ADC0809 提供时钟信号。ADC0809 的地址信号由 74LS373 锁存后的 A0、A1、A2 控制，同时，其控制信号由 P2.0 和 $\overline{RD}$、$\overline{WR}$ 通过或非后提供，这是一种总线控制方式。如果从地址角度来说，由于 P2.0 是采用线选法控制外围器件的，因而 8 路模拟输入的地址依次为 FE00H～FE07H，在程序中只需要针对这 8 个地址进行写操作即可启动 AD0809 开始转换，分别对这 8 个地址读操作就可以将转换的数据送到单片机中。

电路中将 EOC 的输出信号取反后送到 $\overline{INT0}$ 上，当 ADC0809 转换完毕时，在 EOC 上出现高电平，对应在 $\overline{INT0}$ 上出现下降沿，引起单片机中断，因而电路是采用中断的方式处理 A/D 转换数据的，节省了单片机的资源。

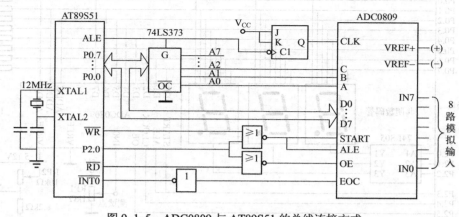

图 9-1-5 ADC0809 与 AT89S51 的总线连接方式

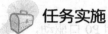 **任务实施**

一、硬件设计

根据任务分析，本任务通过 A/D 转换器将输入电压转换后的数字信号送到单片机，由单片机对数字信号进行处理后在数码管上显示出来。

为了实现将模拟电压信号转换为单片机可以直接读入的数字信号，在本任务中选择 8 位模/数转换集成电路 ADC0809 作为系统的 A/D 转换器件。

任务中要求在 0～5V 范围内实现测量，故 A/D 的基准电压应为 5V 及以上的电压。在本任务也选择 TL431 作为 ADC0809 的基准电压提供器件，并调节其输出电压为 5.12V，目的是使 ADC0809 对应的精度为 0.02V。

在本任务中，因 ADC0809 内部带有输出锁存器，可以与 AT89S51 单片机直接相连。为了更直观地理解 ADC0809 的工作时序，本任务中采用普通 I/O 端口控制的方式进行连接，没有采用扩展总线的连接方式。

作为 ADC0809 的时钟，要求最大不超过 1280kHz，在单片机系统时钟不高的情况下，可以采用 ALE 作为其时钟来源（ALE 输出脉冲频率为单片机系统频率的 1/6）。若系统时钟频率超过了 ADC0809 的时钟频率极限，可以使用硬件分频后作为 ADC0809 的时钟。为节省硬件，也可采用软件分频的方式提供合适的时钟频率信号，也就是使用定时器来完成 ADC0809 的时钟脉冲。在本任务中，采用程序延时读入数据，在延时的同时使用程序向 ADC0809 的 CLOCK 引脚提供脉冲。由于使用延时的方式等待 ADC0809 转换完毕，故 ADC0809 的 EOC 引脚不需要连接到单片机。

本任务采用 3 只共阴数码管作为显示器件，用 P0 直接驱动数码管的段。由于单片机引脚的输出电流较小，系统中由 OC 门 74LS05 将单片机输出的控制信号进行反相放大，给共阴数码管的公共端提供足够的电流，保证数码管能够正常点亮。

通过电路及元器件选择，整个数字电压表的硬件如图 9-1-6 所示，其中单片机最小系统电路及 74LS05、ADC0809 的电源等在图中没有画出来。

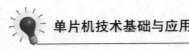

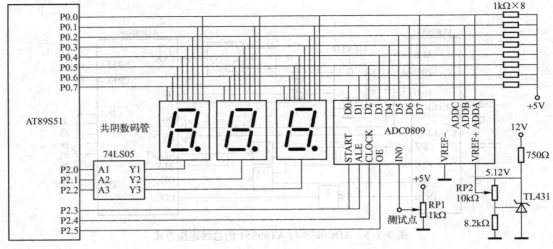

图 9-1-6　数字电压表的电路原理图

在图 9-1-6 中，数码管的段引脚和 ADC0809 的数据线、地址线都使用 P0 口驱动，为了保证电路工作正常，在程序中必须让显示和 A/D 转换分时进行。由于 P0 内部无上拉电阻，电路中接入 8 只 1kΩ 的电阻作为 P0 的上拉电阻，P0 的高电平由这 8 只电阻提供。

二、软件设计

在图 9-1-6 所示电路中，要求单片机把显示输出和 ADC0809 的操作分时进行。由于测量的直流电压值用于显示，测量电压由电位器来提供，手动调节的速度较慢，只要每秒读取几次就行了，其间隔时间可以用来显示数字，对应的系统流程如图 9-1-7（a）所示。

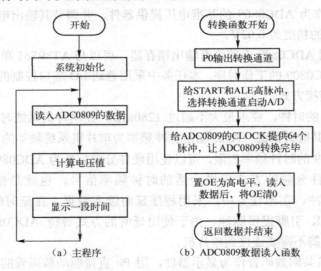

（a）主程序　　　（b）ADC0809数据读入函数

图 9-1-7　数字电压表的流程图

在图 9-1-6 所示电路中，ADC0809 的 START、ALE、OE 连接到单片机的普通引脚，只能按其时序依次控制这些单片机引脚实现 A/D 转换。同时，ADC0809 的时钟引脚 CLOCK 也连接到一个普通的单片机引脚，故可以由定时器通过控制输出脉冲，也可以由程序直接输出脉冲的方式给 ADC0809 提供 A/D 转换的工作脉冲。

根据 ADC0809 的时序，可以确定 ADC0809 的操作步骤如下：

① 初始化时，使 START 和 OE 信号全为低电平。

② 送要转换的通道地址到 A、B、C 端口上，在 ALE 上加上锁存脉冲。

③ 在 START 端给出一个至少有 100ns 宽的正脉冲信号。

④ 等待 ADC0809 转换完毕。

可以根据 EOC 信号来判断，如果 EOC 为低电平，表示还在转换过程中；当 EOC 变为高电平时，表示转换完毕。

也可以通过延时方式来等待 ADC0809 转换完毕，ADC0809 启动 A/D 转换后，需要 64 个时钟脉冲就可以转换完毕。因此，在启动 ADC0809 转换后，再等待 CLOCK 端加的时钟信号的 64 个周期，就可以直接从 ADC0809 中读取数据。这种方式不需要关心 EOC 的电平情况。

⑤ 使 OE 为高电平，ADC0809 的数据端将输出转换后的有效数据，单片机可以从端口中读入数据。当数据传送完毕后，将 OE 置为低电平，使 ADC0809 输出为高阻状态，让出数据线，使数据线可以作为其他使用。

按 ADC0809 的操作步骤和图 9-1-6 所示电路，ADC0809 数据读入函数如图 9-1-7（b）所示。

本任务中，ADC0809 的基准电压为 5.12V，故读入的数据与被测量的电压之间的对应关系为：

$$U_{IN0} = D_{IN} \frac{V_{REF}}{2^8} = \frac{D_{IN} \times 5.12}{256} = D_{IN} \times 0.02(V)$$

为了显示整数及两位小数，因此将电压改为 0.01V 为单位，即电压对应的数值为 0～500，实现电压计算可使用语句 "u = d*2;"，其中的 u 为 int 类型。

在动态显示时，将变量 u 的各位数码显示在数码管上，由于变量 u 是以 0.01V 为单位，在百位数据对应的数码管上显示小数点，表示出被测量电压的实际值。

示例源程序如下：

```
#include <reg51.H>
#define uchar unsigned char
#define uint    unsigned int
#define VREF    512 /*基准电压，以 0.01V 为单位。系统中采用 TL431，调节基准电压为 5.12V*/
sbit start=P2^6;      //ADC0809 的 START 和 ALE 的控制引脚，高脉冲
sbit clk=P2^4;        //ADC0809 的 CLOCK，可以用单片机的 ALE 输出脉冲代替
sbit oe=P2^5;         //ADC0809 的输出允许控制引脚，高电平有效
uint   u;             //定义电压的全局变量，以 0.01V 为单位
void display()        //动态显示函数，共阴数码管，以两位小数的方式显示变量 u 的值
{
    uchar code dispcode[]={0x3F,0x06,0x5B,0x4F,0x66,0x6D,0x7D,0x07,0x7F,0x6F};
    uchar j;
    P0=dispcode[u/100] |0x80;;    //输出电压的整数，即变量 u 的百位，并显示小数点
    P2 ^= 0x01;                   //将 P2.0 取反，显示在第 1 只数码管上
```

```
        for(j=250;j>0;j--);              //延时一段时间，使数码管有足够的亮度
        P2 ^= 0x01;                      //将 P2.0 取反，关闭显示

        P0=dispcode[u/10%10];            //输出小数后的第一位，即变量 u 的十位
        P2 ^= 0x02;                      //将 P2.1 取反，显示在第 2 只数码管上
        for(j=250;j>0;j--);              //延时一段时间，使数码管有足够的亮度
        P2 ^= 0x02;                      //将 P2.1 取反，关闭显示

        P0=dispcode[u%10];               //输出小数后的第二位，即变量 u 的个位
        P2 ^= 0x04;                      //将 P2.2 取反，显示在第 3 只数码管上
        for(j=250;j>0;j--);              //延时一段时间，使数码管有足够的亮度
        P2 ^= 0x04;                      //将 P2.2 取反，关闭显示
    }
    uchar adc0809()    //ADC0809 的读入函数，返回值就是读入数据。采用延时方式等待转换结束
    {
        uchar d;
        P0=0;                            //输出 ADC0809 的通道。P0.0～P0.2 分别接 CBA 三个地址端
        start=1;start=0;                 //给 START 和 ALE 高脉冲，锁存地址的同时启动 A/D 转换
        for(d=0;d<64;d++){clk=1;clk=0;}  //ADC0809 用 64 个脉冲完成转换
        P0=0xff;                         //在输入前将所有引脚置 1，ADC0809 的数据输出接 P0 口
        oe=1;                            //允许 ADC0809 输出数据
        d=P0;                            //将 ADC0809 的输出数据保存到临时变量 d 中
        oe=0;                            //将 ADC0809 的输出端设置为高阻态
        return   d;                      //返回 ADC0809 的转换结果
    }
    void main()
    {
        uchar d;
        P2=0x00;                         //硬件的初始化。让 ADC0809 的控制引脚为低电平
        while(1)
        {
            d=adc0809();                 //读入 ADC0809 的数据到临时变量 d 中
            u =(uint)d*(VREF/256);       //计算出相应的输入电压，以 0.01V 为单位取整
            for(d=0;d<100;d++)           //连续显示一段时间，再重复读入数据计算输入电压
            {   display();   }
        }
    }
```

三、Proteus 仿真

① 打开 Proteus ISIS 软件，按照硬件原理图绘制 Proteus 仿真电路，仔细检查，保证线路连接无误。

需要说明的是，在 Proteus 中没有 ADC0809 的仿真模型，在本任务中选择与 ADC0809 功能兼容的 ADC0808 作为仿真器件。

因在 ISIS 软件中提供的可调电阻模型 POT 仅能实现 10 等分的阻抗调节，按原理图的方式在 TL431 的输出端不能调节出 5.12V，故选择将原调节电路的阻值更换为两只 10kΩ电阻和一只 470Ω电阻，如图 9-1-8 所示。在图 9-1-8 中，还在 TL431 的 3 脚上增加了电压探针，从仿真时的探针电压上可以看出 ADC0809 的 VREF+输入的基准电压约为 5.12V。

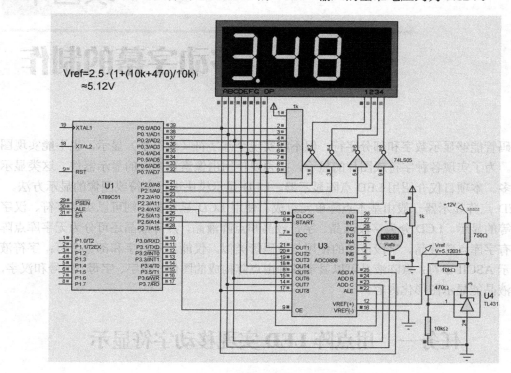

图 9-1-8 数字电压表的仿真效果图

在 ADC0808 的 IN0 的输入端接入用可调电阻将 VCC 分压得到的测试电压，同时用电压表测量并显示输入的电压值。从效果图上可以看出，当输入电压为 3.50V 时，单片机测量并显示的电压为 3.48V，误差为 0.02V，即为 ADC0808 的 1 LSB。

② 在 Keil 软件开发环境下，创建项目，编辑源程序，编译生成 HEX 文件，并装载到 Proteus 虚拟仿真硬件电路的 AT89C51 芯片中。

③ 运行 Proteus ISIS 软件，仔细观察运行结果，如果有不完全符合设计要求的情况，调整源程序并重复步骤①和②，直至完全符合本项目提出的各项设计要求。

思考与练习

1. 什么是输入通道？它们在工业控制系统中的作用是什么？
2. 使用 ADC0809 进行 A/D 转换的主要步骤有哪些？
3. ADC0809 与 MCS-51 系列单片机接口时有哪些控制信号？作用分别是什么？
4. 试采用其他 A/D 转换集成电路完成数字电压表功能。

因此ISIS标中是提供电摄电阻是 PO1 代偏移到 10 等分的阻断值 5, 将民调的电动式要 TL431 的输出端不应该由出 5.12V, 这志使板数据为地据的阻据电压实, 因其 100Ω 电阻和⋯⋯⋯⋯⋯⋯⋯⋯⋯⋯⋯⋯⋯⋯⋯⋯如果-1-8 所示。拒图 9-1-8 中, 连在 TL431 的 3 脚上加测口电顶接口。则可以将电 ADC0809 的 VREF+接入大的基准电压值为 5.12V。

项目十

移动字幕的制作

数码管能够显示数字和部分字符, 但不能实现全部字符（或汉字）显示, 也不能实现图形显示。为了实现各种字符或图片的显示, 必须要使用由像素点构成的显示器件, 这类显示器件较多。本项目仅介绍用 LED 点阵显示器、LCD 显示模块进行字符或图像的显示方法。

LED 点阵显示器一般由基本点阵单元组成。使用 LCD 显示模块则可以实现字符、汉字和图形等的显示。LCD 分为字段液晶、字符液晶和点阵液晶, 点阵液晶还可分为无字库点阵液晶和有字库点阵液晶。字段液晶的使用与数码管类似, 仅能显示数字和部分字符; 字符液晶能显示 ASCII 字符; 点阵液晶可以显示各种由点阵构成的图像、数字、字母、符号和汉字, 即点阵液晶能显示图形化内容。

任务一 用点阵 LED 实现移动字符显示

任务提出

单个 LED 或 LED 七段数码管作为显示器件, 能显示有限的简易字符, 对于复杂的字符（包括汉字）及复杂的图形信息等是无法显示的。单色 LED 点阵将很多单个的 LED 按矩阵的方式排列在一起, 通过控制每个 LED 发光或不发光, 可以完成各种复杂字符或图形的显示。

在采用电子设备显示图像时, 通常图像由很多细小的"像素"组合而成, 通过 LED 点阵显示这些像素点, 就构成了整个图像。汉字在显示时, 可以被认为是一种规格化的特殊图像。

本任务的目标是在 16×16 点阵 LED 上实现汉字的滚动显示。

任务分析

根据任务目标, 单片机必须控制 16×16 点阵 LED 中每一只 LED 的显示状态, 才能将这些 LED 构成相应的汉字图形。

移动字幕, 实际上就是被显示的点阵（在程序中是一批数据）随时间在显示的位置上不断发生变化。从程序的角度出发, 是将一批数据送到 LED 点阵的不同位置, 控制了 LED 点阵亮灭, 就实现了显示字符的移动效果。所以, 作为移动字幕, 就是将汉字（或字符、图案）点阵的数据按照设定的规律依次读出, 送到 LED 点阵需要显示的位置控制点阵亮灭。

个标志符。当个数字字模式存，以及占位及表达16×16 的数字片模板。仅仅确定位图中的起始位置：日标要求大致，无论在模子上的位置不是一个指定大的位置下：一般来说，重要的问题模型字的各类信息是不同显示是否到指定处处光ADC，直接在其最多到20几种格物配字。另显示方式。

根据市原理，一次显示的LED点阵任由红色发光点组成的LED以从

相关知识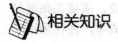

一、点阵显示原理

在显示各种信息时，不管是规范的数字、字符、汉字，还是各种符号、图片，均可以看成是一幅图像。数字化处理图像时，将图像分为若干区域，用每个区域的平均亮度（或颜色深度）来表示该区域的信息。在还原图像时，按区域的平均值进行显示，这种方式损失了一定的图像细节。单位面积划分的采样区域越多，对应的数据也越多，硬件成本越高，还原的图像越逼真。在实践中，往往根据系统需求，在分辨率和成本上折中处理。

在各种字符的处理过程中，分辨率低的直接采用点阵存储，分辨率高的往往采用曲线描述字符的笔画的边沿。前者数据量小，强行放大时，笔画的边沿出现锯齿状；后者在理论上可以被无限地放大，笔画轮廓仍然能保持圆滑。

当系统中仅处理各种 ASCII 字符时，可以采用较低的分辨率，如 8×8、5×7 等。如图 10-1-1（a）所示为字符"A"的 8×8 点阵示例。当系统中需要显示汉字等信息时，由于汉字的笔画较多，则需要较高一些的分辨率才能完整表示各汉字，常用的汉字点阵有 16×16、24×24 等多种规格。在这种情况下，ASCII 字符往往用半个汉字的像素来处理。如图 10-1-1（b）所示为字符"A"的 8×16 点阵示例，图 10-1-1（c）所示为汉字"欢"的 16×16 点阵示例。

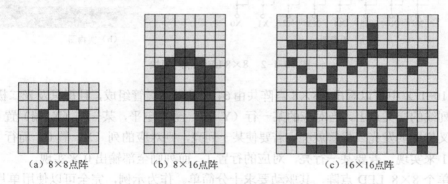

（a）8×8点阵　　　　　（b）8×16点阵　　　　　（c）16×16点阵

图 10-1-1　不同规格点阵示例

在对各种点阵进行存储等处理时，描述每一个点都需要一个二进制位，故不同规格的点阵所用的存储空间也不相同。其中，8×8 点阵只需要 8 个字节，8×16 点阵需要 16 个字节，16×16 点阵则需要 16×16/8=32 个字节。

二、LED 点阵

从理论上说，不论显示图形还是文字，只要控制与组成这些图形或文字的各个点所在位置相对应的 LED 器件发光，就可以得到我们想要的显示结果，这种同时控制各个发光点亮灭的方法称为静态驱动显示方式。16×16 的点阵共有 256 个发光二极管，显然单片机没有这么多端口，如果采用锁存器来扩展端口，按 8 位的锁存器来计算，16×16 的点阵需要 256/8=32

个锁存器。这个数字很庞大，因为仅仅是按 16×16 的点阵计算得到，在实际应用中的显示屏往往要大得多，这样在锁存器上花的成本将是一个很庞大的数字。一般来说，需要高亮度显示的各类点阵显示屏是采用静态显示的驱动方式，多数点阵显示为了降低成本，往往采用动态显示的方式。

根据市场需要，动态显示的 LED 点阵往往以标准点阵模块方式生产。最常见的 LED 点阵显示模块有 5×7、7×9、8×8 等各种结构，前两种主要用于显示各种西文字符，后一种可多模块组合用于汉字、图形的显示，并且可组建大型电子显示屏。8×8 LED 模块的原理如图 10-1-2（a）所示，Y0～Y7 为行线，X0～X7 为列线。图 10-1-2（b）为 8×8 LED 模块的实物图。

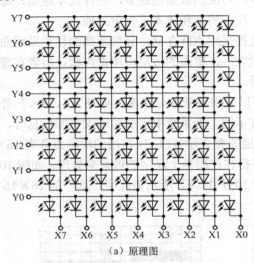

（a）原理图　　　　　　　　　　　　　（b）实物图

图 10-1-2　8×8 LED 点阵模块

从图 10-1-2 中可以看出，8×8 点阵共由 64 只发光二极管组成，且每只发光二极管放置在行线和列线的交叉点上，当对应的某一行（Y 端）置 1 电平，某一列（X 端）置 0 电平，则行列交叉位置的发光二极管就亮。若要使某一列亮，则对应的列（X）置 0，而行（Y）则全部输出 1 来实现。若要某一行亮，对应的行置 1，而列则全部输出 0 来实现。

对于单个 8×8 LED 点阵，其驱动要求十分简单。作为示例，完全可以使用单片机的端口直接驱动。具体的原理电路如图 10-1-3 所示，P0 口接 LED 点阵的阳极，由于 P0 口没有上拉能力，所以采用排阻上接电源提供上拉电流，用 P2 口接 LED 的阴极。

在实践中，也可以采用触发器或锁存器等器件对数据进行隔离驱动，这种方式既能增强驱动能力，也能使单片机端口在不驱动 LED 点阵时空闲出来作为他用。由于 LED 点阵的行和列是按图 10-1-2（a）所示连接的，显示控制只能采用类似于数码管的动态显示方式。

为了分析点阵字符的显示方法，首先看点阵字符 0～9 显示代码是如何形成的。如图 10-1-4 所示，由 8 行 8 列构成数字"0"的图形，其中要显示的位用二进制位 1 表示，不显示的位用二进制位 0 表示。每列构成一个字节，从左到右各列的数值用十六进制表示为：00H，00H，3EH，41H，41H，41H，3EH，00H。同理，可以建立数字"1"到数字"9"的代码，如表 10-1-1 所示。

其地址宇对应片选可图的区域范围不被选中，由可以用来作存储电路。对于这种信号接线法，出堂不用充常由一些片的电路来出该的片区。

一个 8×8 的LED 点阵由如图所示的 64 个……

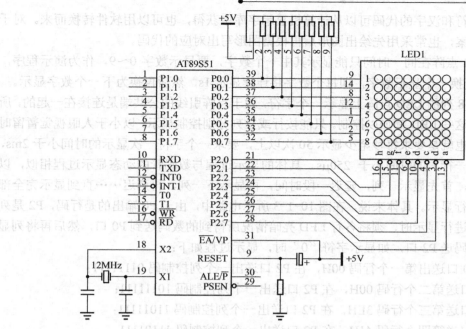

图 10-1-3 单个 8×8 LED 点阵显示原理电路图

图 10-1-4 数字 "0" 的 8×8 点阵示意图

表 10-1-1 数字 0～9 的 8×8 点阵

数　字	8×8 点阵数值
0	00H，00H，3EH，41H，41H，41H，3EH，00H
1	00H，00H，00H，00H，21H，7FH，01H，00H
2	00H，00H，27H，45H，45H，45H，39H，00H
3	00H，00H，22H，49H，49H，49H，36H，00H
4	00H，00H，0CH，14H，24H，7FH，04H，00H
5	00H，00H，72H，51H，51H，51H，4EH，00H
6	00H，00H，3EH，49H，49H，49H，26H，00H
7	00H，00H，40H，40H，40H，4FH，70H，00H
8	00H，00H，36H，49H，49H，49H，36H，00H
9	00H，00H，32H，49H，49H，49H，3EH，00H

其他的字符和汉字的代码可以从计算机显示字库中获得，也可以用软件转换而来。对于特殊符号或图案，也常采用先绘出图形后再根据图形写出对应的代码。

一个 8×8 点阵在同一时间只能显示其中一个数字，要显示数字 0～9，作为演示程序，设定每隔 1s 变换一个显示数字，即每个数字将连续显示 1s，然后再换为下一个数字显示。

要在 8 行 8 列的 LED 点阵上显示一个字符，由于点阵引线的公共端是连接在一起的，所以不能同时将这些 LED 都加以控制。只能按行或按列分别控制显示，以小于人眼视觉暂留时间重复显示，也就是要求每秒至少显示 50 次以上，要求一个字符一次显示的时间小于 2ms，显示一列（或一行）的时间小于 250μs。具体的显示过程与数码管的动态显示过程相似，以按列显示为例，首先显示一列，延迟一段时间，再显示下一列，再延迟……直到显示完全部列后再重复进行显示。具体来说，在图 10-1-3 所示电路中，由于 P0 输出的是行码，P2 是列控制线，按列进行显示时，须将各行 LED 亮暗情况所得到的数码送到 P0 口，然后再将列显示的列线控制码送 P2 口，如显示字符"0"时，显示过程如下：

首先在 P0 口送出第一个行码 00H，在 P2 口送出一个列控制码 01111111；

再在 P0 口送第二个行码 00H，在 P2 口送出一个列控制码 10111111；

再在 P0 口送第三个行码 3EH，在 P2 口送出一个列控制码 11011111；

再在 P0 口送第四个行码 41H，在 P2 口送出一个列控制码 11101111；

……

送完 8 个行码和 8 个列控制码，一个"0"字就被显示了一遍，接着再重复上述显示过程。

示例源程序如下：

```c
#include <AT89X51.H>
#define uchar unsigned char
uchar num;    //要显示的数字
void display()
{
    uchar i,j,k,n;
    uchar code digit_tab[]={ //数字 0～的 8×8 点阵
    0x00,0x00,0x3e,0x41,0x41,0x41,0x3e,0x00, //0
    0x00,0x00,0x00,0x00,0x21,0x7f,0x01,0x00, //1
    0x00,0x00,0x27,0x45,0x45,0x45,0x39,0x00, //2
    0x00,0x00,0x22,0x49,0x49,0x49,0x36,0x00, //3
    0x00,0x00,0x0c,0x14,0x24,0x7f,0x04,0x00, //4
    0x00,0x00,0x72,0x51,0x51,0x51,0x4e,0x00, //5
    0x00,0x00,0x3e,0x49,0x49,0x49,0x26,0x00, //6
    0x00,0x00,0x40,0x40,0x40,0x4f,0x70,0x00, //7
    0x00,0x00,0x36,0x49,0x49,0x49,0x36,0x00, //8
    0x00,0x00,0x32,0x49,0x49,0x49,0x3e,0x00  //9
    };
    k=0x01;          //初始化，显示第一列
    n=num*8;         //初始化为显示的数字的第一列所在位置
    for(i=8;i>0;i—)
```

```
    {
        P0=digit_tab[n];            //输出行码
        P2=~k;                      //输出列码，让指定的列显示
        k=k<<1;                     //指向下一列
        n++;                        //指向点阵中的下一个字节
        for(j=100;j>0;j--);         //延迟一段时间，约 200μs
        P2=0xff;                    //关闭显示
    }
}
void main(void)
{
    TMOD=0x01;
    TH0=(65536-10000)/256;
    TL0=(65536-10000)%256;
    TR0=1;   ET0=1;   EA=1;        //到这里为止，将定时器 0 初始化为 10ms 中断
    num=0;                         //显示的第一个数字为 "0"
    while(1)
    {
        display();                 //循环调用显示函数显示 num 的值
    }
}
void timer0() interrupt 1
{static   uchar   t=0;
TH0=(65536-10000)/256;
TL0=(65536-10000)%256;
t++;
if(t==100)                         //判断是否到 1s
    {
    t=0;                           //到了，将软件计数单元清 0
    num++;
    if(num>9) num=0;               //计算显示的下一个数码
    }
}
```

三、LED 点阵驱动电路

如果采用静态显示，则相当于若干独立 LED，每只 LED 都需要一个锁存器来存储其显示的电平，即使采用 8D 锁存器，器件数量也是较为庞大的。

如果仅使用一只 8×8 LED 点阵作为显示器件，可以采用 8 只数码管动态显示的驱动电路。如果要显示更多的像素点，则需要多块 8×8 LED 点阵组合使用。很显然，用 4 块 8×8 LED 点阵可组成 16×16 LED 点阵，需要 16 根行线和 16 根列线的驱动电路，可以采用锁存器、译码器等电路驱动，与前面的数码管动态显示的驱动类似；也可以采用专用的数码管动态显示驱动电路来实现行线和列线的驱动，如 zlg7290。

如果要同时显示更多的点，则需要更多的 LED 点阵模块、更多的显示驱动电路。但是，用动态显示的方式同时驱动的点阵太多，将会使每一只 LED 点亮的平均时间减少，从而使显示的亮度降低。

处理较多点的 LED 显示，可以采用多个动态显示模块组合的方式。所谓动态显示模块，就是包含 LED 点阵和相应的显示驱动电路。模块具体固定的结构，构成可以简单拼装的元器件及电路板的整体。由于在每个动态显示模块内部具有数据存储器，只要将显示内容送入模块内部的存储器，该模块就会一直维持显示这些内容。驱动这些动态显示模块，只需要将数据写入这些动态显示模块的内部存储器即可实现，从外部来看，类似于静态显示电路的驱动方式。例如，每个动态显示模组仅显示 16×16 LED 点阵，模块内部具有 32 字节的存储器。若要显示 480×320 的 LED 点阵，只需将整个显示点阵构成 600 个（480×320/（16×16）=600）动态显示模组即可。

四、点阵取模软件

为了便于获取数字、英文、符号、汉字及图像的点阵，可以使用各类点阵取模软件来获得字符和图像的点阵字模。

这类软件在字符模式下可以对字符进行处理，支持对常用字符进行取模，支持使用指定字体、指定取点模式及字节排列模式，支持使用系统中任意字体对字符进行取模，支持字体加粗、斜体、删除线、下画线等设置；在图像模式下，支持打开常用图片格式文体，往往也支持绘制/修改图片。同时，这类软件往往可以设置输出汇编或 C 数组格式。

 任务实施

一、硬件设计

本任务是在 16×16 点阵 LED 上实现汉字的滚动显示，在硬件上要能够控制点阵中的每一只 LED 的亮灭状态。由于本任务不需要其他控制，故本任务的硬件电路仅由单片机的最小系统、LED 点阵及点阵的驱动电路构成。

单片机芯片及其最小系统的选择见项目一中的内容，本任务使用 AT89S51 及 12MHz 的晶振。

在本任务中，选择 4 块 8×8 LED 点阵模块构成 16×16 的 LED 点阵。由于所有的 LED 分别按行、列连接在一起，故只能采用动态显示方式驱动 LED 点阵。

在本任务中，采用两块 8D 锁存器 74HC573 作为 LED 点阵的行的驱动电路，同时采用两块串行移位寄存器 74LS164 作为 LED 点阵的列的驱动电路。当 74HC573 的数据锁存控制端为高电平时，其内部的 D 触发器的数据相同，在低电平时其内部触发器的数据将一直维持之前的数据，相当于下降沿锁存；当 74HC573 的输出使能端为低电平时，其内部的 D 触发器的数据允许输出，否则其输出端为高阻态。

74LS164 的工作原理在项目七中有所介绍，这里不再重复。

在本任务中，74HC573 的并行输入数据均使用单片机的 P0 端口提供，故两片 74HC573 分别采用 P2.0 和 P2.1 作为锁存控制信号。同时，将两片 74HC573 的输出使能均接地，74HC573

将一直向 LED 点阵提供行驱动电流。

由于采用了移位寄存器 74LS164 作为列驱动，要保证每次只有一列显示，就要求在两块 74LS164 的输出端只有一个为低电平，其余输出端均为高电平。具体方法：可在显示的初始化时，首先让所有的 74LS164 的输出端全置高电平，在显示时，从移位寄存器的第一列开始移入一个低电平，并将这个低电平依次移到各列，保证各 74LS164 的输出只有一个低电平（在例程中安排在一个移入的数据的位置），将这个低电平移到显示的最后一列后，又重复此过程，就实现了动态的汉字显示。为了驱动 74LS164，在本任务中采用 P2.6 作为串行数据输出端，P2.7 作为串行移位脉冲提供端。

LED 点阵实现的汉字滚动显示的硬件电路如图 10-1-5 所示。如果需要平衡和稳定 LED 的显示亮度，可以在 LED 点阵的行与 74HC573 的输出引脚之间串接限流电阻。

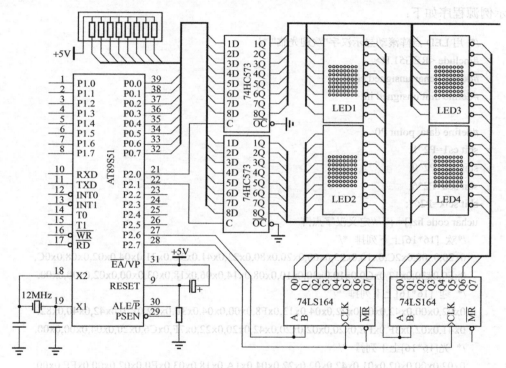

图 10-1-5 16×16 的 LED 点阵显示电路原理图

二、软件设计

滚动显示汉字，实际上是指显示屏上的显示内容不断发生连续的修改，如果每次修改都是将上次显示内容向左移动一列，在最右边一列补充新的内容，则显示的效果为显示内容向左移动。

修改显示内容的时间间隔决定了移动速度，这个时间间隔在本任务中采用定时中断实现。在动态显示中，动态显示的速度要求每秒至少要显示 50 次以上，而字符移动的变化时间间隔远大于动态显示的扫描周期。因此，可以将动态显示的内容为点阵中某一列开始的连续 32 个字节，而实现显示字符移动就是将其起始位置修改一列（在本任务中一列为 2 个字节）。

也就是说，程序中设置一个起始列的全局变量 p，在动态显示函数中利用 p 计算起始的点阵位置并连续显示 32 个字节在 16×16 的 LED 点阵上，形成显示图案，同时使用定时中断修改变量 p 的值实现显示汉字的移动。当然，如果不修改变量 p 的值，将会一直显示某固定图案（可以是汉字、英文或图像等）。

在动态显示函数中，为了实现 16×16 点阵的显示，采用逐列动态显示方式。在每一列显示时，首先使用 74LS164 选通某列，即两片 74LS164 的输出端仅有一个为低电平，其余均为高电平，确保只有一列 LED 可以点亮。然后，再通过 74HC573 锁存该列的 16 行数据，使该列按需要显示对应的点。延时一段时间（这个时间要保证 16 列总体显示时间小于 20ms，即动态显示必须在 50Hz 以上）后，再将两片 74HC573 均锁存数据 0，关闭所有 LED 的显示。重复这一过程，实现字符的滚动显示。

示例源程序如下：

```c
/* 用 LED 点阵滚动显示汉字"欢迎光临" */
#include <REG51.H>
#define uchar unsigned char
#define uint unsigned int

#define data_point P0
sbit cs1=P2^1;
sbit cs2=P2^0;
sbit sda=P2^6;
sbit sclk=P2^7;
uchar code hz[]= {   //定义汉字点阵
    /*欢  [16*16]上下列排  */
    0x20,0x08,0x2C,0x10,0x23,0x60,0x20,0x80,0x23,0x41,0x3C,0x31,0x04,0x02,0x08,0x0C,
    0xF0,0x30,0x17,0xC0,0x10,0x30,0x10,0x08,0x14,0x06,0x18,0x03,0x00,0x02,0x00,0x00,
    /* 迎 [16*16]上下列排  */
    0x02,0x00,0x42,0x02,0x22,0x04,0x13,0xF8,0x00,0x04,0x3F,0xE2,0x20,0x42,0x40,0x82,
    0x41,0x02,0x3F,0xFE,0x20,0x02,0x20,0x42,0x20,0x22,0x7F,0xC6,0x20,0x04,0x00,0x00,
    /* 光[16*16]上下列排  */
    0x02,0x00,0x02,0x01,0x42,0x02,0x22,0x04,0x1A,0x18,0x03,0xE0,0x02,0x00,0xFE,0x00,
    0x02,0x00,0x03,0xFC,0x0A,0x02,0x12,0x02,0x62,0x02,0x26,0x02,0x02,0x0E,0x00,0x00,
    /* 临[16*16]上下列排  */
    0x00,0x00,0x3F,0xF8,0x00,0x00,0xFF,0xFF,0x02,0x00,0x04,0xFF,0x08,0x82,0x30,0x82,
    0xD4,0x82,0x12,0xFE,0x13,0x82,0x10,0x82,0x10,0x82,0x31,0xFF,0x10,0x80,0x00,0x00
};
uint   p;  //显示汉字的点阵的起始列位置，显示函数将从该位置连续显示 16 列
void init()/*初始化程序，功能是将所有的 74LS164 的输出端置为高电平*/
{
unsigned char i;
data_point=0;
cs1=1;cs1=0;
cs2=1;cs2=0;                //将所有的行置为低电平，使 LED 点阵全部熄灭
```

```
        sda=1;                          //将串行数据端置为高
        for (i=0;i<32;i++)
        {
            sclk=1;
            sclk=0;                     //和前面的一条语句配合形成一个串行移位脉冲
        }
    }
    void display()
    {
        uint i,j,k;
        k=p<<1;                         //计算汉字点阵第 p 列的数据在汉字数组中的位置
        data_point=0;
        cs1=1;cs1=0;
        cs2=1;cs2=0;                    //将所有的行置为低电平，使 LED 点阵全部熄灭
        sda=0;
        sclk=1;  sclk=0;                //74LS164 输入一个串行数据 0
        sda=1;                          //将串行数据端置为高电平
        for(i=0;i<16;i++)               //显示 1 个汉字，共 16 列
        {
            data_point=hz[k];           //一列点阵的上半部数据输出
            cs1=1;   cs1=0;             //锁存数据
            k++;                        //指向汉字点阵的下一个位置
            data_point=hz[k];           //一列点阵的上半部数据输出
            cs2=1;   cs2=0;             //锁存数据
            k++;                        //指向汉字点阵的下一个位置
            if(k>= sizeof(hz)) k=0;     //超过最后一列，则显示最前面的内容
            for(j=100;j>0;j--);         //延迟一段时间，使指定的列显示
            data_point=0;
            cs1=1;cs1=0;
            cs2=1; cs2=0;               //关闭显示
            sclk=1; sclk=0;             //在 SCLK 端输出一个脉冲，使 74LS164 输出的低电平后移一位
        }
    }
    void main(void)
    {
        TMOD=0x01;
        TH0=(65536-10000)/256;
        TL0=(65536-10000)%256;
        ET0=1;
        EA=1;                           //到这里为止，将定时器 0 初始化为 10ms 中断
        p=0;                            //初始显示为第一列
        TR0=1;                          //定时器 0 开始工作
        init();
        while(1)
```

```
                {
                    display();                      //循环调用显示函数
                }
            }
            void timer0() interrupt 1
            {
                static uchar t=0;
                TH0=(65536-10000)/256;
                TL0=(65536-10000)%256;
                t++;
                if(t==10)                           //判断是否到0.1s，调节时间可改变滚动速度
                {
                    t=0;                            //到了，将软件计数单元清0
                    p++;                            //改变p的变化，可改变汉字的移动
                    if(p>= sizeof(hz)/2) p=0;       //超过点阵的最后一列，则重新开始
                }
            }
```

三、Proteus 仿真

① 打开 Proteus ISIS 软件，按照硬件原理图绘制 Proteus 仿真电路，仔细检查，保证线路连接无误。

② 在 Keil 软件开发环境下，创建项目，编辑源程序，编译生成 HEX 文件，并装载到 Proteus 虚拟仿真硬件电路的 AT89C51 芯片中。

③ 运行仿真，仔细观察运行结果，如果有不完全符合设计要求的情况，调整源程序并重复步骤①和②，直至完全符合本项目提出的各项设计要求。

如图 10-1-6 所示为单片机控制 LED 点阵显示的仿真效果图。说明：仿真电路中使用网络标号表示线路的连接情况。

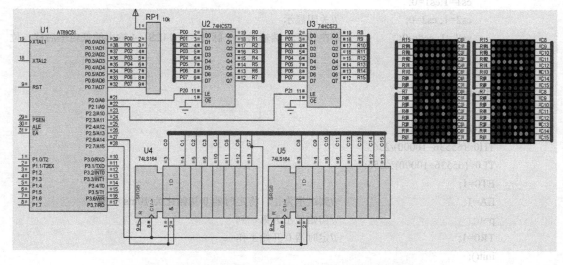

图 10-1-6 单片机控制 LED 点阵显示的仿真效果图

任务二 字符液晶 LCD1602 显示应用

字符和图形显示应用方面，除用 LED 点阵显示外，在生产和生活中还广泛应用 LCD 显示器。LCD 显示器种类繁多，这里仅举例介绍在单片机开发中较为常用的字符液晶和点阵液晶显示器的字符显示与控制方法。

任务提出

本任务是使用单片机控制字符液晶 LCD1602 参数值，在屏幕上显示出设计显示字符。

用 LCD1602 设计显示内容为：

① 在 LCD1602 的第一行显示提示 "This's a sample!"。

② 在 LCD1602 的第二行显示："No." 和参数数值。

③ 参数数值的范围为 0～65535，显示初值为 0，每秒钟显示参数的值加 1。

任务分析

本任务主要是以单片机为核心控制液晶显示器实现文字字符的显示，由于 LCD 显示模块都采用标准 TTL 电平接口，可直接与单片机端口连接，故本任务设计系统硬件框图如图 10-2-1 所示。

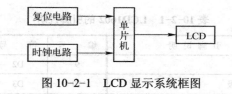

图 10-2-1 LCD 显示系统框图

由于 LCD 字符液晶和点阵液晶能显示的内容不同，在实际应用中需要根据显示内容来选择是采用字符液晶还是点阵液晶。若只需显示指定字符、数字，则可用字符液晶，如选用 LCD1602 作为显示器件；若还需要显示汉字、图像，则只能选择点阵液晶，如选用 LCD12864 作为显示器件。

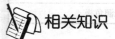

相关知识

一、LCD1602 液晶显示器简介

液晶显示器具有体积小、质量小、功耗极低、显示内容丰富等特点，在单片机应用系统中得到了广泛的应用。

LCD1602 是典型的字符液晶，它是一种专门用于显示字母、数字、符号等的点阵液晶模块，它由若干 5×7 或 5×11 点阵字符位组成，每个点阵字符位都可以显示一个字符，每个点阵位和每一行之间都有一个点距的间隔位，不用于显示图形。LCD1602 可显示两行内容，每行能显示 16 个字符，其实物外观和内部结构示意图如图 10-2-2 所示。

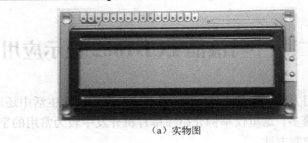

（a）实物图

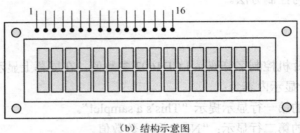

（b）结构示意图

图 10-2-2　LCD1602 外形图

二、LCD1602 显示控制

1．LCD1602 的引脚功能

LCD1602 的引脚说明如表 10-2-1 所示。

表 10-2-1　LCD1602 的引脚说明

编　号	符　号	引 脚 说 明	编　号	符　号	引 脚 说 明
1	VSS	电源地	9	D2	Data I/O
2	VDD	电源正极	10	D3	Data I/O
3	VL	液晶显示偏压信号	11	D4	Data I/O
4	RS	数据/命令选择端（H/L）	12	D5	Data I/O
5	R/W	读/写选择端（H/L）	13	D6	Data I/O
6	EN	使能信号	14	D7	Data I/O
7	D0	Data I/O	15	BLA	背光源正极
8	D1	Data I/O	16	BLK	背光源负极

2．LCD1602 的基本操作时序

读状态：输入：RS=L，RW=H，EN=H；输出：D0～D7=状态字。

写指令：输入：RS=L，RW=L，D0～D7=指令码，EN=高脉冲；输出：无。

读数据：输入：RS=H，RW=H，EN=H；输出：D0～D7=数据。

写数据：输入：RS=H，RW=L，D0～D7=数据，EN=高脉冲；输出：无。

3．LCD1602 的指令说明

① 0011 1000：16×2 显示，5×7 点阵，8 位数据接口。

② 0000 0001：显示清屏，数据指针清零，所有显示清零。

③ 0000 0010：显示回车，数据指针清零。

④ 00001DCB：

D=1 开显示；D=0 关显示。

C=1 显示光标；C=0 不显示光标。

B=1 光标闪烁；B=0 光标不显示。

⑤ 000001NS：

N=1：当读或写一个字符后地址指针加一，且光标加一。

N=0：当读或写一个字符后地址指针减一，且光标减一。

S=1：当写一个字符后，整屏显示左移（N=1）或右移（N=0）。实现光标不移动而屏幕移动的效果。

S=0：当写一个字符后，整屏显示不移动。

⑥ 80H~A7H：设置数据地址指针（第一行）。

⑦ C0H~E7H：设置数据地址指针（第二行）。

三、LCD1602 驱动函数

从 LCD1602 的接口定义可知，LCD1602 有一个 8 位（D0~D7）的数据接口和三根控制信号线，在电路中这些引脚需要连接到单片机，单片机通过端口控制 LCD1602 显示字符和数据。在编写驱动程序时，需要用到与 LCD1602 连接的数据端口和控制引脚，为了使用方便，在下面程序中将数据端口和控制引脚进行定义。具体使用中，若单片机的端口与液晶模块的连接方式不同，在程序中按硬件的实际连接修改这些定义，驱动函数不需要更改即可用于其他单片机系统。

定义端口使用预定义指令：

```
#define    LCDIO        P2
```

控制引脚采用常规的引脚定义：

```
sbit   LCD1602_RS=P1^1;      //声明 LCD1602 RS 连接的单片机引脚
sbit   LCD1602_RW=P1^2;      //声明 LCD1602 RW 连接的单片机引脚
sbit   LCD1602_EN=P1^3;      //声明 LCD1602 EN 连接的单片机引脚
```

驱动程序的编写，要求严格按照 LCD1602 的控制时序和指令实现。驱动函数包括 LCD 忙检测、LCD 写指令、写数据、写光标地址、写单个字符、写字符串、LCD 初始化等几个具体的函数，还可以在这些函数的基础上进一步开发诸如指定位置显示字节数据等输出函数。

1. 检测 LCD 是否忙

如果 1602 空闲则退出，否则等待一段时间，直到空闲为止。

```
void LCD_Busy(void)
{
    uchar i;
```

```
        LCDIO=0xff;              //在读入数据之前应将端口置1
        LCD1602_RS=0;            //状态或命令
        LCD1602_RW=1;            //从 LCD1602 读出
        for(i=0;i<200;i++)       //最多连续读 LCD1602 状态 200 次，若没有响应则结束，防止死机
        {
                LCD1602_EN=0;
                LCD1602_EN=1;            //高电平，使 LCD1602 输出状态
                if(!(LCDIO&0x80))break;  //如果 LCD1602 输出状态的最高为 0 则退出
        }
        LCD1602_EN=0;            //关 LCD1602 使能
        LCD1602_RW=0;            //使 LCD1602 处于接收状态
    }
```

2. 向 LCD 写命令函数

可以通过调用该函数设置 LCD1602 的工作状态，也可以设置光标位置（即显示地址）。

```
    void LCD_en_command(uchar command)
    {
        LCD_Busy();              //检测 LCD1602 忙，函数结束默认为 LCD1602 允许操作
        LCD1602_RS=0;            //LCD1602 为状态或命令处理
        LCDIO=command;           //将命令字送 LCD1602 的数据端口
        LCD1602_EN=1;            // LCD1602 的使能 EN 为高电平，LCD1602 接收命令
        LCD1602_EN=0;            //关 LCD1602 使能
    }
```

3. 向 LCD 写入数据函数

该函数写入的内容为显示字符的 ASCII 码或自定义字符的点阵。

```
    void LCD_en_dat(uchar dat)
    {
        LCD_Busy();              //检测 LCD1602 忙，函数结束默认为 LCD1602 允许操作
        LCD1602_RS=1;            // LCD1602 为数据处理
        LCDIO=dat;               //将数据送 LCD1602 的数据端口
        LCD1602_EN=1;            // LCD1602 的使能 EN 为高电平，LCD1602 接收数据
        LCD1602_EN=0;            //关 LCD1602 使能
    }
```

4. 设置显示位置函数

参数 x 为列地址，有效范围为 0～15。参数 y 为行地址，0 为第一行，否则为第二行。

```
    void LCD_set_xy( uchar x, uchar y )
    {
```

```
    uchar address;          //定义 LCD1602 地址变量
    x&=0x0f;                // LCD1602 共 16 列，地址为 0～15，留下列地址低 4 位，防止越界
    if (y == 0)             //如果行地址 y 为 0，则为第一行，否则为第二行
        address = 0x80 + x; //第一行地址为 0x80～0x8F，即列地址加上 0x80
    else
        address = 0xC0 + x;          //第二行地址为 0xC0～0xCF，即列地址加上 0xC0
    LCD_en_command(address); //输出 LCD1602 的地址字，使光标移动到指定位置
}
```

5. 在指定的位置上显示一个字符

参数 x 为显示的列数，参数 y 为显示的行数，参数 dat 是显示内容的 ASCII 码。

```
    void LCD_write_char( uchar x,uchar y,uchar dat)
    {
        LCD_set_xy( x,y );      //移动光标
        LCD_en_dat(dat);        //输出显示字符
    }
```

6. 在指定的位置上显示一个字符串

函数将在 x 列 y 行开始显示从地址 s 开始的一个字符串，以字符串的结束标志为显示结束。

```
    void LCD_write_string(uchar x,uchar y,uchar *s)
    {
        LCD_set_xy( x,y );      //设置显示的起始地址
        while (*s)              //判断字符串是否结束
        {
            LCD_en_dat(*s);    //LCD 锁存并显示当前字符
            s ++;               //下一个字符
        }
    }
```

7. 液晶初始化

函数完成对 LCD 的初始化。

```
    void LCD_init(void)
    {
        LCD1602_EN=0;           //关闭 LCD1602 使能
        LCD_en_command(0x38);   //设置 LCD 为 8 位数据模式
        LCD_en_command(0x0C);   //打开显示（即允许显示）
        LCD_en_command(0x01);   //清屏
    }
```

四、LCD1602 显示示例

LCD_write_char 函数用于在 LCD1602 上显示一个字符，LCD_write_string 函数用于在 LCD1602 上显示一个字符串，字符串由一个或多个字符组成，故两个显示函数可实现相同的字符显示功能。

LCD1602 接收的数据是 ASCII 字符。在显示各种字符时，把要显示的字符的 ASCII 值通过这两个显示函数显示即可。显示变量的值或其他数字时，需要将变量值或数字转换为 ASCII 字符，再送 LCD1602 显示。下面介绍部分应用的示例。

【例1】 如果整型变量 hour=9、minute=20、second=34，在 1602 上显示"Time:09:20:34"，即要求将变量 hour、minute、second 的值显示在指定位置。可以使用下面的程序实现。

```
char    s[]="Time:  :  ";//字符串中以空格预留数字位置
s[5]=hour/10+'0';           //hour 的十位的 ASCII 码放在数组 s 下标为 5 的位置（第 6 个元素）
s[6]=hour%10+'0';           //hour 的个位的 ASCII 码放在数组 s 下标为 6 的位置（第 7 个元素）
s[8]=minute/10+'0';
s[9]=minute%10+'0';
s[11]=second/10+'0';
s[12]=second%10+'0';
LCD_write_string(0,0,s);    //字符串 s 中包含全部显示内容的 ASCII 码
```

【例2】 如果浮点型变量 v=12.347，在 LCD1602 上显示"Voltage:12.35mV"，即要求将变量 v 的值保留两位小数显示在指定位置。可以使用下面的程序实现。

```
uchar   ch;                            //定义临时变量
LCD_write_string(0,0," Voltage:00.00mV");    //字符串中以 '0' 占显示位置
ch=v;                                  //赋值运算强制将浮点类型转换为整型，得到 v 的整数部分
LCD_write_char(8,0,ch/10+'0');         //显示整数部分的十位数字，注意显示位置
LCD_write_char(9,0,ch%10+'0');         //显示整数部分的个位数字
ch=(v-ch)*100+0.5;                     //得到两位小数，四舍五入
LCD_write_char(11,0,ch/10+'0');        //显示小数部分的第一位数字
LCD_write_char(12,0,ch%10+'0');        //显示小数部分的第二位数字
```

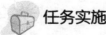 **任务实施**

一、硬件设计

本任务是在 LCD1602 第一行显示提示"This's a sample!"，在第二行显示："No."和参数数值。LCD1602 与单片机的连接十分简单，只需要将数据接口（D0～D7）、控制总线（RS、R/W、EN）连接到单片机的 I/O 端口即可。因此，控制 LCD1602 显示的硬件电路仅包含单片机的最小系统和 LCD1602 的接口电路，如图 10-2-3 所示。

在图 10-2-3 中，LCD1602 的控制端接 P1 口的 P1.1、P1.2 和 P1.3，数据端接 P2 口，LCD1602 接口的 15 脚、16 脚是 LCD 的背光源的连接引脚，串联的电阻起限流保护作用，

也可以不用限流电阻。LCD1602 的 3 脚接地，将液晶的对比度设置为最大，也可通过外接电阻后接到地，可减小对比度，接电源正极，对比度最低。

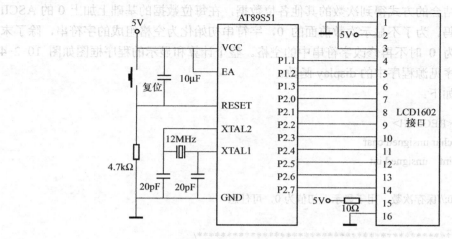

图 10-2-3 LCD1602 显示电路原理图

二、软件设计

根据任务目标，在 LCD1602 上显示提示字符串和计数次数。由于 LCD1602 内部有存储器，单片机只要将显示数据送到 LCD1602 的存储器中，LCD1602 内部的控制电路会自动将这些内容不断地显示在液晶屏上，所以使用单片机驱动 LCD1602 显示与单片机驱动数码管静态显示类似，在需要更新显示时才输出数据到 LCD1602。因此，系统流程如图 10-2-4（a）所示。

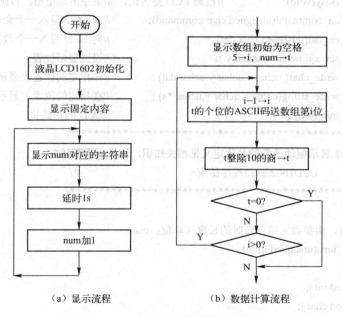

（a）显示流程　　　　　（b）数据计算流程

图 10-2-4 LCD1602 显示系统流程图

要实现在 LCD1602 上的显示计数次数，需将次数转换为对应的字符串，然后再送 LCD1602。在本任务中，显示次数需要采用整型变量存储，采用循环模 10 得到个位和除 10 数据右移一位相结合的方式得到次数的其他各位数据，在每位数据的基础上加上 0 的 ASCII 值即得到各位数码。为了不显示次数前面的 0，字符串初始化为空格组成的字符串，除了末位外，其他数据为 0 时不再修改字符串中的空格。整个计算和显示的程序框图如图 10-2-4 所示，相应的程序见源程序中的 display 函数。

示例源程序如下：

```c
#include <REG51.H>
#define uchar unsigned char
#define uint   unsigned int


uint   n=0;//保存次数，用于显示，初值为 0，可任意


/**************************************************/
/*                LCD1602 驱动程序开始                 */
/**************************************************/
// 定义端口和引脚，在具体使用中按实际连接修改
#define   LCDIO     P2
sbit LCD1602_RS=P1^1;              //声明 LCD1602 RS 连接的单片机引脚
sbit LCD1602_RW=P1^2;              //声明 LCD1602 RW 连接的单片机引脚
sbit LCD1602_EN=P1^3;              //声明 LCD1602 EN 连接的单片机引脚


void LCD_Busy(void);               //检测 LCD 是否忙，如果空闲则退出，否则等待一段时间
void LCD_en_command(unsigned char command);        //向 LCD 写入一个命令
void LCD_en_dat(unsigned char dat);                //向 LCD 写入一个数据（字符）
void LCD_set_xy( uchar x, uchar y );               //设置显示位置
void LCD_write_char( uchar x,uchar y,uchar dat) ;  //在指定的位置上显示一个字符
void LCD_write_string(uchar x,uchar y,uchar *s) ;  //在指定的位置上显示一个字符串
void LCD_init(void) ;                              //LCD 的初始化
/**************************************************/
/*LCD1602 显示驱动函数的具体定义见相关知识，这里不再赘述*/
/*                LCD1602 驱动程序结束                 */
/**************************************************/


//延时函数，由参数 n 指定延时的长度（单位：ms）
void delay_nms(unsigned int n)
{
    unsigned int i;
    unsigned char j;
    for(i=n;i>0;i—)
    {  //延时 1ms（晶振为 12MHz）
```

```
        for (j=250;j>0;j--);
        for (j=250;j>0;j--);
      }
    }
    void display()                        //在 1602 上显示一串数字
    {
      uchar st[6]="     ";               //定义字符串 st 为 5 个空格
      uint t;                             //声明临时变量 t
      uchar i=5;                          //最多 5 位数
      t=n;                                //将次数 n 放临时变量 t 中
      do
      {
        i--;                              //次数减 1，同时指定转换字符在 st 数组中的存储位置
        st[i]=t%10+'0';                   //得到 t 的个位的字符，放在数组 st 中下标为 i 的位置
        t=t/10;                           //将 t 整除 10，相当于十进制数右移一位（小数点左移一位）
        if(t==0)break;                    //如果为 0，则退出
      }while(i);                          //如果未转换完，则继续循环
      LCD_write_string(3,1,st);           //显示字符串 st
    }
    void main(void)
    {
      delay_nms(200);                     //等待液晶模块电路初始化完毕
      LCD_init();                         //液晶模块的初始化
      LCD_write_string(0,0,"This's a sample!");  //在第一行的第一列显示
      LCD_write_string(0,1,"No.");        //在第二行的第一列显示
      while(1)
      {
        display();                        //显示变量 n 的数值
        delay_nms(1000);                  //等待 1s
        n++;                              //变量 n 加 1
      }
    }
```

三、Proteus 仿真

① 打开 Proteus ISIS 软件，按照硬件原理图绘制 Proteus 仿真电路，仔细检查，保证线路连接无误。

② 在 Keil 软件开发环境下，创建项目，编辑源程序，编译生成 HEX 文件，并装载到 Proteus 虚拟仿真硬件电路的 AT89C51 芯片中。

③ 运行仿真，仔细观察运行结果，如果有不完全符合设计要求的情况，调整源程序并重复步骤①和②，直至完全符合本项目提出的各项设计要求。

如图 10-2-5 所示为单片机控制 LCD1602 显示仿真效果图。

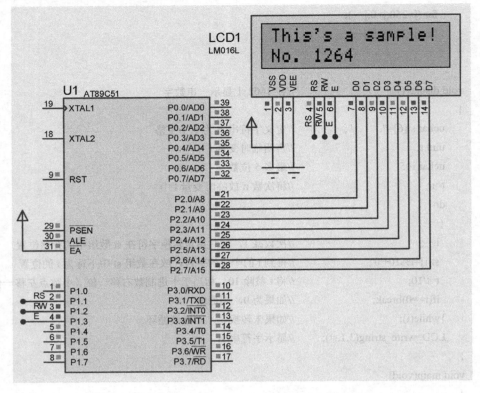

图 10-2-5　单片机控制 LCD1602 显示仿真效果图

任务三　点阵液晶 LCD12864 显示应用

 **任务提出**

本任务是使用单片机控制点阵液晶 LCD12864 显示，具体任务为：

（1）在 LCD12864 的第一行显示提示"点阵显示示例"。

（2）在 LCD12864 的第二行显示："次数："和参数数值。

（3）参数数值的范围为 0～99，显示初值为 0，每秒钟显示参数的值加 1。

 **任务分析**

本任务主要是以单片机为核心控制液晶显示器实现点阵文字字符的显示，虽然 LCD 有字符液晶和点阵液晶等类型，但在与单片机的硬件连接上基本结构是一致的，主要是针对不同的 LCD 模块功能，程序设计上有所不同。硬件基础则是单片机必须能够驱动液晶显示，由于 LCD 显示模块都采用标准 TTL 电平接口，可直接与单片机端口连接，故本任务设计系统硬件框图如图 10-3-1 所示。

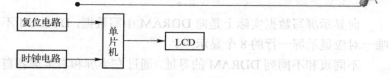

图 10-3-1　LCD 显示系统框图

　　由于 LCD 字符液晶和点阵液晶能显示的内容不同，在实际应用中需要根据显示内容来选择是采用字符液晶还是点阵液晶。若只需显示指定字符、数字，则可采用字符液晶，如选用 LCD1602 作为显示器件；若还需要显示汉字、图像，则只能选择点阵液晶，如选用 LCD12864 作为显示器件。

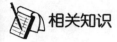 相关知识

一、LCD12864 液晶显示器简介

　　LCD12864 有多种型号，通常是指 128 列×64 行的点阵液晶模块，常见的有 STN、FSTN、DFSTN 三大类型，其内部控制芯片有 ST7565R、ST7920、KS0724、KS0107 等。LCD12864 又分带汉字库和不带汉字库 LCM 两种。其接口也有不同的标准，一般采用附加后缀作为区分不同类型 LCD12864 液晶的标志，不同类型 LCD12864 液晶引脚功能及控制方式略有不同。在这里介绍以 KS0107 为控制芯片的 LCD12864-8 液晶模块。LCD12864 的点阵大小有不同规格，其显示颜色也有多种。如图 10-3-2 所示是 LCD12864 液晶的一种实物图。

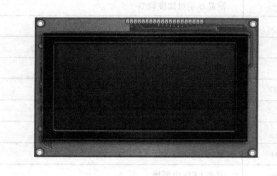

图 10-3-2　LCD12864 实物图

　　LCD12864 液晶显示屏共有 128×64 点阵，其内部控制芯片将液晶显示屏平均划分为左屏和右屏两个部分，均为 64×64 点阵，而且两部分各自都有独立的片选信号，控制选择两个部分。

　　显示屏上的显示数据由液晶模块内部的显示数据随机存储器 DDRAM 提供。DDRAM 每字节中的每 1 个 bit，对应显示屏上的 1 个点。bit 值为 1，对应点显示，反之不显示。改变显示器显示内容的过程就是修改 DDRAM 的过程。

　　DDRAM 内部每字节对应液晶点阵的某列，每列连接 8 行，将这 8 行称为 1 页。对应显示屏从上到下编号为 0～7 页。由于液晶的左半部分和右半部分都是 64 列，所以 LCD12864 左右屏两部分的每一页包含 64 个字节，涵盖半边显示屏的 64 行×64 列点阵数据。

向显示屏写数据实际上是向 DDRAM 中写数据，DDRAM 不同页和不同列中的字节数据唯一对应显示屏一行的 8 个显示点。

不同页和不同列 DDRAM 的寻址，通过左半屏和右半屏各自的页地址计数器和列地址计数器实现，因此对显示屏 DDRAM 写显示数据前，需要先设置页地址和列地址。

二、LCD12864 引脚功能

随着时间不断推移，对液晶需求及生产技术的不断发展，LCD12864 液晶出现了不同的接口标准。这些接口虽然都是 20 个引脚，但引脚顺序和引脚功能在不断调整，在这里仅介绍其中一种接口。

1. LCD12864-8 的引脚功能

LCD12864-8 的引脚说明如表 10-3-1 所示。

表 10-3-1 LCD12864-8 的引脚说明

引 脚 序 号	名　　称	说　　　明
1	CS1	U1 片选
2	CS2	U2 片选
3	VSS	电源地
4	VDD	电源输入（+5V）
5	V0	液晶显示对比度调节
6	RS	又名 DI，数据/命令选择
7	R/W	读写选择。R/W=1，读状态；R/W=0，写状态
8	E	读写使能
9～16	D0～D7	数据总线
17	RST	液晶模组复位。RST=L 时液晶内部芯片复位
18	VEE	液晶驱动电源
19	VLED+	背光 LED 电源正（5.0V）
20	VLED-	背光 LED 电源地

2. LCD12864 的基本操作

读状态：输入：RS=L，RW=H，E=H；输出：D0～D7=状态字。
写指令：输入：RS=L，RW=L，D0～D7=指令码，E=高脉冲；输出：无。
读数据：输入：RS=H，RW=H，E=H；输出：D0～D7=数据。
写数据：输入：RS=H，RW=L，D0～D7=数据，E=高脉冲；输出：无。

三、LCD12864 主要驱动函数

与 LCD1602 的接口类似，LCD12864 有一个 8 位的数据接口和 5 根控制信号线，在电路中这些引脚可以直接连接到单片机，单片机通过端口控制 LCD12864 显示点阵字符

和图像。

在编写驱动程序时，需要用到与 LCD12864 连接的数据端口和控制引脚，为了使用方便，在程序中首先对数据端口和控制引脚进行定义。具体应用中，若单片机的端口与液晶模块的连接方式不同，在程序中按硬件的实际连接修改这些定义，驱动函数不需要更改即可用于其他单片机系统。

P0 接液晶的数据端口，定义端口使用预定义指令：

> #define　LCDIO　P0

LCD12864 有 6 根控制引脚接到 P2 口，控制引脚采用常规的引脚定义：

> sbit　CS1=P2^0;
> sbit　CS2=P2^1;
> sbit　RS =P2^2;
> sbit　RW =P2^3;
> sbit　E　=P2^4;
> sbit　RST=P2^5;

驱动程序的编写，要求严格按照 LCD12864 的控制时序和指令实现。驱动函数包括 LCD 忙检测、LCD 写指令、写数据、读数据、写 DDRAM 地址、写字符串、LCD 初始化等几个具体的函数，可以在这些函数的基础上进一步开发诸如画线等输出函数。

1．检测 LCD 是否忙

如果空闲则退出，否则等待一段时间，直到空闲为止。

```
void busy(void)
{
    uchar i;
    RS = 0;                      //指令
    RW = 1;                      //读
    LCDIO = 0xFF;                //读入数据之前需将端口置 1，以便读取正确
    for(i=50;i>0;i--)            //最多读 50 次，防止死机
    {
        E= 0;
        E= 1;                    //使能 E 为高电平，液晶输出状态值到数据端口
        if((LCDIO&0x80)==0)break; //最高位为 0 表示器件空闲
    }
    E= 0;                        //关闭液晶使能
}
```

2．向液晶写一条指令

在使用之前应该选择区域。

```
void WriteCom(uchar CommandByte)
```

```
    {
        busy();                      //等液晶空闲
        LCDIO = CommandByte;         //把命令放在数据端口
        RS = 0;                      //指令
        RW = 0;                      //写
        E= 1;                        //液晶使能有效，液晶接收数据
        delay10us();                 //等 10μs，保证液晶接收完毕
        E= 0;                        //关闭液晶使能
    }
```

3．定位操作的 DDRAM 单元

根据 Col 和 Page 来设定 DDRAM 单元位置，实现定位 LCD12864 某 8 个点的位置。

```
    void Locatexy(uchar Page , uchar Col)
    {
        if(Col&0x40){CS1= 1;CS2= 0;}      //右区，对应 Col 为：64～127
        else        {CS1= 0;CS2= 1;}      //左区，对应 Col 为：0～63
        busy();                           //等待液晶准备好
        WriteCom(Page&0x07|0xB8);         //向液晶写页地址所对应指令
        WriteCom(Col&0x3F|0x40);          //向液晶写列地址所对应指令
    }
```

4．从 LCD12864 DDRAM 中读出一个数据

函数返回液晶上指定位置的显示数据，可以用于对屏幕进行与、或、异或画线，也可以用于局部反白显示等操作。

```
    unsigned char ReadData( void )
    {
        uchar DataByte;
        RS = 1;                      //数据
        RW = 1;                      //从液晶读，即从液晶输出
        LCDIO = 0xFF;                //单片机端口读入前要求置 1，以便读取正确
        E= 1;                        //使能有效，液晶输出数据
        delay10us();                 //等 10μs，保证液晶输出有效数据
        DataByte = LCDIO;            //从数据口 LCDIO 把数据读入到变量 DataByte
        E= 0;                        //关闭液晶使能
        return DataByte;             //返回从液晶读出的数据
    }
```

5．向液晶写入数据

向液晶内部 DDRAM 某单元写入 1 字节数据，修改液晶显示 8 个点显示内容。

```
    void WriteData( uchar DataByte )
```

```
    {
        Locatexy();            //坐标定位，设置读写数据的位置
        RS = 1;                //数据
        RW = 0;                //向液晶写，即液晶输入
        LCDIO = DataByte;      //参数数据输出到数据口
        E= 1;                  //使能有效，液晶接收端口数据
        delay10us() ;          //等 10μs，保证液晶接收完毕
        E= 0;                  //关闭液晶使能
    }
```

6. 清屏

向液晶全部 DDRAM 写入数据 0，实现清屏。

```
    void LcmClear( void )
    {
        uchar i,j;
        for(i=0;i<8;i++)            //扫描所有页
        for(j=0;j<128;j++)         //每页的所有列
        {
            Locatexy( i , j );     //坐标定位，设置读写数据的位置
            WriteData(0);          //向液晶写入数据 0
        }
    }
```

7. LCD12864 的初始化

```
    void LcmInit( void )
    {
        RST=0;                 //液晶复位
        delay_nms(200);        //等待复位
        RST=1;                 //液晶正常工作
        CS1=CS2=0 ;
        WriteCom (0x3f);       //开显示
        WriteCom(0xc0);        //设置起始地址=0
        WriteCom(0x3f);        //开显示
        LcmClear();            //清液晶屏幕内容
    }
```

8. 向 LCM 写入一个半角字符

即一个 8 列 16 行的点阵。

```
    void lcmputchar(uchar Page , uchar Col , uchar *hzs)
    {
```

```
        uchar i;
        for(i=0;i<8;i++)                //循环 8 次，实现 8 列写入
        {
                if(Col>127) break;      //如果列超过右边边界，则退出，不写入点阵
                Locatexy( Page , Col );  //坐标定位，设置读写数据的位置
                WriteData( *hzs );       //写入上面一页，即字符的上 8 行
                hzs++;                   //指向点阵字库的下一个字节
                Page++;                  //页向下移动 1，液晶将写入位置下移一页（8 行）
                Locatexy( Page , Col );  //坐标定位，设置读写数据的位置
                WriteData( *hzs );       //写入点阵的下面 8 行
                hzs++;                   //指向点阵字库的下一个字节
                Page--;                  //页向上移动 1，液晶将写入位置上移一页（8 行）
                Col++;                   //列加 1，在液晶写入位置右移一列
        }
}
```

9．向 LCM 中写入一个字符串

字符的最高位为 1 表示为全角字符，否则为半角字符。

```
        void LcmPutString(uchar y,uchar x,uchar *str,uchar length)
{
        uchar code *po;         //定义地址指针，用来指向字库点阵位置
        unsigned int k;         //字符在点阵中的相对位置
        while(length--)         //循环参数 length 指定的次数
        {
          if(*str&0x80)         //如果该字符是全角字符。*str 是地址为 str 的单元中的内容。
          {
                k=(*str&0x7f)<<5; //每个全角字符占 32 字节，字符编号乘 32，该字符在全角点阵中的位置
                po=hz+k;          //全角数组的起始位置加上字符相对位置，得到点阵在存储器中的起始位置
                lcmputchar(y,x,po); //输出 16 个字节，显示 8×16 点阵，左边半个字符
                po+=16;            //点阵起始位置加 16，对应后 16 字节的起始位置
                lcmputchar(y,x,po); //输出 16 个字节，显示 8×16 点阵，右边半个字符
          }
          else  //如果显示内容为半角字符
          {
                k=(*str)<<4;    //半角点 16 字节，字符编号乘 16 得到该字符在半角点阵中的位置
                po=en+k;        //半角点阵数组的起始位置加上字符相对位置，得到半角点阵在存储器
                                //中的位置
                lcmputchar(y,x,po); //输出 16 个字节，8×16 点阵，即一个完整的半角字符
          }
          str++;                //字符位置加 1，指向下一个字符
        }
}
```

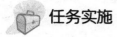 **任务实施**

一、硬件设计

LCD12864 和单片机的连接与 LCD1602 类似，直接将数据接口（D0～D7）、控制总线（CS1、CS2、RS、RW、E、RST）连接到单片机的 IO 端口即可。因此，控制 LCD12864 显示的硬件电路也是由单片机的最小系统和 LCD12864 的接口电路组成。

LCD12864 的数据选择与单片机的 P0 口连接，由于 P0 口作数据传输时内部为 OD 状态，因此要增加一个外接 10kΩ 排阻作为上拉电阻。另外，LCD12864 的控制引脚分别连接到单片机引脚 P2.0～P2.5。单片机驱动 LCD12864 的示例电路如图 10-3-3 所示。

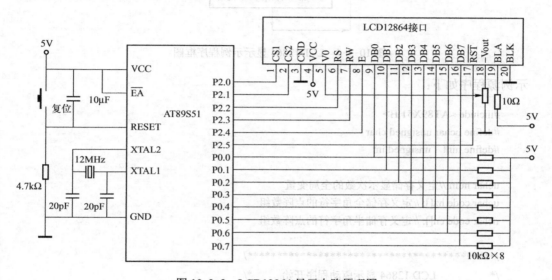

图 10-3-3　LCD12864 显示电路原理图

在图 10-3-3 中，LCD12864 接口的 19 脚、20 脚是 LCD 的背光源的连接引脚，串联的电阻起限流保护作用，可以不要。LCD12864 的 18 脚为液晶内部的负压输入，通过电阻分压后送回 5 脚，可调节液晶的对比度。

二、软件设计

LCD12864 的显示与 LCD1602 显示相似，都是将其内部 RAM 的内容不断送液晶显示。

根据任务目标，首先向 LCD12864 输出固定的显示内容"点阵显示示例"，并显示"次数："和计数次数。在主循环中依次完成：

① 将参数的十位和个位保存到显示数组中，调用显示函数送 LCD12864 显示这两位数。

② 等待 1s。

③ 修改参数并判断是否超过 99，如果超过则参数清 0。

任务目标所对应的程序框图如图 10-3-4 所示。

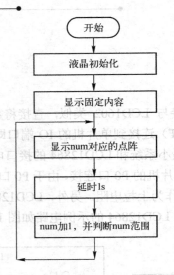

图 10-3-4 LCD12864 显示示例程序框图

示例源程序如下：

```c
#include <AT89X51.H>
#define uchar unsigned char
#define uint    unsigned int


uchar num;//定义存储显示次数的全局变量
uchar code hz[]; //定义存储全角字符的点阵数组
uchar code en[]; //定义存储半角字符的点阵数组


/*******************************************/
/*          LCD 12864 显示驱动程序开始        */
/*******************************************/
//下面是端口和引脚定义
#define LCDIO P0          //P0 接液晶的数据端口

sbit    CS1=P2^0;         //液晶片选 1，为低电平选择左半区
sbit    CS2=P2^1;         //液晶片选 2，为低电平选择右半区
sbit    RS =P2^2;         //又称 D/I，数据或指令操作:"H"，表示 DB7～DB0 为显示数据
                          // "L"，表示 DB7～DB0 为显示指令数据
sbit    RW =P2^3;         //液晶读写状态线:R/W="H"，E="H"数据被读到 DB7～DB0
                          //R/W="L"，E="H→L"数据被写到 IR 或 DR 读写
sbit    E=P2^4;           //数据锁存:R/W="L"，E 信号下降沿锁存 DB7～DB0
                          //R/W="H"，E="H"DDRAM 数据读到 DB7～DB0
sbit    RST=P2^5;         //复位控制信号，RST=0 有效

//延时函数，由参数 n 指定延时的长度（单位：ms）
void delay_nms(uint n)
{
```

```c
        uint i;
        uchar j;
        for(i=n;i>0;i--)
        {                           //延时 1ms（晶振为 12MHz）
         for (j=250;j>0;j--);       //循环 250 次，0.5ms
         for (j=250;j>0;j--);
        }
    void delay10us()               //延时 10μs，用于等待液晶操作完成
    {
        uchar i=5;
        while(--i);                 //循环 5 次，10 机器周期，10μs
    }

    void busy(void);                                   //检查液晶 Busy，空闲时退出
    void WriteCom(uchar CommandByte);                  //向液晶写一条指令
    void Locatexy(uchar Page , uchar Col);             //根据设定的坐标数据，定位 LCD12864 上的下一个操作单元
    void WriteData( uchar DataByte );                  //向液晶写入一个数据
    void LcmClear( void );                             //向液晶全部写 0，实现清屏
    void LcmInit( void );                              //LCD12864 的初始化
    void lcmputchar(uchar Page , uchar Col , uchar *hzs); //向 LCM 写入半角字符，即一个 8 列 16 行的
                                                          //点阵
    void LcmPutString(uchar y,uchar x,uchar *str,uchar length);  //向 LCM 中写入一个字符串
/**********************************************/
/*12864 显示驱动函数的具体定义见相关知识，这里不再赘述*/
/*            12864 显示驱动程序结束            */
/**********************************************/

    void main( void )
    {
    uchar code st1[]={0x80,0x81,0x82,0x83,0x83,0x84};  //显示字符串，最高位为 1 代表全角字符
    uchar code st2[]={0x85,0x86,0x0a};                 //显示字符串，最高位不为 1 则代表半角字符
    uchar   st3[2];                                    //保存两位数字的显示代码

    LcmInit();                      //液晶初始化
    LcmPutString(0,2*8,st1,6);      //在 0 页 2×8 列开始显示 st1 字符串，共 6 个字符
    LcmPutString(4,0*8,st2,3);      //在 4 页 0×8 列开始显示 st2 字符串，共 3 个字符
    while(1)                        //死循环，保证重复显示
    {
        if(num<10)st3[0]=0x0b;      //如果小于 10 则显示空格（0x0b），相当于消隐
        else st3[0]=num/10;         //大于 10 则第一个字符为 num 的十位
        st3[1]=num%10;              //第二个字符为 num 的个位
        LcmPutString(4,5*8,st3,2);  //4 页 5×8 列开始显示 st3 字符串，显示 num 的十位和个位两位
                                    //数字点阵
```

```
        delay_nms(1000);                //等 1000ms
        num++;                          //num 加 1
        if(num>99)num=0;                //如果 num 超过 99，则回到 0 重新开始计数显示
    }
}
```

//下面定义点阵数组，hz 为全角点阵数组，en 为半角点阵数组

```
uchar code hz[]={//  点(0x80) 阵(0x81) 显(0x82) 示(0x83) 例(0x84) 次(0x85) 数(0x86)
0x00,0x00,0x00,0x40,0x00,0x30,0xE0,0x07,0x20,0x12,0x20,0x62,0x20,0x02,0x3F,0x0A,
0x24,0x12,0x24,0x62,0x24,0x02,0xF4,0x0F,0x24,0x10,0x00,0x60,0x00,0x00,0x00,0x00,/*"点",0x80*/
0xFE,0xFF,0x02,0x00,0x12,0x02,0x2A,0x04,0xC6,0x03,0x88,0x04,0xC8,0x04,0xB8,0x04,
0x8F,0x04,0xE8,0xFF,0x88,0x04,0x88,0x04,0x88,0x04,0x00,0x04,0x00,0x00,0x00,0x00,/*"阵",0x81*/
0x00,0x20,0x00,0x21,0x00,0x22,0x3E,0x2C,0x2A,0x20,0xEA,0x3F,0x2A,0x20,0x2A,0x20,
0x2A,0x20,0xEA,0x3F,0x2A,0x28,0x3E,0x24,0x00,0x23,0x00,0x20,0x00,0x20,0x00,0x00,/*"显",0x82*/
0x00,0x10,0x20,0x08,0x20,0x04,0x22,0x03,0x22,0x00,0x22,0x40,0x22,0x80,0xE2,0x7F,
0x22,0x00,0x22,0x00,0x22,0x01,0x22,0x02,0x22,0x0C,0x20,0x18,0x20,0x00,0x00,0x00,/*"示",0x83*/
0x40,0x00,0x20,0x00,0xF8,0xFF,0x07,0x02,0x02,0x81,0x80,0x40,0x62,0x33,0x1E,0x0C,
0x12,0x03,0xF2,0x00,0x02,0x00,0xF8,0x07,0x00,0x40,0x00,0x80,0xFF,0x7F,0x00,0x00,/*"例",0x84*/
0x00,0x02,0x02,0x5E,0x1C,0x43,0xC0,0x20,0x30,0x20,0x4C,0x10,0x30,0x08,0x0F,0x04,
0x08,0x03,0xF8,0x01,0x08,0x06,0x08,0x08,0x28,0x30,0x18,0x60,0x08,0x20,0x00,0x00,/*"次",0x85*/
0x10,0x42,0x92,0x42,0x54,0x2A,0x38,0x2E,0xFF,0x13,0x38,0x1A,0x54,0x26,0x52,0x02,
0x80,0x40,0xF0,0x20,0x1F,0x13,0x12,0x0C,0x10,0x33,0xF0,0x60,0x10,0x20,0x00,0x00,/*"数",0x86*/
};
uchar code  en[]={
0x00,0x00,0xE0,0x0F,0x10,0x10,0x08,0x20,0x08,0x20,0x10,0x10,0xE0,0x0F,0x00,0x00,/*"0",0x00*/
0x00,0x00,0x10,0x20,0x10,0x20,0xF8,0x3F,0x00,0x20,0x00,0x20,0x00,0x00,0x00,0x00,/*"1",0x01*/
0x00,0x00,0x70,0x30,0x08,0x28,0x08,0x24,0x08,0x22,0x88,0x21,0x70,0x30,0x00,0x00,/*"2",0x02*/
0x00,0x00,0x30,0x18,0x08,0x20,0x88,0x20,0x88,0x20,0x48,0x11,0x30,0x0E,0x00,0x00,/*"3",0x03*/
0x00,0x00,0x00,0x07,0xC0,0x04,0x20,0x24,0x10,0x24,0xF8,0x3F,0x00,0x24,0x00,0x00,/*"4",0x04*/
0x00,0x00,0xF8,0x19,0x08,0x21,0x88,0x20,0x88,0x20,0x08,0x11,0x08,0x0E,0x00,0x00,/*"5",0x05*/
0x00,0x00,0xE0,0x0F,0x10,0x11,0x88,0x20,0x88,0x20,0x18,0x11,0x00,0x0E,0x00,0x00,/*"6",0x06*/
0x00,0x00,0x38,0x00,0x08,0x00,0x08,0x3F,0xC8,0x00,0x38,0x00,0x08,0x00,0x00,0x00,/*"7",0x07*/
0x00,0x00,0x70,0x1C,0x88,0x22,0x08,0x21,0x08,0x21,0x88,0x22,0x70,0x1C,0x00,0x00,/*"8",0x08*/
0x00,0x00,0xE0,0x00,0x10,0x31,0x08,0x22,0x08,0x22,0x10,0x11,0xE0,0x0F,0x00,0x00,/*"9",0x09*/
0x00,0x00,0x00,0x00,0x00,0x36,0x00,0x36,0x00,0x00,0x00,0x00,0x00,0x00,0x00,0x00,/*":",0x0a*/
0x00,0x00,0x00,0x00,0x00,0x00,0x00,0x00,0x00,0x00,0x00,0x00,0x00,0x00,0x00,0x00,/*" ",0x0b*/
};
```

三、Proteus 仿真

① 打开 Proteus ISIS 软件，按照硬件原理图绘制 Proteus 仿真电路，仔细检查，保证线路连接无误。

② 在 Keil 软件开发环境下，创建项目，编辑源程序，编译生成 HEX 文件，并装载到 Proteus 虚拟仿真硬件电路的 AT89C51 芯片中。

③ 运行仿真，仔细观察运行结果，如果有不完全符合设计要求的情况，调整源程序并

重复步骤①和②，直至完全符合本项目提出的各项设计要求。

如图 10-3-5 所示是单片机控制 LCD12864 显示仿真效果图。

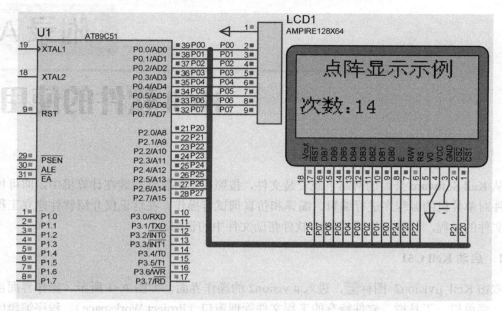

图 10-3-5 单片机控制 LCD12864 显示仿真效果图

思考与练习

1. 编写实现 8×8 点阵中一列或一行依次亮和控制程序。
2. 在 8×8 点阵中设计一 "★" 图案，编程进行显示。
3. 将汉字 "欢迎" 在 LED 点阵上闪烁（0.5s 亮，0.5s 熄）显示。
4. 用 8×8 点阵组成 16×32 的两个汉字显示屏，滚动显示 "欢迎光临"。
5. 分别用 LCD1602 和 LCD12864 设计在屏幕上移动 "★" 图案，编程进行显示。
6. 自设显示内容，选择合适的显示方法，用 LCD12864 实现显示。

Keil 软件的使用

从 Keil Software 公司的网站下载安装文件，按照提示将软件安装在计算机中，即可使用该软件对单片机的源程序进行编辑、编译和仿真调试等操作。在这里仅介绍软件建立工程和编译文件的过程，其他操作详见 Keil 软件帮助文件中的说明。

1. 启动 Keil C51

双击 Keil μvision2 图标，进入 μvision2 的操作界面，如图 A-1 所示。操作界面由标题栏、菜单栏、工具栏、软件特有的工程文件管理窗口（Project Workspace）、程序编辑区和信息窗口（Output Window）等组成。

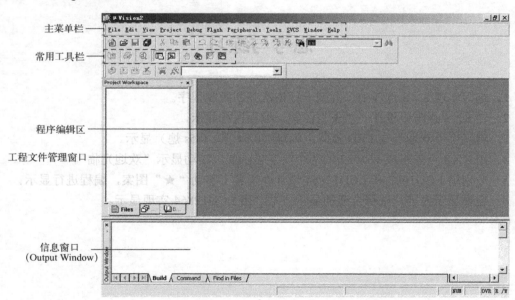

图 A-1　Keil μvision2 的操作界面

2. 建立新工程

① 从主菜单栏上选择菜单"Project"下的"New Project"命令，弹出"Create New Project"（创建新工程）对话框，如图 A-2 所示。

② 在"文件名（N）"中输入要创建的工程名，在这里取名为"LED"（工程名也可以取其他名称，如"test""clock"等字符串）。

③ 在合适的路径下建立该工程的文件夹，如本例保存在"D:\单片机程序"路径之下。单击"保存（S）"按钮，出现器件选择对话框，如图 A-3 所示。

图 A-2　创建新工程对话框

图 A-3　选择使用 CPU 的生产厂商

④ 图 A-3 所示对话框用来选取所用单片机的生产厂家和所使用单片机的类型。本任务中选择的单片机芯片为 Atmel 公司生产的 AT89S51 单片机。所以 CPU 选项卡中就单击"Atmel"前面的"+"，展开后的列表均是 Atmel 公司生产的芯片型号，选中"AT89S51"单片机，如图 A-4 所示。

⑤ 在图 A-4 所示对话框中，单击"确定"按钮，进入工程界面。至此，工程的基本框架已经建立好，但整个工程还有各项设置，源程序还需要编辑。

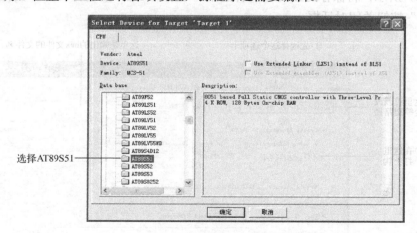

图 A-4　选择使用的 CPU 类型

3. 工程设置

① 在 Project Workspace 窗口中用鼠标指向"Target 1"并单击右键，选择快捷菜单中的"Options for Target'Target 1'"，如图 A-5 所示，可以进入工程选项设置对话框。当然，也可以

通过"Project"菜单下的"Options for Target'Target 1'"菜单项进入选项设置，或单击图 A-5 中所示按钮进入选项设置。

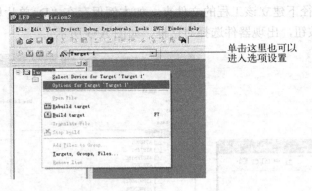

单击这里也可以进入选项设置

图 A-5　进入工程选项设置图示

② 在工程选项设置对话框中选择"Output"选项卡，如图 A-6 所示。选中"Create HEX file"复选框，单击"确定"按钮完成工程设置。

在工程选项设置中还有许多设置，这里不再介绍，使用时可参见 Keil 的帮助说明。

4. 建立 C 文件并加入工程

① 选择"File"菜单，在其下拉菜单中选择"New"，新建一个空白文档，保存为 C 程序文档。注意：文件名的后缀一定要设为".c"。（本任务示例取名为 main.c）。

② 再用鼠标指向"Project Workspace"窗口中的"Source Group 1"，单击鼠标右键，选择弹出快捷菜单中的"Add Files to Group'Source Group 1'"，如图 A-7（a）所示。弹出窗口如图 A-7（b）所示，将保存的 main.c 文件选中，单击"Add"按钮将 main.c 文件加入工程，单击"Close"按钮关闭对话框。

① 先选择这个选项卡　　　　　　　　　　这里是输出的hex文件的文件名

这里可以改变输出路径

② 在这里打上钩

③单击"确定"

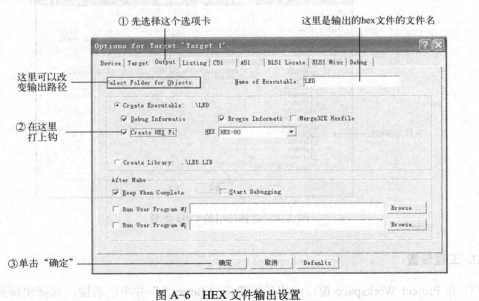

图 A-6　HEX 文件输出设置

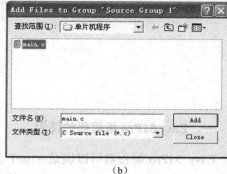

图 A-7　增加程序文件到工程

5. 编辑 C 文件及编译工程

进入程序编辑窗口，输入任务中的点亮 LED 的程序，按下功能键 F7（编译项目，将 C51 源程序转换为目标代码），如图 A-8 所示。

如果编译时发现有错误或警告，则需要查找源程序中的语法错误，修改后再次编译，直到在输出窗口显示"0 Error(s),0 Warning(s)."为止。

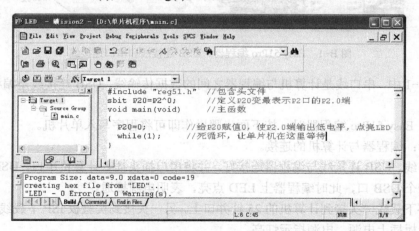

图 A-8　Keil 下编写单一指示灯点亮控制电路的 C51 程序

附录 B

程序下载

一、Easy 51Pro 编程器的使用

Easy 51Pro 编程器可以烧录 Atmel 公司系列单片机芯片，支持 AT89C51、C52、C55 和 S51、S52，AT89C1051、2051、4051 等芯片。Easy 51Pro 编程器外形如图 B-1 所示。

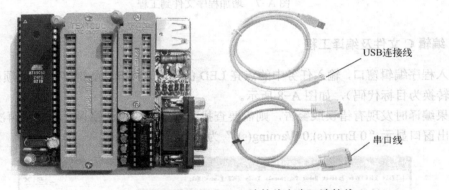

图 B-1　Easy 51Pro 编程器、USB 连接线和串口连接线

在图 B-1 中，串口线是计算机与编程器之间的数据传输线，USB 连接线是编程器的电源供给线。

在使用 Easy 51Pro 编程器时，按下面步骤操作即可将程序写入单片机。

第一步：编程器与计算机的连接。

将串口线、USB 连接线与编程器连接好，并将串口插头插入计算机串口，USB 插头插入计算机任一个 USB 口，此时编程器上 LED 点亮，表明电源接通。

接着将下载线一头接到计算机的 25 针并口上，另一头接到实验板 ISP 下载线的接口。然后，给实验板插上电源，电源指示灯亮。

第二步：运行下载软件 Easy 51Pro.exe。

下载软件 Easy 51Pro.exe 支持 Win9x/me/2000/NT，标准 Windows 操作界面，属于绿色软件，不需要安装，直接把相关的文件复制到硬盘中，运行其中的 Easy 51Pro 程序即可。软件运行界面如图 B-2 所示。

在图 B-2 中，左边为操作按钮，右边为操作提示窗口。把单片机芯片放入 ZIP 插座后锁紧，即可用软件对单片机芯片进行操作。

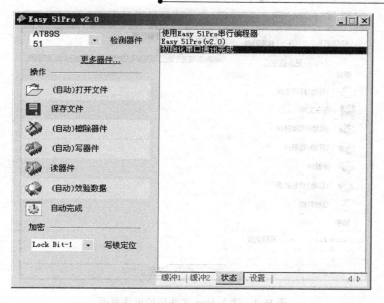

图 B-2　Easy 51Pro 软件运行界面

在软件中，将单片机型号选择为被操作的单片机芯片的型号，本任务中所用的单片机芯片为 AT89S51，故图 B-2 左上方的下拉列表中选择的型号为"AT89S51"。

单击"检测器件"按钮可以判断器件是否有问题。单击"检测器件"按钮后，在右侧的操作提示窗口将显示器件检测情况，若正常，将报告检测 CPU 内存大小和电源电压大小；若不正常，则给出不能检测到器件的信息。

第三步：加载程序文件。

在如图 B-2 所示界面中，单击"（自动）打开文件"按钮，进入文件打开对话框，找到用 Keil 工程输出的 hex 文件所在位置，选中"LED.hex"文件，如图 B-3 所示，单击"打开"按钮，回到主操作界面。

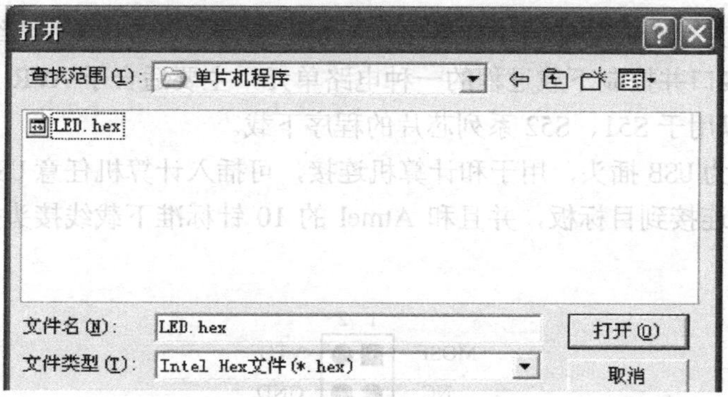

图 B-3　打开下载程序文件窗口

第四步：将程序代码写入单片机芯片。

在如图 B-4 所示界面中，单击"自动完成"按钮，即可将刚打开的 hex 文件写入单片机中。如果不能正常写入程序，将出现错误提示，一般情况下为单片机芯片出现故障。

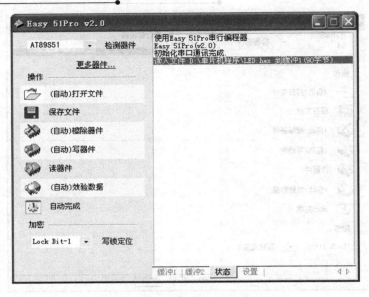

图 B-4　读入 Hex 文件后的操作界面

第五步：观察程序运行效果。

将已经写入程序代码的单片机芯片从编程器上取下，插入单片机应用系统的 **DIP40** 插座。仔细观察单片机芯片插接情况，在肯定无错的情况下给单片机系统通电，就可以看到刚写入单片机中的程序在单片机中已经运行起来，对应接在单片机上的各外围器件进入工作状态。

如果没有关闭下载软件，当程序修改并重新生成 hex 文件后，可以直接再次单击"自动完成"按钮，将修改后的 hex 直接写入单片机，而不需要每次寻找并打开 hex 文件。因此，在观察演示完一个程序的工作情况后，可在 Keil C51 中对该源程序进行修改，修改后编译，再下载到单片机观察修改效果。

二、USBASP 下载线的使用

下载线是针对支持 ISP 功能的单片机芯片的编程工具。USBASP 下载线是利用 ATMega8 芯片，模拟 USB 接口并控制下载过程的一种电路单元，主要适合于 AVR 系列芯片的程序下载（读写），也可以用于 S51、S52 系列芯片的程序下载。

下载线的一端为 USB 插头，用于和计算机连接，可插入计算机任意 USB 接口；另一端为 IDC10 插头，用于连接到目标板，并且和 Atmel 的 10 针标准下载线接头是完全兼容的，如图 B-5 所示。

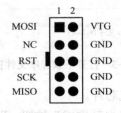

图 B-5　USBASP IDC10 插头引脚定义

使用下载线向单片机芯片写入程序时，单片机芯片一直安装在单片机应用系统电路中，编程完毕后单片机芯片自动开始运行，使用十分方便。

使用 USBASP 下载线将程序写入单片机芯片的过程分为下面几步。

第一步：连接下载线。

将下载线的 USB 端插入计算机 USB 口，并将下载线的 MOSI 接 AT89S51 的 P1.5、下载线的 MISO 接 AT89S51 的 P1.6、下载线的 SCK 接 AT89S51 的 P1.7、下载线的 RST 接 AT89S51 的 RST、VTG 接单片机应用系统的 V_{CC}、GND 接单片机系统的地，连接好后就可以使用下载软件向单片机芯片烧写程序了。如果没有下载线插座的单片机应用系统，可以采用导线将单片机的对应引脚连接到下载线，同样可以下载程序到单片机芯片。

第二步：安装下载线驱动程序。

对计算机操作系统来说，USBASP 下载线是一个 USB 设备，需要安装相应的驱动程序才能使用。

下载线插入 USB 口后，操作系统提示发现新硬件并进入"找到新硬件向导"，选择"从列表或指定位置安装"，进入下一步后，选中"在搜索中包含这个位置"，通过浏览找到驱动程序的位置，单击"下一步"按钮即可顺利完成安装。驱动程序仅在第一次使用下载线时需要安装。

第三步：运行下载软件。

支持 USBASP 下载线的软件较多，这里介绍一款 AVR_fighter 下载软件。将下载软件从网络上下载后解压到硬盘上，找到其中的 AVR_fighter.exe 程序，双击该文件即可运行。AVR_fighter 的运行界面如图 B-6 所示。

图 B-6　AVR_fighter 的运行界面

第四步：打开程序文件。

在 AVR_fighter 软件的运行界面中，单击"装 FLASH"，进入"打开"对话框，找到 Keil 工程编译得到的 HEX 文件，选中 HEX 文件后，单击"打开"按钮返回 AVR_fighter 软件的主界面，此时已经将程序代码装入下载软件。

第五步：编程。

将"芯片选择"中的单片机型号选择为本任务中的 AT89S51。这里的型号要根据下载线连接的单片机芯片的型号而定。

单击"编程选项"中的"编程"按钮，将已经装入的程序代码写入单片机芯片，在写入完毕后，单片机芯片自动复位后开始运行。

如果将"编程选项"中的"更新－自动编程"选项选中，则当 Keil 中每次编译后，AVR_fighter 都会自动将 HEX 装入并写入单片机芯片。

第六步：观察硬件执行效果。

单片机芯片写入程序后，需要观察系统硬件的运行情况，是否与程序的预期效果一致。如果不一致，则需要分析问题是由硬件组装、电路原理、程序中的哪一方面引起的，然后进行针对性修改并再次执行，直到效果与预期一致为止。电路板点亮彩灯的实验效果如图 B-7 所示。

图 B-7　电路板实验测试点亮灯的实物效果图

由于篇幅所限，本书主要介绍 Proteus 仿真实验，仅介绍了个别电路板实验测试。上面所给电路板实验测试方法和步骤，供实验测试者参考使用。

单片机系统不能直接驱动大功率负载，为了控制大功率负载并具有良好的抗干扰能力，还应接入相应的驱动电路和隔离电路。

接窗口中输入，则输入 AT89C51 或 89C51，即可在"Results"（观察结果）字中筛选出匹名为所输入字符的器件，对在"Results"字中的名称"AT89C51"即可对其添加到对象选择区……

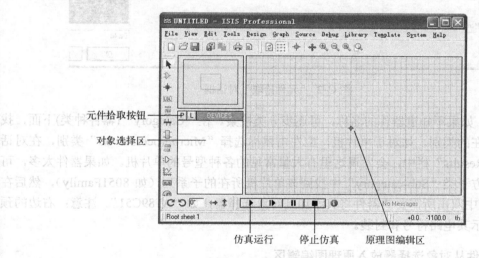

附录 C

Proteus 仿真

电子电路的仿真软件有多种，其中 Proteus ISIS 是英国 Labcenter 公司开发的电路设计、分析与仿真软件，功能极其强大。Proteus ISIS 对每一个单片机应用系统的仿真操作步骤基本相同，这里以项目二的任务一为例学习用 Proteus ISIS 进行仿真设计实验的步骤和方法，在后面的各任务中不再对仿真步骤进行详细说明。

1. 启动 Proteus 软件

在安装 Proteus 软件后，选择"ISIS"图标，进入 Proteus 软件，如图 C-1 所示。

图 C-1   ISIS 软件界面

2. 添加元件到元件列表

只有在元件列表中的元件才可以增加到电路中。本任务要使用到的元件有：AT89C51（ISIS 中没有 AT89S51，用 AT89C51 替代，二者的外形引脚完全相同，AT89C51 的 HEX 程序无须任何转换即可直接在 AT89S51 上运行，结果一样）、RES、LED-RED。

单击"P"按钮，出现挑选元件对话框。下面以添加单片机 AT89C51 为例来说明如何将所需的元器件添加到编辑窗口。

方法 1：如果知道器件的名称或名称中的一部分，可以在左上角的"Keywords"（关键字）

搜索栏中输入，如输入 AT89C51 或 89C51，即可在"Results"（搜索结果）栏中筛选出该名称或包含该名称的器件，双击"Results"栏中的名称"AT89C51"即可将其添加到对象选择器，如图 C-2 所示。

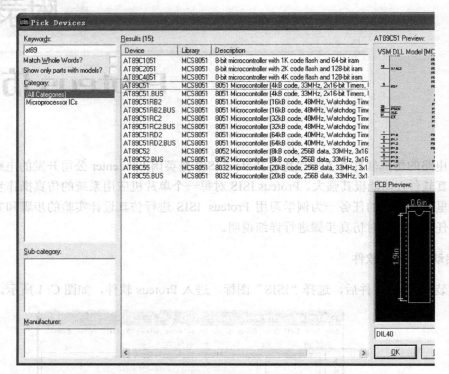

图 C-2　"元件拾取"对话框

方法 2：如果不知道器件的名称，可逐步分类检索。在"Category"(器件种类)下面，找到该器件所在的类别，如对于单片机，应左击鼠标选择"Microprocessor IC"类别，在对话框的右侧"Results"栏中，会发现这里有大量常见的各种型号的单片机。如果器件太多，可进一步在下方子类"Sub-category"中找到该单片机所在的子系列（如 8051Family），然后在"Results"栏中双击所需要的器件将其添加到对象选择器，如"AT89C51"。注意：右边的预览窗口可显示其电路符号和封装。

3. 将元件从对象选择器放入原理图编辑区

单击 ▶，进入元件放置模式，即可进行元件放置。

在对象选择区的元件列表中选中元件，在仿真电路绘图区域空白处单击鼠标左键，鼠标指针变成元件轮廓，移动鼠标到合适位置，再次单击鼠标，元件即被放置到编辑区中。如果在空白处继续单击鼠标，可以继续放置元件。

如果鼠标指针变成元件轮廓时，指向其他元件，单击鼠标，将出现元件是否替换的对话框，可以选择是否替换元件。

把鼠标指针放置到原理图编辑区内的蓝色框内，上下滚动鼠标滚轮即可缩放视野。

以单片机芯片为例，在对象选择器中有 AT89C51 这个元件后，单击一下这个元件，然后把鼠标指针移到右边的原理图编辑区的空白位置,单击鼠标左键,出现 AT89C51 的轮廓,再把鼠标指针移到原理图编辑区的适当位置,再次单击鼠标左键,就把 AT89C51 放到了原理图编辑区。其他元件的放置和单片机芯片的放置类似。

在对象选择器中选定对象后,其放置方向将会在预览窗口显示出来,可以通过方向工具栏中的方向按钮进行方向调整。

在元件放置后,单击元件可以选取元件,对象被选中后会变成红色,此时可以按计算机数字键盘中的"+"将选中的对象逆时针旋转 90°,"-"将选中的对象顺时针旋转 90°。

单击 🗐,进入终端放置模式,就可以进行电源和地线的放置。

在对象选择区的列表中,选择"POWER",和元件的放置方式一样,电源的图形是 ⟵ 。

放置元件后,建议将仿真文件存盘,本任务的仿真文件存储位置为 Keil 工程存储的位置。保存后,本任务所对应的仿真元件布局如图 C-3 所示。

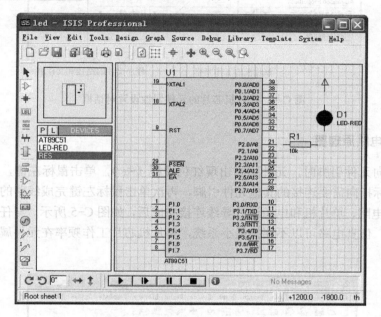

图 C-3 仿真电路的元件布局情况

4. 元件位置的调整和参数的修改

在编辑区的元件上单击鼠标左键选中元件(为红色),在选中的元件上再次单击鼠标右键则删除该元件,而在元件以外的区域内单击右键则取消选择。元件误删除后可用工具按钮 ↻ 或快捷键"Ctrl+Z"撤销删除。

单个元件选中后,鼠标指向该元件,按住鼠标左键不松可以拖动该元件。使用鼠标左键拖出一个选择区域可实现群选,其操作与单个元件的操作类似。还可以使用工具按钮 🗐 来整体移动,使用工具按钮 🗐 来整体复制。

鼠标左键双击元件,可以进入元件参数设置对话框。

在本任务中,需要修改原理图编辑区中的电阻 R1,具体方法为:双击电阻元件 R1,弹出"Edit Component"(元件属性设置)对话框,把 R1 的"Resistance"(阻值)由 10k 改为 220。

需要注意的是，电阻的默认单位为Ω。

然后双击 AT89C51，弹出对应的元件设置对话框，在"Program File"一项中查找"LED.hex"文件的路径并加上该文件即可。本任务中，因为仿真文件与 HEX 文件的路径相同，故仅有文件名。在"Clock Frequency"文本框中修改单片机的工作频率。在仿真中，单片机最小系统不需要连接就可以工作。单片机芯片的设置如图 C-4 所示。

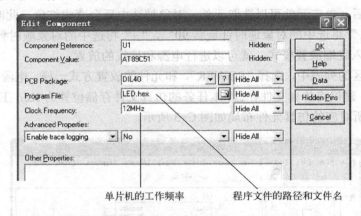

图 C-4　单片机芯片的元件属性设置对话框

5. 画仿真电路原理图

用鼠标指向元件引脚时，元件引脚出现红色虚框（ ┼ ），单击鼠标左键，鼠标进入画线模式，移动鼠标指向需要连接的其他元件引脚，再次单击鼠标左键完成线路的连接。

把 LED、电阻、单片机和电源通过导线连接完成后，如图 C-5 所示。与任务一所设计的硬件电路相比，仿真电路可以不连接最小系统，单片机芯片工作频率在元件属性设置对话框中设置。

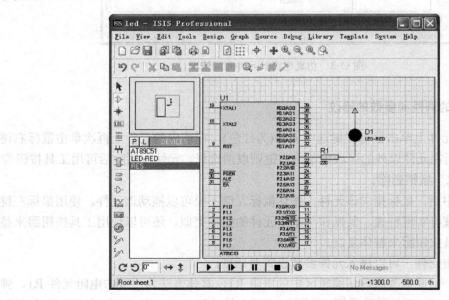

图 C-5　任务一的仿真电路

6. 运行仿真并观察效果

单击▶️，Proteus 开始仿真，用于实现单片机 P2.0 端口控制发光二极管的点亮和熄灭，如图 C-6 所示为 LED 点亮的效果。单击■，Proteus 停止仿真。

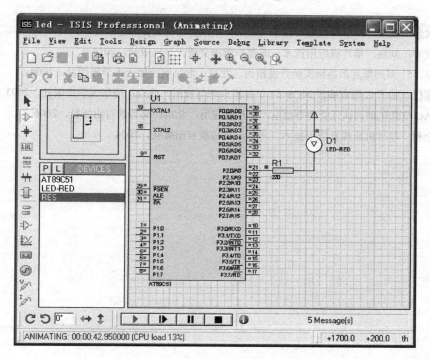

图 C-6　单一指示灯点亮仿真效果

修改源程序并重新编译输出 HEX 文件前，需要先停止 Proteus 仿真，修改完成后可单击▶️再次进行 Proteus 仿真，并观察仿真效果。通过反复修改源程序、观察仿真效果，一直到仿真结果与系统设计的预期相符为止。

参 考 文 献

[1] 朱永金，成友才. 单片机应用技术. 北京：中国劳动社会保障出版社，2013

[2] 成友才，刘宸. 单片机应用技术. 成都：西南交通大学出版社，2014

[3] 李军. 51 系列单片机高级实例开发指南. 北京：北京航空航天大学出版社，2004

[4] 张陪仁. 基于 C 语言编程 MCS-51 单片机原理与应用. 北京：清华大学出版社，2003

[5] CEAC 信息化培训认证管理办公室. 单片机应用. 北京：高等教育出版社，2006

[6] 李全利. 单片机原理及应用技术. 北京：高等教育出版社，2004